高职高专计算机任务驱动模式教材

计算机网络技术

谢昌荣　主编

杜文平　李菊英　史红军　胡燏　副主编

清华大学出版社

北京

内 容 简 介

本书以培养职业能力为核心,以工作实践为主线,以项目为导向,采用情境教学,面向网络工程师岗位设置教材内容,建立以工作过程为框架的现代职业教育课程结构。

本书精心设计了 7 个学习情境,11 个工程项目。其中,7 个学习情境分别是:构建小型局域网、构建大中型网络、构建网站中的服务器、无线网络的组建、中小型网络接入 Internet、网络管理与网络安全、排除网络故障;11 个工程项目分别是:认识网络结构与组成、小型局域网的组建、中型局域网的组建、大型局域网的组建、服务器操作系统的搭建、网站服务器的搭建、组建无线网络、通过 ISP 接入 Internet、构建中小型网络管理系统、构建中小型网络安全系统、网络故障的排除。本书以从事网络技术实际工作过程中所需的技术贯穿始终,构成了系统的课程教学内容体系,教材所有内容均符合岗位需求。

本书内容丰富、体例新颖、实用性强,可用作高职高专计算机网络工程、软件技术、计算机维护、计算机应用技术、信息管理、电子商务、电子信息等专业的"计算机网络技术"课程的教材,也可作为计算机网络培训、计算机网络爱好者学习的参考书。

图书在版编目(CIP)数据

计算机网络技术/谢昌荣主编. —北京:清华大学出版社,2011.3
(高职高专计算机任务驱动模式教材)
ISBN 978-7-302-24422-6

Ⅰ. ①计… Ⅱ. ①谢… Ⅲ. ①计算机网络—高等学校:技术学校—教材 Ⅳ. ①TP393

中国版本图书馆 CIP 数据核字(2010)第 260371 号

责任编辑:张　景
责任校对:刘　静
责任印制:孟凡玉

出版发行:清华大学出版社　　　　　　　　　地　　　址:北京清华大学学研大厦 A 座
　　　　　http://www.tup.com.cn　　　　　　邮　　　编:100084
　　社　　总　　机:010-62770175　　　　　邮　　　购:010-62786544
　　投稿与读者服务:010-62776969,c-service@tup.tsinghua.edu.cn
　　质　量　反　馈:010-62772015,zhiliang@tup.tsinghua.edu.cn
印　刷　者:三河市金元印装有限公司
经　　　销:全国新华书店
开　　本:185×260　　　印　张:19　　　　　字　　数:438 千字
版　　次:2011 年 3 月第 1 版　　　　　　　印　　次:2011 年 3 月第 1 次印刷
印　　数:1~3000
定　　价:38.00 元

产品编号:037615-01

出版说明

我国高职高专教育经过近十年的发展,已经转向深度教学改革阶段。教育部2006年12月发布了教高[2006]16号文件"关于全面提高高等职业教育教学质量的若干意见",大力推行工学结合,突出实践能力培养,全面提高高职高专教学质量。

清华大学出版社作为国内大学出版社的领跑者,为了进一步推动高职高专计算机专业教材的建设工作,适应高职高专院校计算机类人才培养的发展趋势,根据教高[2006]16号文件的精神,2007年秋季开始了切合新一轮教学改革的教材建设工作。

目前国内高职高专院校计算机网络与软件专业的教材品种繁多,但切合国家计算机网络与软件技术专业领域技能型紧缺人才培养培训方案并符合企业的实际需要、能够成体系的教材还不成熟。

我们组织国内对计算机网络和软件人才培养模式有研究并且有过一段实践经验的高职高专院校,进行了较长时间的研讨和调研,遴选出一批富有工程实践经验和教学经验的双师型教师,合力编写了这套适用于高职高专计算机网络、软件专业的教材。

本套教材的编写方法是以任务驱动、案例教学为核心,以项目开发为主线。我们研究分析了国内外先进职业教育的培训模式、教学方法和教材特色,消化吸收优秀的经验和成果。以培养技术应用型人才为目标,以企业对人才的需要为依据,把软件工程和项目管理的思想完全融入教材体系,将基本技能培养和主流技术相结合,课程设置中重点突出、主辅分明、结构合理、衔接紧凑。教材侧重培养学生的实战操作能力,学、思、练相结合,旨在通过项目实践,增强学生的职业能力,使知识从书本中释放并转化为专业技能。

一、教材编写思想

本套教材以案例为中心,以技能培养为目标,围绕开发项目所用到的知识点进行讲解,对某些知识点附上相关的例题,以帮助读者理解,进而将知识转变为技能。

考虑到是以"项目设计"为核心组织教学,所以在每一学期配有相应的实训课程及项目开发手册,要求学生在教师的指导下,能整合本学期所学的知识内容,相互协作,综合应用该学期的知识进行项目开发。同时在教材中采用了大量的案例,这些案例紧密地结合教材中的各个知识点,循序渐进,由浅入深,在整体上体现了内容主导、实例解析,以点带面的模式,配合课程后期以项目设计贯穿教学内容的教学模式。

软件开发技术具有种类繁多、更新速度快的特点。本套教材在介绍软件开发主流技术的同时,帮助学生建立软件相关技术的横向及纵向的关系,培养学生综合应用所学知识的能力。

二、丛书特色

本系列教材体现目前工学结合的教改思想,充分结合教改现状,突出项目面向教学和任务驱动模式教学改革成果,打造立体化精品教材。

(1)参照或吸纳国内外优秀计算机网络、软件专业教材的编写思想,采用本土化的实际项目或者任务,以保证其有更强的实用性,并与理论内容有很强的关联性。

(2)准确把握高职高专软件专业人才的培养目标和特点。

(3)充分调查研究国内软件企业,确定了基于 Java 和.NET 的两个主流技术路线,再将其组合成相应的课程链。

(4)教材通过一个个的教学任务或者教学项目,在做中学,在学中做,以及边学边做,重点突出技能培养。在突出技能培养的同时,还介绍解决思路和方法,培养学生未来在就业岗位上的终身学习能力。

(5)借鉴或采用项目驱动的教学方法和考核制度,突出计算机网络、软件人才培训的先进性、工具性、实践性和应用性。

(6)以案例为中心,以能力培养为目标,并以实际工作的例子引入概念,符合学生的认知规律。语言简洁明了、清晰易懂,更具人性化。

(7)符合国家计算机网络、软件人才的培养目标;采用引入知识点、讲述知识点、强化知识点、应用知识点、综合知识点的模式,由浅入深地展开对技术内容的讲述。

(8)为了便于教师授课和学生学习,清华大学出版社正在建设本套教材的教学服务资源。在清华大学出版社网站(www.tup.com.cn)免费提供教材的电子课件、案例库等资源。

高职高专教育正处于新一轮教学深度改革时期,从专业设置、课程体系建设到教材建设,依然是新课题。希望各高职高专院校在教学实践中积极提出意见和建议,并及时反馈给我们。清华大学出版社将对已出版的教材不断地修订、完善,提高教材质量,完善教材服务体系,为我国的高职高专教育继续出版优秀的高质量的教材。

清华大学出版社
高职高专计算机任务驱动模式教材编审委员会
rawstone@126.com

前　言

数字化、网络化和信息化是 21 世纪的重要特征。21 世纪是一个以网络为核心的信息时代，网络现已成为信息社会的命脉和发展知识经济的重要基础，其中发展最快并起到核心作用的是计算机网络。计算机网络逐渐得到普遍应用，且其价格越来越低，已成为现代信息社会重要的基础设施。因此，需要大量懂计算机网络技术的专门人才充分利用计算机网络并对其进行维护。

本书针对高职高专教育的特点，是在总结多年教学和科研实践经验的基础上，针对示范性课程建设和精品教材建设而设计的，本书采用"项目导向、任务驱动、案例教学"的方式，具有较强的实用性和先进性。

本书的内容针对计算机网络技术服务的岗位，突出应用性、针对性和实践性的原则，打破以往计算机网络技术课程的教材体系结构，以"项目导向、任务驱动"为主线，力求反映高职高专计算机网络技术课程和教学内容体系的改革方向。本书反映当前网络技术课程教学的新内容，突出基础理论知识的应用和实践技能的培养；在兼顾理论和实践内容的同时，避免"全"而"深"的面面俱到，而是以应用为目的，以必需、够用、实用为尺度，以利于学生综合素质的培养和科学思维方式与创新能力的培养为目标，尽量体现新知识和新方法。

本书的特点如下。

（1）采用"项目驱动、任务导向、案例教学"的方式，符合"以就业为导向"的职业教育原则。

（2）充分体现"教中学、学中做"的职业教育理念，强调以直接经验的形式来掌握融于各项实践行动中的知识、技能和技巧，方便读者自主学习和训练。

（3）以从事网络技术实际工作过程中的工程项目的形式编写，以实际工作过程中的任务、案例的形式编写实践内容，使学习课程的过程基本符合实际工作的过程。

（4）在内容组织上，以符合教学要求的工作过程为基础，包含由小型计算机网络到大型计算机网络、由单一任务到综合项目设计的教学过程，便于读者掌握系统规范的网络技术知识。

本书精心设计了 7 个学习情境，11 个工程项目，全面而又系统地介绍了计算机网络技术的基本知识、基本技术和基本应用。使用过程中建议安排 74 学时，其中讲课 27 学时、实训 47 学时，每个项目的具体学时建议安排见下表。

学时分配表

学 习 情 境	项 目 内 容	学 时 分 配	
		讲课	实训
1. 构建小型局域网	项目 1、认识网络结构与组成	2	2
	项目 2、小型局域网的组建	4	4
2. 构建大中型网络	项目 3、中型局域网的组建	4	6
	项目 4、大型局域网的组建	4	6
3. 构建网站中的服务器	项目 5、服务器操作系统的搭建	1	3
	项目 6、网站服务器的搭建	2	6
4. 无线网络的组建	项目 7、组建无线网络	2	4
5. 中小型网络接入 Internet	项目 8、通过 ISP 接入 Internet	2	4
6. 网络管理与网络安全	项目 9、构建中小型网络管理系统	2	4
	项目 10、构建中小型网络安全系统	2	6
7. 排除网络故障	项目 11、网络故障的排除	2	2
合　计		27	47

本书由谢昌荣主编，杜文平、李菊英、史红军、胡燏为副主编。其中谢昌荣完成了项目 1、项目 2(部分)、项目 3、项目 4(部分)、项目 8(部分)的编写，杜文平完成了项目 5(部分)、项目 7、项目 10 的编写，史红军完成了项目 5(部分)、项目 6(部分)的编写，胡燏完成了项目 4(部分)、项目 8(部分)的编写，李菊英完成了项目 2(部分)、项目 6(部分)的编写，罗勇完成了项目 9 的编写，阚宏宇完成了项目 11 的编写，参加编写的还有曾学军、何旭、邱小湖，全书由谢昌荣统稿。本书在编写过程中，得到了绵阳职业技术学院、四川建筑职业技术学院、四川职业技术学院和四川航天职业技术学院诸多老师的支持，他们提出了许多宝贵意见和建议，在此一并表示感谢！

本书可作为普通高等应用型院校、高等职业技术院校计算机类专业、电子商务专业和电子信息类专业的公共计算机网络课程的教材，同时也可作为计算机网络技术初学者的自学教材和各类计算机网络培训班的培训教材。

由于作者水平有限，书中难免存在不足之处，恳请广大读者批评指正。编者的E-mail为 xcr0312@sina.com。

编　者
2011 年 1 月

目　录

学习情境 1　构建小型局域网

学习情境 2　构建大中型网络

学习情境 3　构建网站中的服务器

学习情境 4　无线网络的组建

学习情境 5　中小型网络接入 Internet

学习情境 7　排除网络故障

学习情境 **1**

构建小型局域网

项目 1   认识网络结构与组成

项目目标

(1) 熟悉用户对网络的需求
(2) 理解"计算机网络"和"网络"的一些基本概念
(3) 知道融合信息网络的功能和发展趋势
(4) 认识网络的连接结构和组成部件
(5) 会用 Microsoft Office Visio 2007 画网络拓扑图

项目背景

(1) 网络机房
(2) 校园网络

1.1   用户需求与分析

随着信息时代的到来,计算机网络的应用越来越普遍,且价格越来越低,已成为现代社会重要的基础设施。用户对网络的应用需求可归纳为下列几个方面。

1. 办公自动化(Office Automation,OA)

人们普遍要求把一个机关或企业的办公微机、打印机等连成网络,以简化办公室的日常工作。通过网络处理的事务性工作包括:信息录入、处理、存档;信息的综合处理与统计;报告生成与部门之间或上下级之间的报表传递;通信联络(电话、电子邮件等);决策与判断。

2. 管理信息系统(Manage Information System,MIS)

对于现代化的企事业单位来说,计算机局域网的应用给现代管理信息系统提供了网络平台。特别是部门多、业务活动复杂的大型企事业单位,利用 MIS 具有更大的意义,可以使企事业单位实现管理现代化,提高经济效益。MIS 在当前计算机网络中应用广泛,常用的 MIS 主要有:①按不同业务部门设计的子系统,如计划统计子系统、人事管理子系统、设备仪器管理子系统、材料管理子系统;②生产管理子系统;③财务管理子系统;

④工况监督子系统，对分布在各个现场的大型生产设备、仪器的参数、产量等信息进行实时采集并综合处理；⑤厂长或经理管理决策及查询子系统。

现代管理信息系统往往应用多媒体技术，以生动形象的方式提供综合信息或决策指挥信息。

3. 图书、信息检索系统

图书、信息检索系统的应用由来已久，随着 Internet 的建立和发展，这方面的应用变得更有价值，电子图书馆、网上图书馆、网上信息检索系统使人类创造的精神财富通过 Internet 被全世界分享。

4. 证券及期货交易系统

由于证券及期货交易获利大、风险大，且行情变化迅速，投资者对信息的依赖就显得格外重要。金融业通过在线服务的计算机网络提供证券市场分析、预测、金融管理、投资计划等需要大量计算工作的服务，提供在线股票经纪人服务和在线数据库服务（包括最新股价数据库、历史股价数据库、股指数据库以及有关新闻、文章、股评等），用户通过任何与 Internet 相连的计算机进入证券交易系统、期货交易系统，就可进行即时交易。

5. 校园网

校园网是在学校园区内用以完成计算机资源及其他网内资源共享的通信网络。校园网是衡量学校学术水平与管理水平的重要标志。

共享资源是校园网最基本的应用，人们通过网络更有效地共享各种软、硬件及信息资源，为众多的科研人员提供一种崭新的合作环境。校园网可以与公用计算机网络相连，以拓展信息空间。校园网提供海量的用户文件空间、打印输出设备、电子图书等服务，并包含为各级行政、业务部门提供服务的学校信息管理系统和为一般用户服务的电子邮件系统。

6. POS 与 ATM 系统

POS（柜台销售信息网络系统）是现代大型或超级市场（商场）现代化的标志，往往与财务、计划、仓储等业务联系在一起。

ATM（自动取款机）实际上是信用卡业务的扩展，是向电子货币过渡的一个应用阶段。

7. 电子政务（Electronic Government）

所谓电子政务，就是应用现代化的电子信息技术和管理理论对传统政务进行持续不断的革新和改善，以实现高效率的政府管理和服务。

电子政务的内容十分广泛，从服务对象看，主要包括以下几个方面：政府内电子政务（Government-Government，G2G）；政府对企业电子政务（Government-Business，G2B）；政府对公民电子政务（Government-Citizen，G2C）。G2G 是上下级政府、不同地方政府、不同政府部门之间的电子政务。

政府内电子政务主要包括以下内容：电子法规政策系统，对所有政府部门和工作人员提供各项相关的现行有效的法律、法规、规章、行政命令和政策规范，使所有政府机关和工作人员真正做到有法可依、有法必依；电子公文系统，在保证信息安全的前提下在政府上下级、部门之间传送有关的政府公文，如报告、请示、批复、公告、通知、通报等，使政务信息能够快捷地在各级政府间和政府内流转，提高政府公文处理的速度；电子司法档案系统，在政府司法机关之间共享司法信息，如公安机关的刑事犯罪记录、审判机关的审判案例、检察机关的检察案例等，通过共享信息改善司法工作效率和提高司法人员的综合能力；电子财政管理系统，向各级国家权力机关、审计部门和相关机构提供分级、分部门历年的政府财政预算及其执行情况，包括从明细到汇总的财政收入、开支、拨付款数据以及相关的文字说明和图表，便于有关领导和部门及时掌握和监控财政状况；电子办公系统，通过电子网络完成机关工作人员的大多数重复性工作，节约了时间和费用，提高了工作效率，如工作人员通过网络申请出差、请假、文件复制、使用办公设施和设备、下载政府机关经常使用的各种表格、报销出差费用等；电子培训系统，对政府工作人员提供各种综合性和专业性的网络教育课程，特别适应信息时代对政府的要求，可以加强对员工与信息技术有关的专业培训，同时员工也可以通过网络随时随地注册参加培训课程、接受培训、参加考试等；业绩评价系统，按照设定的任务目标、工作标准和完成情况对政府各部门业绩进行科学的测量和评估；等等。

8. 电子商务（Electronic Business）

电子商务是运用电子通信手段进行的经济活动，通过这种方式，人们可以对具有经济价值的产品和服务进行宣传、购买和结算。这种交易方式不受地理位置、资金多少或零售渠道所有权的影响，公有和私有企业、公司、政府组织、各种社会团体、一般公民、企业家都能自由地参加广泛的经济活动，包括农业、林业、渔业、工业、私营和政府的服务业。电子商务能使产品在世界范围内交易并向消费者提供多种选择。

目前电子商务正在我国蓬勃发展，主要的电子商务类型有：企业对消费者的电子商务（B2C），企业对企业的电子商务（B2B），企业对政府的电子商务（B2G），消费者对消费者的电子商务（C2C）。

9. 远程教育（Distance Education）

远程教育是利用计算机网络的一种在线服务系统，是用以开展学历或非学历教育的全新教学模式。远程教育几乎可以提供大学中所有的课程，学员通过网络登录到系统中，就可以选择课程，下载课件、作业、辅导资料，点播视频课件，在线提问、讨论，等等。我国的中央电视大学和一些网络学院的开放式教育就采用这种形式。

10. 其他需求

远程医疗、气象服务、防灾减灾、交通服务等都需要高速、可靠的网络支撑。我国正在加紧进行信息高速公路的建设，信息高速公路是一个国家经济信息化的重要标志。我国政府也十分重视信息化事业,目前,经国务院批准正在实施计算机网络、电视网络、电话网络的融合工程。不久,一个融合的信息网络就会诞生,它将为人们提供更强大的网络信息服务。

总之,人类生产、生活、学习和投资都需要一个更稳定、可靠、高速的网络。

1.2 相关知识

1.2.1 计算机网络的概念

1. 计算机网络的定义

所谓计算机网络,就是利用通信线路将地理上分散的、具有独立功能的计算机系统和通信设备按不同的形式连接起来,以功能完善的网络软件实现资源共享和信息传递的系统。

它有 3 个基本要素:①至少有两个具有独立操作系统的计算机,且它们之间有相互共享某种资源的需求;②两个独立的计算机之间必须由某种通信手段将其连接;③网络中的各个独立的计算机之间要能相互通信,必须制定相互可确认的规范标准或协议。

2. 网络的定义

就"网络"来说,有许多不同类型的网络为人们提供各种服务。在一天的生活中,人们可能要打电话、看电视、听收音机、上网搜索资料,甚至与另一个国家的人玩视频游戏。所有这些活动都要依赖稳定、可靠的网络来完成,网络将世界各地的人和设备连接到一起。人们在使用网络时,无须知道网络的运行原理,也无法想象没有网络的世界会是什么样子。

网络是指"三网",即电话网络、电视网络和计算机网络,其中发展最快并起到核心作用的是计算机网络。在图 1-1 中,人们正在使用不同类型的网络:计算机网络、电视网络、有线电话网络、移动电话网络。

图 1-1 网络使用示意图

在 20 世纪末,通信技术不像现在这么发达,语音、视频和计算机数据通信都需要单独、专用的网络,每个网络都要使用不同的设备来访问。但如果人们要同时(可能使用一台设备)访问所有这些网络,那该怎么办呢?

一种可以同时提供多种服务的新型网络应运而生,解决了这一问题。这种新的融合网络与专用网络不同,它可以通过同一个通信通道或网络结构提供语音、视频和数据服务。

为了利用融合信息网络的功能,市场上也推出了新的产品。人们现在可以在计算机上观看现场视频直播、通过 Internet 打电话或使用电视搜索 Internet。

在本课程单元中,"网络"一词是指这些新型的多功能融合信息网络,但这里更多的是研究计算机网络。

网络没有大小限制,它可以是小到两台计算机组成的简易网络,也可以是大到连接数百万台设备的超级网络。安装在小型办公室、家里和家庭办公室内的网络称为SOHO 网络。SOHO 网络可以在多台本地计算机之间共享资源,如打印机、文档、图片和音乐等。

企业可以使用大型网络来宣传和销售产品、订购货物以及与客户通信。网络通信一般比普通邮件、长途电话等传统通信方式更有效,也更经济。网络不仅可以实现快速通信,如发送电子邮件和即时消息,而且允许用户合并、存储和访问网络服务器上的信息。

企业网络和 SOHO 网络通常提供到 Internet 的共享连接。Internet 被视为"由网络构成的网络",确切地说,它是由成千上万个相互连接的网络所组成的网络。

网络和 Internet 还有以下一些用途:共享音乐和视频文件;研究和在线学习;与朋友聊天;安排度假;购买礼物和用品;投资和银行业务;等等。

1.2.2 计算机网络的分类

"网络"有许多不同的类型,如电话网络、电视网络、计算机网络等。计算机网络也有不同的分类方式,下面简要进行介绍。

1. 按网络的通信距离和作用范围分类

计算机网络可分为广域网(WAN)、局域网(LAN)和城域网(MAN)。

广域网(Wide Area Network,WAN)又称远程网,其覆盖范围一般为几十千米至数千千米,可在全球范围内进行连接。其传输速率通常为 56Kbps～155Mbps,现在已有622Mbps、2.4Gbps 甚至更高速率的广域网。

局域网(Local Area Network,LAN)的作用范围较小,一般不超过 10 千米,通常局限在一个园区、一座大楼,甚至一个办公室内。局域网一般具有较高的传输速率,如100Mbps、1000Mbps、10000Mbps,甚至更高。

城域网(Metropolitan Area Network,MAN)的作用范围、规模和传输速率介于广域网和局域网之间,是一个覆盖整个城市的网络。

2. 按照数据传输方式分类

广播网络：在广播式网络中，所有联网计算机都共享一个公共通信信道。

点对点网络：与广播网络相反，在点对点网络中，每条物理线路连接一对计算机。

3. 按照通信传输介质划分

按照通信传输介质不同，计算机网络可分为有线网络和无线网络。有线网络是指采用有形的传输介质，如双绞线、同轴电缆、光纤等组建的网络；而使用微波、红外线等无线传输介质作为通信线路的网络就属于无线网络。

4. 按照网络的应用范围和管理性质划分

按照网络使用对象的不同，计算机网络可分为专用网和公用网。专用网一般由某个单位或部门组建，使用权限属于本单位或部门内部所有，不允许外单位或部门使用，如银行系统的网络；而公用网由电信部门组建，网络内的传输和交换设备可提供给任何部门和单位使用。

5. 按照网络组件的关系分类

按照网络各组件的关系来划分，网络有两种常见的类型：对等网络和基于服务器的网络。

1.2.3 计算机网络的组成

图 1-2 是典型的计算机网络系统，从图中可以看出，一个计算机网络是由资源子网（虚框外部）和通信子网（虚框内部）构成的。资源子网负责信息处理，通信子网负责全网中的信息传递。

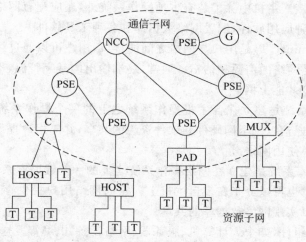

图 1-2 计算机网络构成示意图

7

通信子网是由用作信息交换的通信控制处理机、通信线路和其他通信设备组成的独立的数据信息系统,它承担全网的数据传递、转接等通信处理工作。

(1) 分组交换器(Packet Switching Equipment,PSE)用于实现分组交换,即接收从一条物理链路上送来的分组,经过适当处理后,根据分组中的目标地址选择一条最佳输出路径,将分组发往下一个结点。

(2) 多路转换器(MultiPlexor,MUX)用于实现从多路到一路,或从一路到多路的转换,以便使多个终端共享一条通信线路,提高信道利用率。

(3) 集中器(Concentrator,C)与多路转换器类似,其主要区别在于集中器是以动态方式分配信道,而多路转换器则是以静态方式分配信道。

(4) 分组组装/拆卸设备(Packet Assembly and Disassembly,PAD)用于连接大量的同步和异步终端。其主要功能有:①拆卸,PAD 接收从终端发来的字符流,将它们拆卸成适于在网络中传输的信息分组送入网络中;②组装,PAD 接收从网络中传来的分组,根据分组中的目标地址和发送时的顺序,重新组装成字符流,然后送至相应的终端。

(5) 网络控制中心(Network Control Center,NCC)主要用于管理整个网络的运行,为网络中的用户进行注册、登记和记账服务,对网络中发生的故障进行检测。

(6) 网关(Gateway,G)用于实现各网络的互联,其作用是作为各网络之间的硬件和软件接口,实现各计算机网络之间信息的格式变换和规程变换。

(7) 调制解调器(Modem)实现数字信号和模拟信号之间的转换。

(8) 网络接口部件(Network Interface Unit,NIU)又被称为网络适配器(Network Adapter),简称网卡。在局域网中,PC 通过网络接口部件与网络相连。

资源子网包括网络中的所有主计算机、I/O 设备、网络操作系统和网络数据库等。它负责全网面向应用的数据处理业务,向网络用户提供各种网络资源和网络服务,实现网络的资源共享。

(1) 主机(HOST)是资源子网的主要组成单元,它通过高速通信线路与通信子网的通信控制处理机连接。主机中除了装有本地操作系统外,还应配有网络操作系统。此外,主机中还应装有各种应用软件,配置网络数据库和各种工具软件。

(2) 终端(Terminal,T)是用户与网络之间的接口,用户可以通过终端得到网络服务。终端和主机一样,是网络的信源和信宿。通常,终端输出的是字符流,不能直接入网,而必须通过主机或 PAD 才能上网。

(3) 网络操作系统是建立在各主机操作系统之上的一个操作系统,用于实现不同主机系统之间用户的通信以及全网硬件和软件资源的共享,并向用户提供统一的、方便的网络接口,以方便用户使用网络。

(4) 网络数据库系统是建立在网络操作系统之上的一个数据库系统。它可以集中地驻留在一台主机上,也可以分布在多台主机上。它向网络用户提供存、取、修改网络数据库中数据的服务,以实现网络数据库的共享。

网络包含许多组件,如个人计算机、服务器、网络设备、电缆等。这些组件可以分为四大类,即主机、共享的外围设备、网络设备和网络介质。

人们最熟悉的网络组件莫过于主机和共享的外围设备了。主机是直接通过网络发送和接收消息的设备;共享的外围设备不直接与网络连接,而是与主机连接。主机负责通过网络共享外围设备,主机上配置了计算机软件来帮助网络用户使用连接的外围设备。网络设备和网络介质可使主机实现互连。

根据设备连接方式的不同,有些设备可能扮演多种角色。例如,直接连接到主机的打印机(本地打印机)属于外围设备,而直接连接到网络设备并直接参与网络通信的打印机则属于主机。所有连接到网络并直接参与网络通信的计算机都属于主机,主机可以在网络上发送和接收消息。在现代网络中,计算机主机可以用作客户端、服务器或同时用作两者。计算机上安装的软件决定了计算机扮演的角色。

服务器安装了特殊的软件,可以为网络上其他主机提供信息(如电子邮件或网页)的主机。每项服务都需要单独的服务器软件,例如,主机必须安装 Web 服务器软件才能为网络提供 Web 服务。

客户端是安装了特殊的软件,可向服务器请求信息以及显示所获取信息的计算机主机。Web 浏览器(如 Internet Explorer)就是典型的客户端软件。

安装有服务器软件的计算机可以同时向一个或多个客户端提供服务。

一台计算机也可以运行多种类型的服务器软件。在家庭或小企业中,一台计算机可能要同时充当文件服务器、Web 服务器和电子邮件服务器等多个角色。

一台计算机也可以运行多种类型的客户端软件。每项服务都必须有相应的客户端软件,安装多个客户端软件后,主机可以同时连接到多台服务器。例如,用户在收发即时消息和收听 Internet 广播的同时,可以查收电子邮件和浏览网页。

1.2.4　计算机网络的结构

计算机网络拓扑通过网中结点与通信线路之间的几何关系表示网络结构,以反映网络中各实体间的结构关系。拓扑设计是建设计算机网络的首步,也是实现各种网络协议的基础,它对网络性能、系统可靠性与通信费用都有重大影响。计算机网络拓扑主要是指通信子网的拓扑构型。

1. 总线结构

总线拓扑采用一种传输媒体作为公用信道,所有站点都通过相应的硬件接口直接连接到这一公共传输媒体上,该公共传输媒体称为总线。任何一个站点发送的信号都沿着传输媒体传播,而且能被所有其他站点接收,如图 1-3 所示,总线两端为终结器。著名的以太网(Ethernet)就是总线网的典型实例。

由于所有站点共享一条公用的传输信道,因此一次只能由一个站点占用信道进行传输。为了防止争用信道产生的冲突,出现了一种在总线网络中使用的媒体访问方法,即带有冲突检测的载波侦听多路访问方式,英文缩写为 CSMA/CD。

总线拓扑结构有如下优点:

(1) 总线结构需要的电缆数量少。

（2）总线结构简单，又是无源工作，有较高的可靠性。

（3）易于扩充，数据端用户入网灵活。

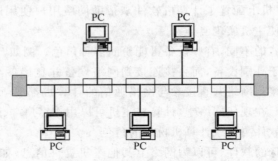

图 1-3　总线拓扑结构示意图

总线拓扑结构有如下缺点：

（1）总线的传输距离有限，通信范围受到限制。

（2）当接口发生故障时将影响全网，且诊断和隔离较困难。

（3）一次仅能由一个端用户发送数据，其他端用户必须等待，直到获得发送权，因此媒体访问控制机制较复杂。

2. 星状结构

星状拓扑结构由中央结点和通过点到点通信链路接到中央结点的各个站点组成。人们每天使用的电话就属于这种结构。图 1-4 为电话网的星状结构，其交换方式为电路交换。图 1-5 为目前使用最普遍的以交换机为中心的星状结构，即交换式以太网，其交换形式为帧交换。

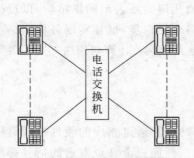

图 1-4　电话网的星状结构

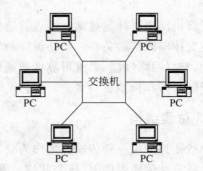

图 1-5　以交换机为中心的星状结构

星状拓扑结构有以下优点：

（1）控制简单。端用户之间的通信必须经过中心站，媒体访问控制方法和采用的协议都较简单。

（2）故障诊断和隔离容易。中央结点对连接线路可以逐一隔离、进行故障检测和定位。单个结点的故障只影响一台设备，不会影响全网。

（3）方便服务。中央结点可方便地为各个站点提供服务和网络重新配置。

星状拓扑结构有以下缺点：

（1）电缆长度和安装工作量可观。因为每个站点都要和中央结点直接连接，需要耗费大量的电缆，使安装、维护工作量骤增。

（2）中央结点的负荷较重，形成信息传输速率的瓶颈。

（3）对中央结点的可靠性和冗余度要求较高。中央结点一旦发生故障，将使全网瘫痪。

3. 环状结构

环状拓扑结构是由站点和连接站点的链路组成的一个闭合环，如图 1-6 所示。每个站点能够接收从一条链路传来的数据，并以同样的速率串行地把该数据沿环送到另一端链路上。环状结构的特点是：每个端用户都与两个相邻的端用户相连，因而存在点到点链路，但总是以单向方式操作。假设数据传输的方向为逆时针，则有上游端用户和下游端用户之分。例如，在图 1-6 中，用户 N 是用户 N+1 的上游端用户，N+1 是 N 的下游端用户。如果 N+1 端需将数据发送到 N 端，则几乎要绕环一周才能到达 N 端。

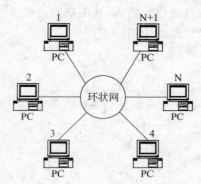

图 1-6　环状拓扑结构示意图

环状网的典型实例有 IBM 令牌环（Token Ring）和剑桥环（Cambridge Ring）。

环状拓扑结构有以下优点。

（1）电缆长度短。环状拓扑网络所需的电缆长度和总线拓扑网络相近，但比星状拓扑网络短得多。

（2）当增加或减少工作站时，只需简单的连接操作。

（3）可使用光纤。光纤的传输速率很高，十分适合环状拓扑的单方向传输。

环状拓扑结构有以下缺点。

（1）结点故障会引起全网故障。因为环上的数据传输要通过连接在环上的每一个结点。

（2）故障检测困难。这与总线拓扑相似，需在各个结点进行诊断和隔离。

（3）环状拓扑结构的媒体访问控制协议都采用令牌传递的方式，在负载较轻时，信道利用率相对来说就比较低。

4. 树状结构

树状拓扑是从总线拓扑演变而来的，其形状像一棵倒置的树，顶端是树根，树根以下带分支，每个分支还可再带分支，如图 1-7 所示。树根接收各站点发送的数据，然后再根据 MAC 地址发送到相应的分支。树状拓扑结构在中小型局域网中应用较多。

树状拓扑结构有以下优点：

（1）易于扩展。这种结构可以延伸出很多结点和子分支，这些新结点和新分支都能很容易地加入网内。

(2) 故障隔离较容易。如果某一分支的结点或线路发生故障,很容易将故障分支与整个系统隔离开。

树状拓扑结构有以下缺点:

各个结点对根的依赖性太大,如果根发生故障,则全网不能正常工作。从这一点来看,树状拓扑结构的可靠性类似于星状拓扑结构。

5. 网状结构

网状拓扑结构的特点是:各结点之间有许多路径相连,可以为数据包分组流的传输选择适当的路由,从而绕开过忙或失效的结点,如图 1-8 所示。这种结构在广域网中得到了广泛的应用。

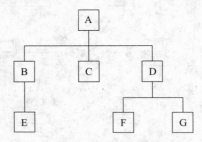

图 1-7 树状拓扑结构示意图

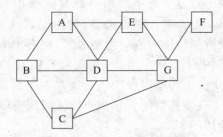

图 1-8 网状拓扑结构示意图

网状拓扑结构的优点是:不受瓶颈问题和失效问题的影响,可靠性高。

网状拓扑结构的缺点是:结构和协议复杂,成本也比较高。

需要说明的是,实际应用中,网络的结构更多的是几种拓扑结构的混合。如"星—环"结构、"星—总"结构和"树—总"结构等。

1.3 案例分析: 计算机网络方案简介

图 1-9 是某高职学院的校园网拓扑图,其拓扑结构的选择与传输媒体的选择及媒体访问控制方法的确定紧密相关,需要考虑以下主要因素。

(1) 可靠性。要尽可能提高可靠性,以保证所有数据流能准确接收;还要考虑系统的可维护性,使故障检测和隔离较为方便。

(2) 费用。建网时需考虑适合特定应用的信道费用和安装费用,注重实用,量力而行。

(3) 拓展性和灵活性。需要考虑系统在今后扩展或改动时,能容易地重新配置网络拓扑结构,能方便地删除原有站点和加入新站点。

(4) 响应时间和吞吐量。要有足够的带宽,为用户提供尽可能短的响应时间和最大的吞吐量。

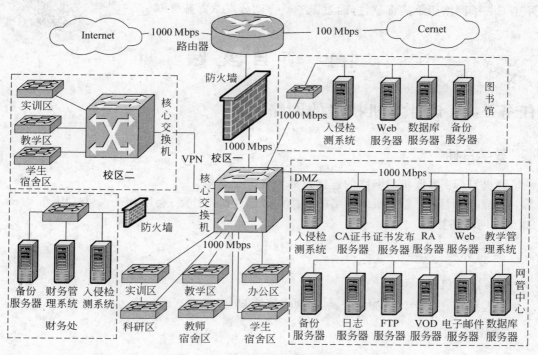

图 1-9　校园网络拓扑结构

　　以下是对图 1-9 所示的校园网拓扑结构的综述：①校园网分为两个校区，每个校区各有一台三层交换机，两台交换机由电信铺设的专用光缆连接；②主校区（校区一）有服务器区与三层交换机连接，提供 WWW 服务、教学管理服务、邮件服务、VOD 服务和 OA 系统服务等，设在网络管理中心；③校园网络有两个出口，路由器的 1000Mbps 端口接 Internet、100Mbps 端口接 Cernet（中国教育科研网），网络出口在校区一。网络出口由出口路由器选择电信网络或教育网进行数据包转发；④校园网主要用于办公、科研、教学管理、图书管理和校园一卡通管理等。

　　为了保证可扩展性及满足多媒体应用带宽的要求，同时为了保证集中管理和便于故障排查，因此通常以树状结构为主，中心结点采用高速率、高可靠性的千兆以太网交换机，主干采用光纤与各个楼宇区的主交换机相连，主干传输速率为 1000Mbps。各个楼宇区的主交换机又与楼宇交换机相连，根据楼宇内用户的多少选择传输速率为 1000Mbps 或 100Mbps，各个楼宇的次（楼层或房间）交换机通过级联或堆叠方式与楼宇交换机相连，楼宇内的计算机通过 100Mbps 双绞线与该楼宇的次交换机相连。对于计算机实验室、多媒体教室等局域网也采用同样的方式与校园网相连。

　　通常采用虚拟子网（VLAN）的形式保证网络安全，防止局域网的广播风暴造成网络堵塞。校园网络安全框架主要由防火墙子系统、CA 子系统、数据备份子系统、日志水印子系统、入侵检测子系统、网络防病毒子系统、存储加密子系统和 VPN 子系统等实现。对于外网访问内部服务器，采用防火墙和入侵检测系统以及认证服务器的形式；对于内网访问内部服务器，采用入侵检测系统以及认证服务器的形式确保校园网资源的安全。另外还安装了网络版杀病毒软件,通过服务器自动分发杀毒升级库。

1.4 项 目 实 践

任务1:认识计算机机房的网络

教学目标

终极目标:掌握机房网络的连接及结构。

促成教学目标:熟悉机房网络的连接并画出逻辑拓扑图;会用 Microsoft Office Visio 2007 画网络拓扑图。

实训环境

(1) 网络机房。

(2) 装有 Microsoft Office Visio 2007 软件的 PC 一台。

操作步骤

第一步 参观 PC 通过双绞线连接到交换机,认识并记录双绞线、水晶头、网卡和交换机。

第二步 观看并记录交换机与交换机的连接(级联还是堆叠)。

第三步 查看并记录机房交换机与楼宇交换机的连接。

第四步 画出机房网络的逻辑拓扑图。

第五步 提交机房网络的逻辑拓扑图。

任务2:认识校园网络

教学目标

终极目标:掌握校园网络的连接及结构。

促成教学目标:熟悉校园网络的连接结构并画出逻辑拓扑图;会用 Microsoft Office Visio 2007 画网络拓扑图。

实训环境

(1) 校园网络。

(2) 装有 Microsoft Office Visio 2007 软件的 PC 一台。

操作步骤

第一步 参观校园网管中心,认识并记录服务器、路由器和核心交换机。

第二步 观看并记录交换机与服务器、路由器的连接，路由器与 Internet 的连接。
第三步 查看并记录核心交换机与楼宇交换机的连接。
第四步 认识并记录光缆、光纤接口。
第五步 画出校园网络的逻辑拓扑图。
第六步 提交校园网络的逻辑拓扑图。

小 结

本项目首先分析了用户对网络的需求；其次，介绍了网络的基本知识、"计算机网络"和"网络"的概念、融合信息网络的功能、计算机网络的分类、计算机网络的组成、计算机网络的结构；对某高职学院的校园网进行了简单的介绍；最后，为了更好地熟悉和理解计算机网络，还安排参观认识机房的网络和校园网络，为今后的学习打下基础。

习 题

1. 下列属于网络应用的有哪些？（ ）
   A. 证券交易系统 B. 信息的综合处理与统计
   C. 远程医疗 D. 电子图书
2. 新型的多功能融合信息网络包括哪些？（ ）
   A. 计算机网络 B. 电视网络
   C. 有线电话网络 D. 移动电话网络
3. 计算机机房网络的拓扑结构一般是哪种？（ ）
   A. 总线结构 B. 星状结构 C. 树状结构 D. 环状结构
4. 按网络的通信距离和作用范围，计算机网络可分为哪几种？（ ）
   A. 广域网（WAN） B. 局域网（LAN）
   C. 城域网（MAN） D. 因特网（Internet）
5. 网络包含许多组件，如个人计算机、服务器、网络设备、电缆等。这些组件可以分为哪四大类？（ ）
   A. 主机 B. 共享的外围设备
   C. 交换机 D. 网络设备
   E. 传输介质
6. 下面哪两种组件属于主机？（ ）
   A. 与 PC 相连的显示器 B. 与交换机相连的打印机
   C. 与交换机相连的服务器 D. 与 PC 相连的仅供个人使用的打印机
7. 一台计算机作为服务器一般可以运行哪些软件？（ ）
   A. 多种类型的用户应用程序 B. 多种类型的客户端软件

C. 多种类型的操作系统　　　　　D. 多种类型的服务器软件

8. 在下列哪种拓扑结构中,中心结点的故障可能造成全网瘫痪?（　　）

　　A. 星状拓扑结构　　　　　　　B. 环状拓扑结构

　　C. 树状拓扑结构　　　　　　　D. 网状拓扑结构

9. 下面哪两种说法正确地描述了逻辑网络拓扑图?（　　）

　　A. 显示了布线的细节

　　B. 提供了 IP 编址和计算机名称信息

　　C. 显示所有路由器、交换机和服务器

　　D. 根据主机使用网络的方式将其编组

10. 校园网一般是什么拓扑结构?（　　）

　　A. 星状结构　　B. 环状结构　　C. 树状结构　　D. 网状结构

项目 2　小型局域网的组建

项目目标

(1) 熟悉本地有线网络的通信
(2) 了解 OSI 参考模型的结构及功能
(3) 理解 TCP/IP 协议的体系结构及各层协议的功能
(4) 掌握 IP 地址的表示、分类和子网掩码的作用
(5) 会使用网络中的传输介质
(6) 掌握以太网组网技术
(7) 熟悉以太网组网设备
(8) 会组建小型局域网

项目背景

(1) 网络机房
(2) 家庭网络
(3) 办公网络

2.1　用户需求与分析

网络的组建可能因规模、需求和现实环境的不同而不同,但小型局域网却是最常见、最实用的网络。在人们生活中最常见的小型局域网有办公网络、家庭网络、网吧的网络、小公司的网络、学校机房的网络等,虽然它们的规模、联网方式不尽相同,但都需要最基本的两类组网设备:一类是计算机、打印机等;另一类是网络连接设备及介质,如交换机/集线器、光缆、双绞线、无线介质等。

1. 小型办公网络

人们普遍要求把一个办公室的计算机、打印机等连成网络,简化办公室的日常工作。例如,在办公网络中使用办公自动化系统办公,访问 WWW 服务器浏览信息,收发电子邮件传递信息,使用 QQ 和 MSN 与朋友交流,在办公网络应用中和同事共享打印机打印文件,共享文件实现信息共享、交流和协同工作等,进而实现无纸化办公。

2. 家庭网络

全球信息化和网络化的潮流给人们的工作和生活模式带来了新的变革,衍生出一种信息化的工作模式,即 SOHO(Small Office Home Office,小型办公室家庭办公室),在SOHO 环境中,许多从业人员在家里通过网络进行工作,消除了上下班在路上花费的时间和在交通上的花费,提高了工作效率,节约的时间还可以用于丰富业余生活,提高了人们的生活质量。此外,家庭网络还可以用于家庭投资理财、与亲人朋友交流以及学习、娱乐等。随着网络的不断发展和人们生活水平的提高,人们的家庭生活已经越来越离不开网络。

网吧的网络、小公司的网络、学校机房的网络等在近几年得到了飞速的发展,给人们的工作、学习和生活带来了更多的方便。

总之,随着网络的进一步普及,小型局域网的组建和更新需求将不断加大。

2.2 相 关 知 识

2.2.1 通信原理

计算机通过网络通信在很多方面类似于人际交流等活动。本小节将讲述计算机通信所需的组件、信息类型和规则。

1. 源、通道和目的

任何网络的主要用途都是提供信息交流的渠道。与他人共享信息一直是人类进步的关键,从最原始的远古人类到当代掌握着先进科技的科学家,莫不如是。

所有沟通的第一步都是将信息从一个人或设备发送给另一个人或设备。随着科技的进步,用来发送、接收和解释信息的方式也在不断演变。

然而,所有通信方式都有 3 个共同的要素:第一个要素是信息来源,或称发送方,指向其他人或设备传达信息的人或电子设备;第二个要素是信息的目的地址或接收方,用于接收并解释信息;第三个要素称为通道,是信息从源传送到目的地址的途径。

图 2-1 所示的是在计算机通信中的信息来源、传输媒体和接收方。

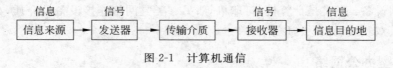

图 2-1 计算机通信

2. 通信规则

在两个人的交谈中,双方必须遵守许多规则或协议,才能顺利传达自己的信息并为对方所理解。成功的人际沟通应遵守的协议包括如下内容:

（1）发送方和接收方的标识。

（2）双方一致同意的介质或通道（面对面、电话、信件、照片）。

（3）适当的沟通模式（口头、书面、图示、互动或单向）。

（4）公共语言。

（5）语法和句子结构。

（6）传递的速度和时间。

试想，如果人们的相互交流没有约定的协议或规则，会是怎样一番情景。

协议由信息的源、通道和目的特性决定。通过一种介质（如电话）通信时采用的规则不一定适用于另一种介质（如信件）。

协议定义信息传输和传递的详细方式，包括以下几个方面。

（1）信息格式。

（2）信息大小。

（3）时序。

（4）封装。

（5）编码。

（6）标准信息模式。

使人际交流变得可靠且易于理解的许多概念和规则也同样适用于计算机通信。计算机通信在很多方面类似于人际交流。图 2-2 说明了对于促进交流的协议必须定义的主要方面。

图 2-2　协议的定义内容

3. 信息编码

在发送信息时，首先执行的步骤是对信息进行编码。书面文字、图片和口头语言都有各自的一套编码、声音、姿势或符号来表达共享的思想。编码是将思想转换成语言、符号或声音以便于传输的过程；解码是编码的逆向过程，其目的是解释思想。

假设一个人正在欣赏日出，然后打电话给另一个人描述日出的壮丽景观。为了沟通，发送方必须先将其对于日出的想法和感觉转换或编码成文字，然后通过声音和语调的变化对着电话讲出这些文字，将这一信息传达给对方。电话线另一端的聆听者收到信息后，对其进行解码，眼前便浮现出发送方描述的日出景观。

计算机通信也要进行编码，主机之间的编码必须采用适合介质的形式。图 2-3 所示为通过网络发送的信息先由发送主机转换成位,根据用来传输位的网络介质的不同,将每个位编码成声音、光波或电子脉冲的样式,目的主机接收并解码信号,解释收到的信息这一过程。

图 2-3　计算机通信中对信息的编码和解码过程

4. 信息格式

要使信息从源地址发送到目的地址,必须使用特定的格式或结构。信息格式取决于信息的类型和传递渠道。

书信是人类书面交流常用的方式之一。私人信件的格式数百年以来从未改变过。在许多文化中,私人信件都包含以下要素。

（1）收信人的标识。

（2）称呼或问候语。

（3）信件正文。

（4）结束语。

（5）寄信人的身份标识。

除了正确的格式以外,大多数私人信件还必须用信封装好并密封,以便投递。信封上有寄信人和收信人的地址,分别写在信封适当的位置。如果目的地址和格式不正确,信件就无法投递。

将一种信息格式(信件)放入另一种信息格式(信封)的过程称为封装;收信人从信封中取出信件的过程就是解封。

写信者使用公认的格式确保信件可以投递,并且能被收信人理解。同样,通过计算机网络发送的信息也要遵循特定的格式规则才能被发送和处理。就像信件封装在信封中进行投递一样,计算机信息也要进行封装。每条计算机信息在通过网络发送之前都以特定的格式封装,称为帧。帧就像信封一样,它提供预定的目的主机和源主机的地址。

帧的格式和内容由信息的类型及其发送信道决定。信息的格式如果不正确,就无法成功发送或被目的主机处理。图 2-4 所示为计算机通信中帧的格式,帧地址类似于信封上的地址,封装的信息类似于书信。

目的(物理/硬件地址)	来源(物理/硬件地址)	开始标志(表示信息的开始)	收信人(目的地身份标识)	寄信人(来源身份标识)	封装的数据(比特)	帧结尾(标识信息结束)
帧寻址		封装的信息				—

图 2-4　计算机通信中帧的格式

5. 信息大小（或长度）

如果文章的所有内容为一个长句子，读起来会怎样？很显然，其结果是难以阅读和理解。人们在相互交流时，他们通常将发送的信息分成较小的部分或较短的句子。这些句子的大小限于接收方一次可以处理的大小。在交谈时，为确保对方收到和理解话语的每个部分，可以将谈话内容分成许多短句。

同样，将一条长信息通过网络从一台主机发送到另一台主机时，也必须将其分为许多小片段。控制网络中传送的信息片段（帧）大小的规则非常严格，并且不同的信道有不同的规则，帧太长或太短都无法传送。

帧大小限制规则要求源主机将长信息分割为同时符合最小和最大长度要求的多个片段。每个片段都单独封装在包含地址信息的帧中，并通过网络发送。在接收主机上，这些信息将被解封和重新组合，以供加工和解释。

6. 信息同步

时序也是影响对方接收和理解信息的因素之一。人们通过时序来控制讲话的时机、语速以及等待回应的时长，这些都是约定的规则。

（1）访问控制

访问控制决定人们可以发送信息的时间，这种时序规则取决于环境。例如，在可以随时发言的环境下，一个人要讲话，必须等到没有其他人讲话时才能开口。如果两个人同时讲话，就会发生信息冲突，两人必须让步，重新开始，这些规则用于确保交流能够成功。同样，计算机也必须定义访问控制方法，网络主机需要访问控制来了解开始发送信息的时间以及在出错时响应的方式。

（2）流量控制

时序还影响发送信息量和发送速度。如果一个人讲话太快，对方就难以听清和理解，这时接收方就需要要求发送方减慢速度。在网络通信中，发送主机发送信息的速度可能会快于目的主机接收和处理的速度，因此源主机和目的主机需要使用流量控制来协商成功通信的正确时序。

（3）超时响应

如果一个人提问之后在合理的时间内没有得到回答，就会认为没有获得回答并作出相应的反应。此人可能会重复这个问题，也可能继续谈话。网络主机也会使用规则来指定等待响应的时长，以及在超时的情况下执行什么操作。

7. 信息传输模式

有时候，人们需要与某个人交流信息；而在另一些时候，人们需要同时与一群人甚至同一区域的所有人交流信息。两个人之间的交谈是典型的一对一通信模式；当一组接收者需要同时接收同一条信息时，就需要采用一对多或多对多信息模式。

有时信息的发送方还要确认信息是否成功发送到目的地址，此时需要向发送方发送确认回执。不需要确认的信息模式称为"无确认"。

网络主机使用类似的信息模式进行通信。

一对一信息传输模式称为单播，即信息只有一个目的地址。

如果主机需要用一对多模式发送信息，则称为组播。组播是指同时发送同一条信息到一组目的主机。

如果网络上所有主机都需要同时接收该信息，则使用广播。广播代表一对全体的信息传输模式。此外，主机还可以要求是否需要对信息作出确认。

图 2-5 所示为计算机通信中的广播，一台主机向本地网络中的所有主机广播，让它们知道自己的名称，这种通信通常不需要确认。

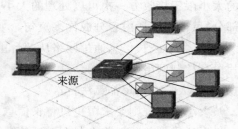

图 2-5　计算机通信中的广播

2.2.2　本地有线网络中的通信

无论是人类还是计算机进行的通信，都要遵守预先确定的规则或协议，这些协议由源主机、通道和目的主机的特性决定。协议根据来源、通道和目的，对信息格式、信息大小、时序、封装、编码和标准信息模式等问题作出详细规定。

1. 协议的重要性

协议在本地网络上尤其重要。在有线环境中，本地网络定义为所有主机必须"讲同一种语言"（用计算机术语表示就是"共享一个公共协议"）的区域。

如果同一间房里的每个人都讲不同的语言，肯定无法交流。同样，如果本地网络中的设备不使用同一个协议，就无法互相通信。

本地有线网络中最常用的协议集是以太网协议。以太网协议定义了本地网络通信的许多方面，包括信息格式、信息大小、时序、编码和信息模式。

2. 协议的标准化

在网络发展的最初阶段，每个厂家都有各自的网络设备和网络协议，不同厂家的设备之间无法通信，包括 IBM、NCR、DEC、Xerox 和 HP 等厂商使用的协议都有所不同。

网络的普及要求不同厂商设备之间的连接更加方便，即标准化。这些标准给网络带来多方面的益处。

（1）方便设计。

（2）简化产品开发。

（3）促进竞争。

（4）提供一致的互联方式。

（5）便于培训。

（6）客户有更多的厂商可以选择。

在众多的标准中有几种标准得到了发展,如以太网、ARCnet 和令牌环标准。

实际上不存在官方的本地网络标准协议,但随着时间的发展,以太网标准逐渐成为最受人们推崇的一种技术,并已成为事实标准。

电气和电子工程师学会(IEEE)负责维护网络标准,包括以太网和无线标准。IEEE 委员会主要负责审批和维护连接标准、介质要求及通信协议。每项技术标准都有一个编号,指代负责审批和维护该标准的委员会。负责以太网标准的委员会是 802.3。

以太网标准自从 1973 年创立以来,经历了多次发展,适用于规范更快、更灵活的技术。以太网标准这种不断改进的能力正是它如此受欢迎的主要原因之一。每个以太网版本都有相关的标准,例如,802.3 100BASE-T 代表使用双绞线电缆标准的 100Mbps 以太网,此标准的具体解释为:100 是以兆位每秒(Mbps)为单位的速度;BASE 代表基带传输;T 代表电缆类型,这里是指双绞线。

早期以太网的速度非常慢,只有 10 Mbps。而现在的以太网运行速度已经超过 10Gbps,是原来的 1000 倍。

早期以太网使用共享媒体,所有主机都连到同一条电缆或同一台集线器上;采用的协议是具有冲突检测(CD)功能的载波监听多路访问(CSMA)的访问控制方法。

CSMA/CD 主要是为解决如何争用一个广播型的共享传输信道而设计的,它能够决定应该由谁占用信道,如果多个站点同时获得信道控制权,这时多站点发送的数据将会产生冲突,造成数据传输失败。如何发现和解决冲突,也是 CSMA/CD 要解决的问题。CSMA/CD 协议的工作原理如图 2-6 所示。

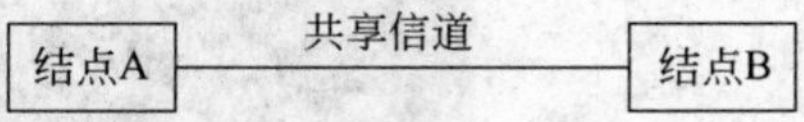

图 2-7 所示为 CSMA/CD 协议的工作过程。

(1) 准备发送站监听信道。

(2) 信道空闲,进入第(4)步。

(3) 信道忙,就返回第(1)步。

图 2-6　CSMA/CD 协议的工作原理

(4) 传输数据并监听信道,如果无冲突就完成传输,检测到冲突则进入第(5)步。

(5) 发送阻塞信号,然后按二进制指数退避算法等待,再返回第(1)步。

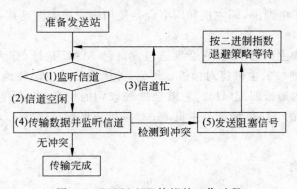

图 2-7　CSMA/CD 协议的工作过程

3. 物理寻址

所有通信都需要一种标识源和目的的方法。在人际交流中,源和目的用名字来表示,当有人叫唤某个名字时,被唤到名字的人就会聆听信息并作出反应。房间里的其他人可能会听到该信息,但不会在意,因为信息不是说给他们听的。

以太网络也用类似的方法来标识源主机和目的主机。每台连接到以太网络的主机都会获得一个物理地址,用于在网络中标识自己。

每个以太网络接口在制造时都有一个物理地址。此地址称为介质访问控制(MAC)地址。MAC 地址用于标识网络中的每台源主机和目的主机。MAC 地址长 48 位,通常用 12 位十六进制数表示,如图 2-8 所示,在命令提示符下用"ipconfig/all"命令查看 NIC(网络接口卡)的 MAC 地址为 00-40-46-51-B6-46,前 6 个十六进制数字(24 位)为厂商标识,后 6 个十六进制数字(24 位)为网卡的标识,以确保 MAC 地址不会相同。

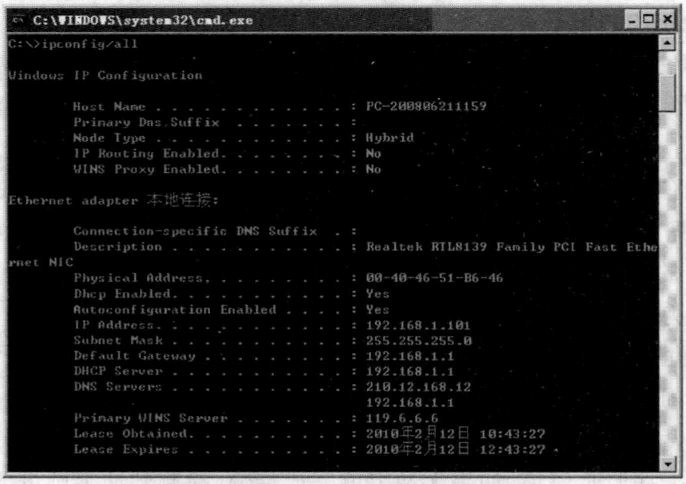

图 2-8 物理地址

以太网络是基于电缆的,即主机和网络设备使用铜缆或光缆连接,这是主机之间通信时使用的通道。

当以太网络上的主机通信时,它会发送包含自己 MAC 地址(作为源地址)和接收方 MAC 地址的帧;收到帧的主机将对帧进行解码,并读取目的 MAC 地址;如果目的 MAC 地址与网卡上配置的地址匹配(H3),它就会处理收到的信息,并将其存储起来供主机应用程序使用;如果目的 MAC 地址与主机 MAC 地址不匹配(H2、H4),网卡就会忽略该信息,如图 2-9 所示。

4. 以太网通信

以太网协议定义了网络通信的许多方面,包括帧格式、帧大小、时序和编码等。

当信息在以太网络上的主机之间发送时,主机会将信息格式化为标准指定的帧结构。帧也称为协议数据单元(PDU)。

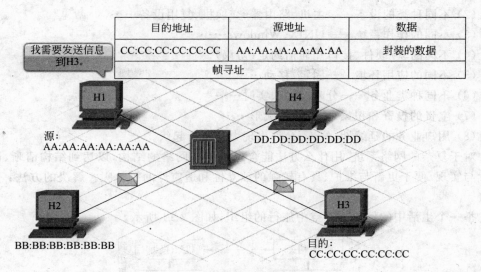

图 2-9　MAC 地址通信

以太网帧的格式指定目的和源 MAC 地址的位置以及其他信息,如图 2-10 所示,包括以下内容。

(1) 定序和定时的前导码:在发送和接收帧时起同步作用。

(2) 帧首定界符(SFD):指示某帧开始。

(3) 目的 MAC 地址:可以是单播(一台主机)、组播(一组主机)和广播(本地网络中的所有主机)。

(4) 源 MAC 地址:发送以太网帧的结点地址。

(5) 帧的长度和类型:长度表示该帧数据的字节数,类型表示接收数据的协议。

(6) 封装的数据:分组数据,46～1500 个字节。

(7) 帧校验序列(FCS):由发送设备创建,目标设备用于检测传输帧的错误。

前导码	SFD	目的MAC地址	源MAC地址	长度/类型	封装的数据	FCS
7	1	6	6	2	46~1500	4

图 2-10　以太网帧结构

从"目的 MAC 地址"字段到"帧校验序列(FCS)"字段,以太网帧的大小限制为最大 1518 个字节和最小 64 个字节。如果帧不符合这一限制,接收主机将不作处理。除了帧的格式、大小和时序以外,以太网标准还定义了组成帧的位在通道中的编码形式。位可在铜缆中以电子脉冲的形式传输,或在光缆中以光脉冲的形式传输。

2.2.3　OSI 参考模型

网络体系结构提出的背景——计算机网络的复杂性、异质性,具体表现在如下方面。

(1) 不同的通信介质——有线、无线……

（2）不同种类的设备——主机、路由器、交换机、复用设备……

（3）不同的操作系统——UNIX、Windows……

（4）不同的软/硬件、接口和通信约定（协议）。

（5）不同的应用环境——固定、移动……

（6）不同种类业务——分时、交互、实时……

（7）宝贵的投资和积累——有形、无形……

（8）用户业务的延续性——不允许出现大的跌宕起伏。

对于复杂的网络系统，用什么方法能合理地组织网络的结构，以达到结构清晰、简化设计与实现、便于更新与维护、具有较强的独立性和适应性的目的呢？解决的方法：分而治之。

举一个生活中的例子——空中旅行的组织，如图 2-11 所示。

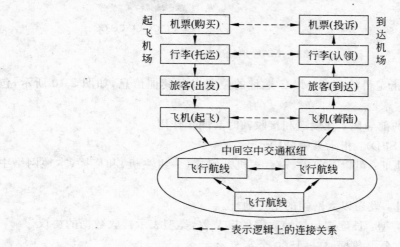

图 2-11　空中旅行的组织结构

层次化方法在其他领域主要有以下应用。

（1）程序设计：把一个大的程序分解为若干个层次的小模块来实现，如操作系统。

（2）邮政系统：包括邮递员、邮政分局、邮政总局、邮政运输等。

（3）银行系统、物流系统等。

1977 年 3 月，国际标准化组织（ISO）的技术委员会 TC97 成立了一个新的技术分委会 SC16，专门研究"开放系统互联"，并于 1983 年提出了开放系统互联参考模型，即著名的 ISO 7498 国际标准，记为 OSI/RM。

在 OSI 中采用了三级抽象：参考模型（即体系结构）、服务定义和协议规范（即协议规格说明），自上而下逐步求精。OSI/RM 并不是一般的工业标准，而是一个为制定标准用的概念性框架。实际的工业标准是 TCP/IP 网络模型，2.2.4 小节将详细讨论。

经过各国专家的反复研究，在 OSI/RM 中，采用了如表 2-1 所示的 7 个层次的体系结构，表 2-1 对各层的主要功能进行了简略描述，更准确详细的概念可参考有关的网络基础教程。

表 2-1 OSI/RM 7 层协议模型

层 号	名 称	主要功能简介
7	应用层	作为与用户应用进程的接口,负责用户信息的语义表示,并在两个通信者之间进行语义匹配,它不仅要提供应用进程所需要的信息交换和远程操作,而且还要作为互相作用的应用进程的用户代理来完成一些为进行语义上有意义的信息交换所必需的功能
6	表示层	对源端点内部的数据结构进行编码,形成适合于传输的比特流,到了目的站再进行解码,转换成用户所要求的格式并保持数据的意义不变。主要用于数据格式转换
5	会话层	提供一个面向用户的连接服务,它给合作的会话用户之间的对话和活动提供组织和同步所必需的手段,以便对数据的传送进行控制和管理。主要用于会话的管理和数据传输的同步
4	传输层	从端到端经网络透明地传送报文,完成端到端通信链路的建立、维护和管理
3	网络层	分组传送、路由选择和流量控制,主要用于实现端到端通信系统中中间结点的路由选择
2	数据链路层	通过一些数据链路层协议和链路控制规程,在不太可靠的物理链路上实现可靠的数据传输
1	物理层	实现相邻计算机结点之间比特数据流的透明传送,尽可能屏蔽具体传输介质和物理设备之间的差异

2.2.4 TCP/IP 网络模型

1. TCP/IP 协议

TCP/IP(Transmission Control Protocol/Internet Protocol)是传输控制协议/网际协议(又称 Internet 协议)的缩写,它实际上是一个很大的协议包(簇),其中包括网络接口层、网际层、传输层和应用层中的很多协议,TCP 和 IP 协议只是其中的两个核心协议。

TCP/IP 是 Internet 上采用的协议,目前已形成了一个完整的网络协议体系,并且得到了广泛的应用和支持。

TCP/IP 的基本作用是:要在网络上传输数据信息时,首先要把数据拆分成一些小的数据单元(不超过 64KB),然后加上"包头"做成数据报(段),才交给 IP 层在网络上陆续地发送和传输(如图 2-12 所示)采用这种数据传输方式的计算机网络就叫做"分组交换"或"包交换"网络;其次,在通过电信网络进行长距离传输时,为了保证数据传输质量,还要转换数据的格式,即拆包或重新打包;最后,接收数据的一方必须使用相同的协议,逐层拆开原来的数据包,恢复原来的数据,并加以校验,若发现有错,就要求重发。

(1) TCP 协议

传输层是计算机网络中非常重要的一层,它可以向源主机和目的主机提供端到端的可靠通信。TCP 协议是一个面向连接的端到端的全双工通信协议,通信双方需要建立由

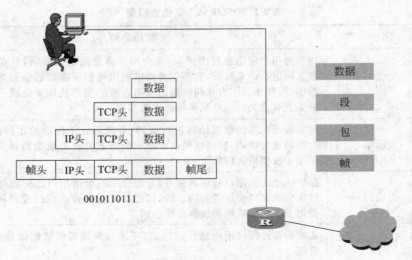

图 2-12　TCP/IP 数据封装

软件实现的虚连接,它提供了数据分组在传输过程中可靠且无差错的通信服务。

　　TCP 协议规定首先要在通信的双方建立一种"连接",也叫做实现双方的"握手"。建立"连接"的具体方式是:呼叫的一方要找到对方,并由对方给出明确的响应,目的是需要确定双方的存在,并确定双方处于正常的工作状态,在传递多个数据报的过程中,发送的每一个数据报都需要接收方给以明确的确认信息,然后才能发送下一个数据报;如果在预定的时间内收不到确认信息的话,发送方会重发信息。正常情况下,数据传送结束后,发送方要发送"结束"信息,"握手"才会断开。

　　这里还要解释一下,"在通信双方建立连接"这句话的含义不是让双方去独占线路,或者说不是在双方之间搭建一条专线。真正双方独占线路是打电话的做法,所以在计算机网络中,通信双方建立的连接实际上是一种"虚拟"的连接,是由计算机系统中相应的软件程序实现的连接。

　　在计算机网络中,通常可以把连接在网络上的一台计算机叫做一台"主机"。传输层只能存在于端系统(主机)之中,所以又称为"端到端"层或"主机到主机"层,或者说,只有在作为"源主机"和"目的主机"的计算机上才有传输层,才有传输层的相应程序,才执行传输层的操作。而在网络中的其他结点上,如集线器、交换机、路由器上,都是不需要传输层的。所以说,在传输层上建立的"连接",只能是"端到端"的连接。发送数据报的工作,只能由发送方的传输层执行,接收数据报和发送"确认信息"的工作,也只能由接收方计算机的传输层执行。

　　"全双工"通信指通信的双方主机之间,既可以同时发送信息,又可以接收信息。

　　TCP 协议还有一个作用就是保证数据传输的可靠性。TCP 协议实际上是通过一种叫做"进程通信"的方式,在通信的两端(双方)传递信息的,以保证发出的数据报不仅都能到达目的地,而且是按照它们发出时的顺序到达的。如果数据报的顺序乱了,它就要负责进行"重新排列",如果传输过程中某个数据丢失了或出现了错误,TCP 协议就会通知发送端重发该数据报。

（2）IP 协议

IP 协议又称为 Internet 协议或网际协议，工作在 TCP 协议的下一层（网络层），是 TCP/IP 的心脏，也是网络层中最主要的协议。它利用一个共同遵守的通信协议，使 Internet 成为一个允许连接不同类型的计算机和不同操作系统的网络。而通信协议规定了通信双方在通信中所应共同遵守的约定，即两台计算机交换信息所使用的共同语言，同时，计算机的通信协议精确地定义了计算机在彼此通信过程中的所有细节。例如，每台计算机发送信息的格式和含义，在什么情况下应发送规定的特殊信息，以及接收方的计算机应作出哪些应答，等等。

IP 协议的内容包括 IP 报文的类型与定义、IP 报文的地址及分配方法、IP 报文的路由转发以及 IP 报文的分组与重组。

IP 协议能适应各种网络硬件，对底层网络硬件几乎没有任何要求。任何一个网络都可以使用 IP 协议加入 Internet，在 Internet 的任何一台计算机中，只要运行 IP 协议软件，就可以进行交流和通信。

IP 协议根据其版本分为 IPv4 和 IPv6。本项目主要介绍 32 位的 IPv4，128 位的 IPv6 将在项目 3 中进行介绍。

值得注意的是，NetBEUI 协议是一种早期的局域网协议，用在局域网中，其效率很高，但是由于它不具备"路由"功能，所以不能得到更广泛的应用。

2. TCP/IP 体系结构

（1）协议体系

TCP/IP 协议在物理网基础上分为 4 个层次，它与 ISO/OSI 模型的对应关系及各层协议的组成如图 2-13 所示。

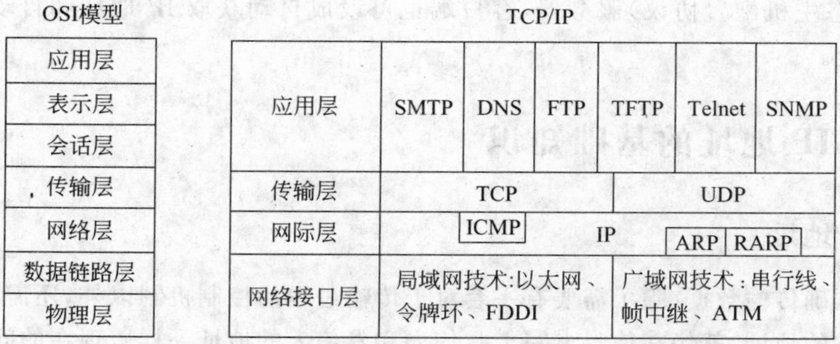

图 2-13　TCP/IP 和 OSI 模型的对应关系及各层协议的组成

（2）TCP/IP 各层的主要功能

① 网络接口层：定义与物理网络的接口规范，负责接收 IP 数据报并传递给物理网络。

② 网际层：主要实现两个不同 IP 地址的计算机（在 Internet 上都称为主机）的通信，这两个主机可能位于同一网络或互联的两个不同网络中。具体工作包括形成 IP 数据报和寻址。如果目的主机不是本网的，就要经路由器转发到目的主机。网际层主要包括 4

个协议：网际协议（IP）、网际控制报文协议（ICMP）、地址解析协议（ARP）、逆向地址解析协议（RARP）。

③ 传输层：提供应用程序间（即端到端）的通信。包括传输控制协议（TCP）和用户数据报协议（UDP）。

④ 应用层：支持应用服务，向用户提供一组常用的应用协议，包括远程登录（Telnet）、文件传输协议（FTP）、平常文件传输协议（TFTP）、简单邮件传输协议（SMTP）、域名系统（DNS）和简单网管协议（SNMP）等。

（3）传输层和网际层的其他协议

① 用户数据报协议（UDP）。TCP 提供可靠的端到端的通信连接，用于一次传输大批数据的情形（如文件传输、远程登录等），并适用于要求得到响应的应用服务。而 UDP 提供无连接通信，且不对传送数据报进行可靠保证，适合于一次传输少量数据（如数据库查询）的场合，其可靠性由其上层应用程序提供。

② 网际控制报文协议（ICMP）。作为 IP 协议的一部分，它能使网际上的主机通过相互发送报文来完成数据流量控制、差错控制和状态测试等功能。

③ 地址解析协议（ARP）和逆向地址解析协议（RARP）。IP 地址实际上是在网际范围内标识主机的一种地址，传输报文时还必须知道目的主机在物理网络中的物理地址（MAC 地址），ARP 协议的功能是实现 IP 地址到 MAC 地址的动态转换，RARP 协议可以实现 MAC 地址到 IP 地址的转换。

初学者要知道：与 Internet 完全连接必须安装 TCP/IP 协议，安装 Windows 操作系统时可自动安装 TCP/IP 协议，且每个结点至少需要一个"IP 地址"、一个"子网掩码"、一个"默认网关"和一个"DNS 服务器 IP 地址"。可以在"Internet 协议（TCP/IP）属性"对话框中手动配置 IP 地址、子网掩码、默认网关和 DNS 服务器 IP 地址。如果本网络内有 DHCP（动态主机配置协议）服务器，客户端也可设成自动获取 IP 地址和自动获取 DNS 服务器地址。

2.2.5 IP 地址的基础知识

1. IP 地址

为了准确传输数据，除了需要有一套对于传输过程的控制机制以外，还需要在数据包中加入双方的地址，就像在信封上写上收信人和发信人的地址一样。现在的问题是，进行数据通信的双方应该用一种什么样的地址来表示呢？

也许有人会问，不是每块网卡都有一个不同的 MAC 地址吗？用这个地址不行吗？MAC（Media Access Control）地址就是媒体访问控制地址，确实是可以用在数据传输过程中的，但它只能用在底层通信过程中，即只能用在数据链路层上通信时使用的数据帧中，而网络层中使用的 IP 地址和数据链路层中的 MAC 地址要由 ARP 或 RARP 进行转换。MAC 地址是一个用 12 位的十六进制数表示的地址，用户很难直接使用它，在 Internet 中，也很难把这样一个数值与某台处于不明位置上的特定计算机联系起来。显然 MAC 地址存在不便使用和难以查找的缺点,因此需要另一种"地址",这个"地址"既要能简单、准确地标明对方的位置,又要能方便地找到对方,这就是设计 IP 协议的初衷。

IP 地址最初被设计成一种由数字组成的四层结构,就好比想要找一个人,需要有这个人的住址(某省、某市、某区、某街的多少号)一样。在 Internet 中,很多网络连接在一起以后形成了很大的网络,每个网络下面还有很多较小的网络,计算机是组成网络的基本元素。所以,IP 地址就是用四层数字作为代码,说明是在哪个网络中的哪台计算机。显然,这种定义 IP 地址的方法十分有效,因此取得了很大的成功,并且得到了普遍的应用。

(1) IP 地址的定义及表示

IP 协议为 Internet 上的每一个结点(主机)定义了一个唯一的统一规定格式的地址,简称 IP 地址。每个主机的 IP 地址由 32 位(4 个字节)组成,通常采用"点分十进制表示方法"表示,每个字节为一部分,中间用点号分隔开来。

例如,32 位的二进制地址为:

11001010011011000010010100101001

显然这个地址很难记忆,所以分成 4 段,每段 8 位,变成了下面的形式。

11001010 01101100 00100101 00101001

转换成十进制,并用点连起来,就构成了通常人们所使用的 IP 地址:202.108.37.41。

注意:每一段的 8 位二进制数,最小是 00000000,换算成十进制是 0;最大是 11111111,换算成十进制是 255。也就是说,这 4 段数字换算成十进制,每段都在 0~255 之间变化。

每一个 IP 地址又可分为网络号和主机号两部分,网络号(Network ID)表示网络规模的大小,用于区分不同的网络;主机号(Host ID)表示网络中主机的地址编号,用于区分同一网络中的不同主机。按照网络规模的大小,IP 地址可以分为 A、B、C、D、E 五类,其中常用的是A、B、C 三类地址,D 类为组播地址,E 类为扩展备用地址,其格式如图 2-14 所示。

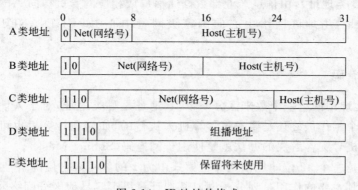

图 2-14 IP 地址的格式

A、B、C 三类 IP 地址的有效范围和保留的 IP 地址如表 2-2 所示。

(2) IP 地址中的几种特殊地址

① 网络地址:主机地址全为 0,用于区分不同的网络。

31

表 2-2 IP 地址分类范围

类别	网 络 号	主 机 号	备 注
A	1～126	0～255、0～255、1～254	适用于大型网络,10 这个网络号留作局域网使用
B	128～191、0～255	0～255、1～254	适用于中型网络, 172.16.0.0～172.31.0.0 这 16 个网络号留作局域网使用
C	192～223、0～255、0～255	1～254	适用于小型网络, 192.168.0.0～192.168.254.0 这 254 个网络号留作局域网使用

② 广播地址:主机地址全为 1,用于向本网络上的所有主机发送报文。有时不知道本网的网络号,TCP/IP 协议规定 32 位全为 1 的 IP 地址用于本网广播。

③ "0"地址:TCP/IP 协议规定,32 位全为 0 的地址被解释成本网络。若有一台主机想在本网内通信,但又不知道本网的网络号,就可以用"0"地址。

④ 回送地址:127.*.*.*,用于网络软件测试和本机进程间的通信。如果安装了TCP/IP 协议,而未设置 IP 地址,可用 127.0.0.0 进行测试。

⑤ 组播地址:指定一个逻辑组,参与该组的机器可能遍布整个 Internet,主要应用于电视会议等。

(3) IP 地址的获取方法

IP 地址由国际组织按级别统一分配,机构用户在申请入网时可以获取相应的 IP地址。

① 最高一级 IP 地址由国际网络中心(Network Information Center,NIC)负责分配。其职责是分配 A 类 IP 地址、授权分配 B 类 IP 地址的组织并有权刷新 IP 地址。

② 分配 B 类 IP 地址的国际组织有 3 个:ENIC 负责欧洲地区的分配工作,InterNIC负责北美地区,设在日本东京大学的 APNIC 负责亚太地区。我国的 Internet 地址由APNIC 分配(B 类地址),由信息产业部数据通信局或相应网管机构向 APNIC 申请地址。

③ C 类地址,由地区网络中心向国家级网管中心(如 CHINANET 的 NIC)申请分配。

2. 子网掩码

仅用 IP 地址中的第一个数来区分一个 IP 地址是哪类地址,对于人们来说也是较困难的,而且,这个工作最终还是要通过计算机去执行的,如何让计算机也可以很容易地区分网络号和主机号呢? 解决的办法就是使用子网掩码(Subnet Mask)。

子网掩码是一个 32 位的位模式。位模式中为 1 的位用来定位网络号,为 0 的位用来定位主机号。其主要的作用是划分子网以及让计算机很容易地区分网络号和主机号。划分子网将在 3.2.7 小节详细介绍。A、B、C 三类网络默认的子网掩码如表 2-3 所示。

子网掩码区分 IP 地址中的网络号和主机号的方法如下。

① 将 IP 地址与子网掩码进行逻辑与运算,结果即为网络号。

② 将子网掩码取反与 IP 地址进行逻辑与运算,结果即为主机号。

表 2-3 子网掩码类别

类　别	子网掩码位模式	子网掩码
A	11111111 00000000 00000000 00000000	255.0.0.0
B	11111111 11111111 00000000 00000000	255.255.0.0
C	11111111 11111111 11111111 00000000	255.255.255.0

例 2-1　已知一台主机的 IP 地址为 192.9.200.13，子网掩码为 255.255.255.0。求该主机 IP 地址的网络号和主机号。

先将 IP 地址和子网掩码转换为二进制数：

192.9.200.13　→　11000000 00001001 11001000 00001101

255.255.255.0 → 11111111 11111111 11111111 00000000

按上述①的方法进行逻辑与（AND）运算为 11000000 00001001 11001000 00000000，即得网络号为 192.9.200.0。

按上述②的方法，子网掩码取反为：00000000 00000000 00000000 11111111，再与 IP 地址进行逻辑与运算为：00000000 00000000 00000000 00001101，即得主机号为：0.0.0.13。

3. 默认网关

网关（Gateway）也称为协议转换器，用于将两个完全异构（体系结构不同）的网络互联。目前，网关几乎成为网间连接器的泛称，如将 IP 路由器称做 IP 网关。但原来是指工作在 OSI 模型的高 3 层（会话层、表示层、应用层）的设备，更普遍的意义是软件和硬件结合的产品。实际应用中没有通用的网关产品，只有用于某一专门功能的网关。如电子邮件网关可以把一种类型的邮件转化成另一种类型的邮件。还有文件传输和远程登录等专用的网关转换协议。

网关可以设在服务器、微机或大型机上，另外，将局域网连接到公共网络的路由器也称为网关。由于网关的传输复杂，它们传输数据的速率比较低。

局域网网关的作用是运行不同协议或使运行于 OSI 模型不同层上的局域网网段间可以相互通信。路由器、微机或一台服务器就可以充当局域网网关。

网关地址就是网关的 IP 地址，局域网中默认网关地址就是与该局域网相连的网关设备（路由器、微机或一台服务器）的 IP 地址。

2.2.6　网络中的传输介质

网络传输介质是网络中发送方和接收方的物理连接通路，是信息传送的载体。目前常用的传输介质有双绞线、同轴电缆、光纤电缆和无线传输介质。

传输介质的以下特性对网络数据的通信质量有很大的影响。

（1）物理特性，指对传输介质的特性、物理结构的描述。

（2）传输特性，包括选择用模拟信号发送还是用数字信号发送、调制技术、传输容量及传输的频率范围等内容。

（3）连通性，指点到点或者多点连接。

（4）地理范围，即网上各点之间的最大距离，包括在建筑物内、建筑物之间或扩展到整个城市。

（5）抗干扰性，即防止噪声对传输数据影响的能力。

1. 双绞线

双绞线已成为局域网的标准布线技术。一对双绞线是由两根相对较细的导线构成的，这些电线被一层 PVC 薄膜包裹着，并螺旋式地相互缠绕。这样缠绕具有很好的电气特性：通过在两根电线之间提供平衡的能量辐射，有效地抑制可能引入的电磁干扰，避免信号失真。

双绞线有多种尺寸和形状，既有只有一对的用于语音级的连线，也有含有几百对的电缆电线。在局域网中通常使用如图 2-15 所示的 4 对封装在一起的双绞线。局域网中所使用的双绞线主要有两种类型：屏蔽双绞线（STP）和非屏蔽双绞线（UTP）。

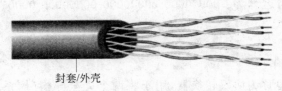

封套/外壳

图 2-15　局域网双绞线

屏蔽双绞线（Shielded Twisted Pair，STP）的特征是在双绞线的外部有一层金属层或金属网编制的屏蔽层。金属屏蔽层位于双绞线封套的下面，它的作用是使双绞线在有电磁干扰的环境中也能正常工作。但是，金属屏蔽层在保护信号不受外部电磁辐射干扰的同时也使导线本身正常的辐射不能散发。这种电磁辐射由金属屏蔽层反射回铜导线，会导致信号自阻碍。

非屏蔽双绞线（Unshielded Twisted Pair，UTP）由 4 对对绞的铜线组成，其外部环绕一层塑料外皮，没有屏蔽层，不具有抗外部干扰的能力。但其价格较低，使用率远远大于屏蔽双绞线，常见的双绞线大多是非屏蔽双绞线。若无特殊用途，使用非屏蔽双绞线即可满足要求。

双绞线的传输速率与其类型有关，根据传输特性和目前公认的 ANSI 的 EIA/TIA Category 标准，双绞线又可分为 5 类，另外还有超 5 类双绞线电缆。通过对其"信道"性能测试表明，与普通 5 类双绞线电缆相比，超 5 类双绞线电缆的近端串扰、衰减和结构回波等主要性能指标都有很大提高。购买线时一定要注意，目前用的是 5 类或超 5 类线，3 类线传输速率只能达到 16Mbps，4 类线达到 20Mbps，只有 5 类线以及超 5 类线等才能到达 100Mbps，且线的长度不能超过 100m。

EIT/TIA 定义了两个双绞线连接的标准：568A 和 568B。它们所定义的 RJ-45 连接头各引脚与双绞线各线对排列的线序如表 2-4 所示。为了保持最佳的兼容性，普遍采用

568B 标准来制作网线。

注意：在整个网络布线中应该只采用一种网线标准，如果标准不统一，几个人共同工作时准会产生混乱；更严重的是，在施工过程中一旦出现线缆差错，在成捆的线缆中是很难查找和剔除的，因此强烈建议统一采用 568B 标准。

表 2-4　568A 和 568B 线序

标准	1	2	3	4	5	6	7	8
T568A	绿白	绿	橙白	蓝	蓝白	橙	棕白	棕
T568B	橙白	橙	绿白	蓝	蓝白	绿	棕白	棕
绕对	同一绕对	与 6 同一绕对	同一绕对	与 3 同一绕对	同一绕对			

注：橙白是指浅橙色，或者白线上有橙色的色点或色条的线缆，绿白、棕白、蓝白亦同。

双绞线的顺序与 RJ-45 头的引脚序号要一一对应。

事实上，10Mbps/100Mbps 以太网的网线只使用 1、2、3、6 编号的芯线传递数据，即 1、2 用于发送，3、6 用于接收；按颜色来说，橙白、橙两条用于发送，绿白、绿两条用于接收；4、5、7、8 是双向线。

1000Mbps 网卡需要使用 4 对线，即 8 根芯线全部用于传递数据。

在实践中，一般可以这么理解：同种类型设备之间使用交叉线连接，不同类型设备之间使用直通线连接；路由器和 PC 属于 DTE 类型设备，交换机和集线器属于 DCE 类型设备。RJ-45 网络接头一般有 568A 和 568B 两种标准做法，按同一标准制作即直通线（两端的两对双绞芯线 1、2 脚和 3、6 脚直接对应），按不同标准制作即交叉线（两端的 1、2 和 3、6 脚交叉对应），如图 2-16 所示。

不管如何接线，最后完成后用 RJ-45 测线仪测试时，8 个指示灯都应依次闪烁。

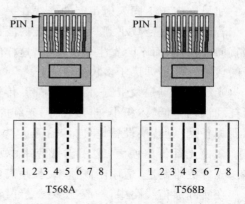

图 2-16　RJ-45 水晶头的两种标准做法

2. 同轴电缆

典型的同轴电缆（Coaxial Cable）由一根内导体铜质芯线外加绝缘层、密集网状编织导电金属屏蔽层以及外包装保护塑胶材料组成，其结构如图 2-17 所示。

同轴电缆正逐步退出局域网的使用舞台。目前，同轴电缆大都用来传输有线电视信号，因此，在此仅作简要介绍。

图 2-17　同轴电缆

传输基带信号的基带同轴电缆的传输距离一般不超过几千米，以 RG 58（50Ω 同轴电缆）为例，在 10Base-2 物理层规范中，同轴电缆以 10Mbps 的速度进行信号传输时其距离最大为 185m。宽带同轴电缆的最大传输距离可达几十千米。

3. 光纤

光导纤维（Optical Fiber）简称光纤，是目前发展最迅速、应用广泛的传输介质之一。光纤由内到外由纤芯、包层和护套层组成，如图 2-18 所示。纤芯是用超纯的熔凝石英玻璃拉成的比人头发丝还细的芯线。其传输原理是：当光线从高折射率的媒质射向低折射率的媒质时，其折射角将大于入射角，如果入射角足够大，就会出现全反射，即当光线碰到包层时就会折射回纤芯，这个过程不断重复，光就沿着光纤向前传输。

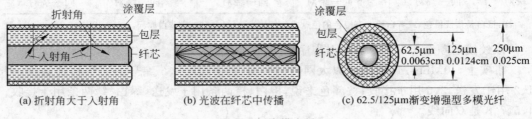

(a) 折射角大于入射角　　　(b) 光波在纤芯中传播　　　(c) 62.5/125μm 渐变增强型多模光纤

图 2-18　多模光纤

如果许多条不同入射角度的光线在一条光纤中传输，就把这种光纤称为多模光纤。

若光纤的直径减小到只有一个光的波长（8.3μm），则光纤就像一根波导一样，使光线一直向前传播，而不会发生多次反射，这样的光纤称为单模光纤，如图 2-19 所示。单模光纤的传输性能远远优于多模光纤。

光纤的优点是频带宽、传输速率高、传输距离远、抗冲击和电磁干扰、数据保密性好、损耗和误码率低、体积小、重量轻等；光纤的缺点是连接和分支困难、工艺和技术要求高、需要配备光/电转换设备、单向传输等。

多模光纤价格便宜，多用于低速率、短距离（2km 以内）的场合；单模光纤价格贵，比多模光纤更难制造，适用于高速率、长距离（200km）的场合。

在实际通信线路中，一般把多根光纤组合在一起形成不同结构形式的光缆，光缆的结构大致可分为缆芯（Cable Core）和保护层（Sheath）两大部分，图 2-20 为四芯光缆的剖面示意图。

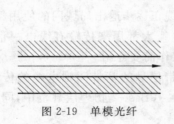

图 2-19　单模光纤

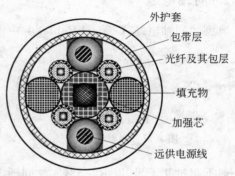

图 2-20　四芯光缆剖面示意图

4. 无线电波通信

在一些电缆光纤难以通过或施工困难的场合,如高山、湖泊或岛屿等,即使在城市中挖开马路敷设电缆有时也很不划算,特别是通信距离很远,对通信安全性要求不高,敷设电缆或光纤既昂贵又费时,若利用无线电波等无线传输介质在自由空间传播,就会有较大的机动灵活性,可以轻松实现多种通信,抗自然灾害能力和可靠性也较高。

无线电数字微波通信系统在长途大容量的数据通信中占有极其重要的地位,其频率范围为 300MHz～300GHz。微波通信主要有两种方式,即地面微波接力通信和卫星通信。

微波在空间中主要是沿直线传播,并且能穿透电离层进入宇宙空间,它不像短波那样经电离层反射传播到地面上很远的地方,由于地球表面是个曲面,因此其传播距离受到限制且与天线的高度有关,一般只有 50km 左右,长途通信时必须建立多个中继站,中继站把前一站发来的信号经过放大后再发往下一站,类似于"接力",如果中继站采用 100m 高的天线塔,则接力距离可延长至 100km。

红外线通信和激光通信就是把要传输的信号分别转换成红外光信号和激光信号直接在自由空间沿直线进行传播,它比微波通信具有更强的方向性,难以窃听、插入数据和进行干扰,但红外线和激光对雨雾等环境的干扰特别敏感。

卫星通信就是利用位于 36 000km 高空的人造地球同步卫星作为太空无人值守的微波中继站的一种特殊形式的微波接力通信,如图 2-21 所示。卫星通信可以克服地面微波通信的距离限制,其最大特点就是通信距离远,且通信费用与通信距离无关。

卫星通信的优点是:卫星通信的频带比微波接力通信更宽,通信容量更大,信号所受到的干扰较小,误码率也较小,通信比较稳定可靠。

卫星通信的缺点是:传播时延较长。

VSAT(Very Small Aperture Terminal,甚小口径地球终端)是 20 世纪 80 年代末发展起来并于 20 世纪

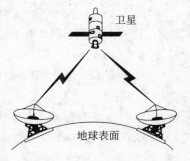

图 2-21　卫星通信

90 年代得到广泛应用的新一代数字卫星通信系统。VSAT 网通常由一个卫星转发器、一个大型主站和大量的 VSAT 小站组成,如图 2-22 所示,能单双向传输数据、语音、图像、视频等多媒体综合业务。VSAT 具有很多优点,如设备简单、体积小、耗电少、组网灵活、安装维护简便、通信效率高等,尤其适用于大量分散且业务量较小的用户共享主站,所以许多部门和企业多使用 VSAT 网来建设内部专用网。

2.2.7　以太网组网技术

1. 快速以太网技术

快速以太网能够运行在大多数网络电缆上(3、4、5 类 UTP),而且它还具有技术成熟、传

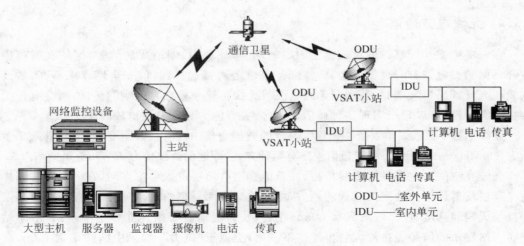

图 2-22　VSAT 网络的构成

输速率高、价格便宜、易升级、易扩展、能与传统以太网无缝连接、能很好地集成到已经安装的以太网中等优势。由于它与以太网完全兼容,所以在以太网环境下运行的网络应用软件,同样可以在快速以太网上使用。目前,在组建本地网络时普遍采用快速以太网技术。

目前正式的 100BASE-T 标准定义了如下 3 种物理层规范以支持不同的物理介质。

(1) 100BASE-TX 用于两对 5 类 UTP 或 1 类 STP(150Ω 屏蔽双绞线),100BASE-TX 使用两对双绞线,一对用于发送信号,另一对用于接收信号,站点与交换机之间的最大距离为 100m。

(2) 100BASE-T4 用于 4 对 3、4 或 5 类 UTP,目前,这种技术没有得到广泛应用。

(3) 100BASE-FX 是光纤介质的快速以太网,它通常使用光纤芯径为 $62.5\mu m$ 的多模光纤,用两根光纤传输信号,一根用于发送信号,另一根用于接收信号,工作在全双工方式。100BASE-FX 在数据链路层采用与 100BASE-TX 相同的标准协议,但具有传输距离远、安全、可靠等优势。光纤作为垂直布线的拓扑结构时,纵向只能连接一个中继器,各结点到集线器的最大距离为 100m,而集线器到交换机的垂直向下链路可采用 225m 光纤,结点到交换机的最大距离为 325m。利用全双工光纤的拓扑结构,通过非标准的 100BASE-FX 接口连接,可以使结点或集线器到路由器或交换机的距离达到 2km。

100BASE-FX 常用的连接器有 SC 和 ST,如图 2-23 所示。左边是 SC 连接器,是一种方形的插销式连接器;右边是 ST 连接器,使用类似于同轴电缆的连接装置,形状与细同轴电缆连接装置相似,是直尖形的连接器。

图 2-23　100BASE-FX 常用的连接器

2. 局域网中的网卡

每块网卡的 ROM 中烧录了一个唯一的 ID 号,即 MAC 地址,这个 MAC 地址表示安装这块网卡的主机在网络上的物理地址,它由 48 位二进制数组成,通常分为 6 段,一般用十六进制表示,如 00-17-42-6F-BE-9B。在本地网中根据这个地址进行通信。

（1）网卡的功能

网卡的主要功能是接收和发送数据。网卡与主机之间是并行通信的,与传输介质之间是串行通信的。接收数据时网卡将来自传输介质的串行数据转换为并行数据暂存于网卡的 RAM 中,再传送给主机;发送数据时将来自主机的并行数据转换为串行数据暂存于 RAM 中,再经过传输介质发送到网络。网卡在接收和发送数据时,可以用"半双工"或"全双工"的方式完成,现在的网卡绝大部分都是采用全双工方式进行通信的。

（2）网卡的分类

① 按网卡的工作方式分为半双工网卡和全双工网卡。

② 按网卡的工作对象分为普通工作站网卡和服务器专用网卡。

③ 按网卡的总线类型分为 ISA 网卡、EISA 网卡和 PCI 网卡。

④ 按网卡的接口类型分为 BNC 接口、AUI 接口、RJ-45 接口及光纤接口网卡。

⑤ 网卡的传输速率分为 10Mbps、100Mbps、10/100Mbps、1000Mbps 网卡。

（3）网卡的选择

① 网卡的总线类型。

② 网卡的速度。

③ 网卡的接口类型。

④ 网卡的兼容性。

⑤ 网卡生产商。

图 2-24 所示的是目前使用较多的各种类型的网卡。

图 2-24　各种类型的网卡

图 2-25 所示的是用"ipconfig/all"命令查看网络信息。本主机安装了双网卡,即一个有线网卡和一个无线网卡。

3. 用集线器组建小型网络

集线器是一种安装在以太网络接入层的网络设备,它具有多个端口,用于将主机连接到网络。集线器是一种简单的设备,不具备解码网络主机之间所发送信息的电子元器件,它无法确定哪台主机应获取特定的信息。集线器只是简单地从其中一个端口接收电子信号,然后将同一信息向所有其他端口发出,如图 2-26 所示。

图 2-25　网卡信息

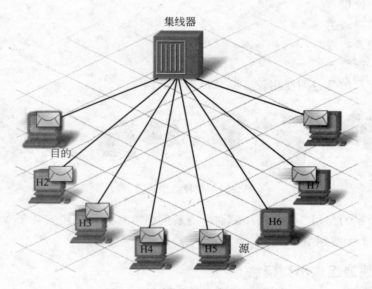

图 2-26　用集线器组建小型网络

注意：主机上的网卡只接收发送到正确 MAC 地址的信息。主机将忽略不是以它们为发送目的的信息。只有与目的地址相符的主机才会处理该信息并响应发送方。

以太网集线器的所有端口都连接到同一通道上发送和接收信息。由于所有主机都必须共享该通道可用的带宽,因此集线器被称为带宽共享设备。

连接到一个集线器的两台或更多主机上可能会同时发送信息,但一次只能通过以太网集线器发送一条信息,此时,信息会在集线器中相互冲突。

冲突会造成信息损坏,无法为主机所理解。集线器不会对信息进行解码,因此无法检测到信息是否已损坏,于是它在所有端口重复该信息并发出。可以接收因冲突而损坏的信息的网络区域称为冲突域。

在冲突域内部,当主机收到损坏的信息时,就会检测到发生了冲突。每台发送主机都会等待较短时间,然后再次尝试发送或重新传输该信息。当连接到集线器的主机数量增加时,冲突的概率也会增大。冲突越多,重新传输的次数也越多。过多的重新传输会阻塞网络,降低网络的通信速度,因此,必须限制冲突域的大小。传统的以太网在负载超过40%时,效率将明显降低。由于集线器在当今使用得越来越少,这里只作简单的介绍。

4. 用交换机组建小型网络

(1) 以太网交换机的工作原理

以太网交换机是一种用于接入层的设备。像集线器一样,交换机也可将多台主机连接到网络。但与集线器不同的是,交换机可以转发信息到特定的主机。当一台主机发送信息到交换机上的另一台主机时,交换机将接收并解码帧,以读取信息的物理(MAC)地址部分。

交换机上含有一个 MAC 地址表,其中列出了包含所有活动端口以及与交换机相连主机的 MAC 地址,如图 2-27 所示。当信息在主机之间发送时,交换机将检查该表中是否存在目的 MAC 地址。如果存在,交换机就会在源端口与目的端口之间创建一个临时连接,称为电路。这一新电路为两台主机的通信提供一个专用通道。连接到该交换机的其他主机不会共享此通道的带宽,也不会接收那些并非发送给它们的信息。主机之间的每一次通信都会创建一条新的电路。这些独立的电路使多个通信可以同时进行,而不会发生冲突。

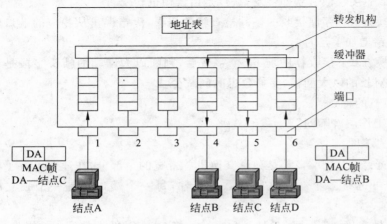

图 2-27 以太网交换机的工作原理

如果交换机收到的帧是发送到尚未列入 MAC 地址表的新主机,结果会如何? 如果目的 MAC 地址不在表中,交换机就没有创建电路所需的信息。当交换机无法确定目的主机的位置时,就会采用"泛洪"的处理方式将信息转发到所有与其连接的主机上。每台主机都将信息中的目的 MAC 地址与其 MAC 地址进行比较,但只有地址匹配的主机才会处理该信息并响应发送方。

新主机的 MAC 地址如何进入 MAC 地址表? 交换机检查主机之间发送的每个帧的源 MAC 地址,然后创建 MAC 地址表。当新主机发送信息或响应"泛洪"式信息时,交换机就会立即获取其 MAC 地址及其连接的端口。交换机每次读取新的源 MAC 地址时,地址表都会自动更新。通过这种方式,交换机可以迅速获取所有与其相连的主机的MAC 地址。

（2）交换机的基本功能

① 地址学习功能:交换机是一种基于 MAC 地址的识别、能完成封装转发数据包功能的网络设备,交换机将目的地址不在交换机 MAC 地址对照表的数据包广播发送到所有端口,并把找到的这个目的 MAC 地址,重新加入自己的 MAC 地址列表中,这样下次再发送到这个 MAC 地址的结点时就直接转发,交换机的这种功能就称为"MAC 地址学习"功能。

② 转发或过滤选择:交换机根据目的 MAC 地址,通过查看 MAC 地址表,决定转发还是过滤,如果目标 MAC 地址和源 MAC 地址在交换机的同一物理端口上,则过滤该帧。

③ 防止交换机形成环路:物理冗余链路有助于提高局域网的可用性,当一条链路发生故障时,另一条链路可继续使用,从而不会使数据通信中止。但是如果因冗余链路而让交换机构成环路,则数据会在交换机中无休止地循环,形成广播风暴。多帧的重复复制导致 MAC 地址表不稳定,解决这一问题的方法就是使用生成树协议(STP)。

（3）以太网交换机信息交换的方式

以太网交换机的数据帧转发方式可以分为以下 3 类。

① 直接交换方式:接收帧后立即转发,缺点是错误帧也转发。

② 存储转发交换方式:存储接收的帧并检查帧的错误,无错误再从相应的端口转发出去,缺点是数据检错增加了延时。

③ 改进直接交换方式:接收帧的前 64 个字节后,判断以太网帧的帧头字段是否正确,如正确则转发。对长的以太网帧,交换延迟时间减少。

（4）以太网交换机的特点

① 在 OSI 中的工作层次不同。

② 数据传输方式不同。

③ 独享端口带宽:每一个端口都是独享交换机总带宽的一部分,在速率上有了根本的保障,在同一时刻可进行多个端口之间的数据传输,每一个端口都是一个独立的冲突域。

④ 地址学习功能:自动识别 MAC 地址(自学),并完成封装转发数据包的操作。

⑤ 网络"分段":即划分虚拟局域网(VLAN),此内容将在项目 3 中将作详细介绍。

（5）以太网交换机的分类

① 根据应用领域分为广域网交换机和局域网交换机。

广域网交换机主要应用于电信领域，提供通信基础平台；局域网交换机则用于本地网络，连接 PC 和网络打印机等终端设备。

② 根据交换机的结构分为固定端口交换机和模块化交换机。

固定端口交换机有 4、8、12、16、24 和 48 端口等多种规格，根据安装方式又分为桌面式交换机和机架式交换机。机架式交换机用于较大规模网络的接入层和汇聚层，端口数一般大于 16，它的尺寸符合国际标准，宽 19 英寸，高 1U，一般安装于标准的机柜中；桌面式交换机不是标准规格，不能安装在机柜内，通常用于小型网络；模块化交换机具有更大的灵活性和可扩展性，用户根据实际情况可选择不同数量、不同速率和不同接口类型的模块，具有很强的容错能力和可热拔插的双电源，支持交换模块的冗余备份等，一般应用于本地网络的核心层和汇聚层。

③ 根据是否支持网管功能分为网管型和非网管型交换机。

网络管理人员不能对非网管型交换机进行控制和管理，而网络管理人员可以对网管型交换机进行本地或远程控制和管理，使网络运行正常。

④ 从传输介质和传输速度上可分为以太网交换机、快速以太网交换机、千兆以太网交换机等。

⑤ 从规模应用上又可分为企业级交换机、部门级交换机和工作组交换机等。

企业级交换机位于企业网络的核心层，属于高端交换机，具有高带宽、高传输速率、高背板容量、硬件冗余和软件可伸缩等特点，一般采用模块化结构，具有多个吉比特光纤接口甚至 10Gbps 光纤接口，具有融合和安全的不间断服务等功能，图 2-28 所示为 Cisco Catalyst 6500 系列交换机；部门级交换机处于网络的中间层，往上连至企业骨干层，往下连至网络的接入层，可以是固定结构也可以采用模块化结构，具有多个百兆比特、吉比特光纤接口，支持基于端口的 VLAN、流量控制、网络管理等，图 2-29 所示为 Cisco Catalyst 4948 系列交换机。工作组交换机一般直接连接到桌面，通常为固定端口结构，主要是 10/100Mbps 以太网端口，根据实际需求可选择百兆比特或吉比特光纤接口，可选择网管型或非网管型交换机。

图 2-28　WS-C6500 系列

图 2-29　WS-C4948 系列

⑥ 从交换机工作的协议层来分有第 2 层交换机、第 3 层交换机和第 4 层交换机。

第 2 层交换机用 MAC 地址完成不同端口数据的交换，这是最基本也是应用最多的交换技术，主要用于网络接入层；第 3 层交换机具有路由功能，可实现不同子网之间的数据包交换，主要用于大中型网络的汇聚层和骨干层的连接，通常采用模块化结构，以适应用户的不同需求；第 4 层交换机可对传输层中包含在每一个 IP 包头的服务进程/协议（例如 HTTP、FTP、Telnet、SSL 等）进行处理,实现带宽分配、故障诊断和对 TCP/IP 应用程序数据流进行访问控制等功能。

（6）交换机的选择

用户选择交换机时应注意以下几个方面。

① 转发方式。

② 注意合适的尺寸。

③ 交换的速度要快。

④ 端口数要够将来升级用。

⑤ 根据使用要求选择合适的品牌。

⑥ 管理控制功能要强大。

⑦ MAC 地址数：不同的交换机其端口可记忆的 MAC 地址数不同,一般能够记忆 1024 个 MAC 地址就可以了。

⑧ 生成树协议：在增强局域网健壮性的同时,局域网内可能会产生多条冗余线路,这样局域网内交换机的连接容易形成物理环路,容易使数据帧在物理环路内循环传输,使网络性能大大下降,为了防止此种现象的发生,必须启用生成树协议(STP),STP 可以使物理环路变成逻辑树状结构,但当局域网内某条线路不通时,STP 可以很快使物理网络形成另一逻辑树状结构,这样既保证了数据帧不会循环传输,又保证了局域网的连通性。

⑨ 背板带宽：由于交换机所有端口间的通信都要通过背板来完成,所以背板的带宽越大,数据交换的速度就越快。

（7）用以太网交换机组建小型网络

图 2-30 所示为用以太网交换机组建的小型网络。用双绞线直接连接网络,网卡接口和双绞线相连有 1、2、3、4、5、6、7、8 引脚,其中只有 1、2 脚和 3、6 脚用于通信。1、2 脚负责发送数据(TX＋、TX－),而 3、6 脚负责接收数据(RX＋、RX－)。

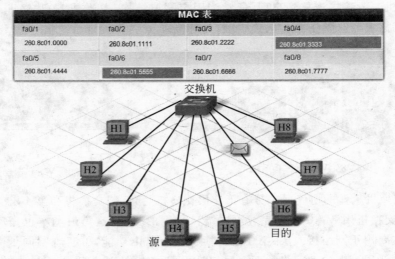

图 2-30 用以太网交换机组建小型网络

交换机数据接口类型分为双绞线 RJ-45 接口、光纤接口和 Console 配置接口。交换机的 RJ-45 接口通常分为 3 种：MDI 是直连接口，指交换机的级联端口（Up-Link），级联端口主要用于与上一级的交换机相连；MDI-X 是交叉接口，是指交换机的普通端口；auto——自协商，许多交换机在默认情况下，端口的网线类型为 auto 型，即系统可以自动识别端口所连接的网线类型。它们的通信规则如下。

MDI 接口：1、2 脚发送信号，3、6 脚接收信号，与网卡相同。

MDI-X 接口：1、2 脚接收信号，3、6 脚发送信号，与网卡相反。

交换机的每个 RJ-45 接口通常有两个指示灯，以太网接口处于红灯闪烁状态时，说明设备在自动检测接口状态；当设备处于稳定状态时，有线路连接的接口会处于绿灯闪烁状态，表示该线路处于连通状态。

用直通网线连接计算机与交换机，计算机网卡接口的 1、2 脚发送信号。3、6 脚接收信号，交换机普通接口的 1、2 脚接收信号，3、6 脚发送信号。

2.3 案例分析： 小型局域网（SOHO）组建实例

组建任何网络的第一步都是合理的规划，而规划以确定网络的最终用途为核心。需要收集的信息包括如下类型：

(1) 要连接到网络的主机数量和类型。

(2) 将使用的应用程序。

(3) 共享需求。

(4) Internet 连接性需求。

(5) 安全性和保密性考虑。

(6) 可靠性以及对正常运行时间的期望值。

(7) 有线和无线连接性需求。

家庭和小型企业网络的最新发展趋势是使用多功能设备，这种设备融交换机、路由器、无线接入点和安全设施的功能于一身。这些多功能设备可能是为低容量的小型网络设计的，也可能能够处理众多的主机并提供更高级的功能和可靠性。

下面用一个实例说明 SOHO 网络的组建过程。

案例：组建小型办公室网络

四川某职业技术学院计科系在 2008 年 5 月 12 日汶川特大地震中，办公楼损坏，后搬到板房办公，原来有计算机 10 台，打印机 2 台，接入层交换机 1 台（16 口）。该系分到板房两间，每间 18m^2（一间作为系办公室（4 台计算机），一间作为学生管理办公室（6 台计算机），现要联网并接入校园网，整个板房已有一台交换机用光纤接入校园网核心层的交换机。

1. 计科系联网的主要应用需求

(1) 教学管理：学生学籍、成绩管理、排课、课表管理、教学活动管理等。

（2）本系网站管理：多媒体课件制作与管理、远程教学系统管理、技术咨询、技术合作、学术交流等。

（3）图书查询、检索、在线阅读等。

（4）办公自动化。

2. 方案设计与实施

（1）采用高性能、全交换、全双工的快速以太网，并以星状结构联网，图 2-31 所示为逻辑拓扑图。本系的主机均用 100Mbps 的双绞线与系交换机相连，系交换机用 100Mbps 的双绞线与板房区交换机相连，板房区交换机用 1000Mbps 的光纤与校园网核心交换机相连，这样就很好地保证了本系的主机能以较高的速度访问校园网。

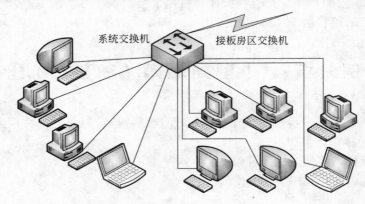

图 2-31　逻辑拓扑图

（2）物理连接网络：由于计科系两间房相邻，系交换机可挂在计算机较多的那间与另一间相邻的墙壁上，所有连接到系交换机上的双绞线沿着墙壁布线到接入点，其中另一间需打孔，然后将几根双绞线从孔中穿过墙壁再进行布线。这里要特别注意的是线要足够长。按 568B 标准做好水晶头，在交换机和计算机处于断电状态下，将双绞线的两端分别插入计算机或交换机的 RJ-45 接口中。图 2-32 所示为物理拓扑图。

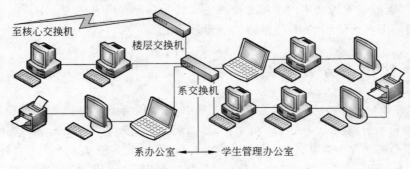

图 2-32　物理拓扑图

（3）给所有交换机和计算机加电。在交换机加电的过程中，会听到风扇启动的声音，同时所有以太网接口处于红灯闪烁状态，此时设备在自动检测接口状态；当设备处于稳定状态时,有线路连接的接口会处于绿灯闪烁状态,表示该线路处于连通状态。

(4) 设置 IP 地址。为网络规划好 IP 地址,网络中的主机在同一个网段。为了对上网进行监督管理,该院均采用静态分配 IP 地址的方式,该院计科系分配的 IP 地址范围为 211.83.144.101~211.83.144.112。IP 地址的分配如表 2-5 所示。

表 2-5   计科系计算机 IP 地址的分配

计算机	IP 地址	子网掩码	默认网关
PC1	211.83.144.101	255.255.255.0	211.83.144.1
PC2	211.83.144.102	255.255.255.0	211.83.144.1
PC3	211.83.144.103	255.255.255.0	211.83.144.1
PC4	211.83.144.104	255.255.255.0	211.83.144.1
PC5	211.83.144.105	255.255.255.0	211.83.144.1
PC6	211.83.144.106	255.255.255.0	211.83.144.1
PC7	211.83.144.107	255.255.255.0	211.83.144.1
PC8	211.83.144.108	255.255.255.0	211.83.144.1
PC9	211.83.144.109	255.255.255.0	211.83.144.1
PC10	211.83.144.110	255.255.255.0	211.83.144.1

说明:这里默认网关地址是该院连接外网路由器的以太网端口的地址,另外,DNS服务器的地址这里没有给出,一般要设置为 ISP 提供的 DNS 服务器的 IP 地址。

3. 验证网络的连通性

(1) 在一台计算机上用 Ping 命令 Ping 另一台计算机的 IP 地址,如果通说明本地网络已连通。

(2) 在一台计算机上用 Ping 命令 Ping 局域网内另一台计算机的 IP 地址,如果通说明已与局域网连通。

(3) Ping 网关 IP,这个命令如果应答正确,表示局域网中的网关路由器正在运行并能够作出应答。

(4) 也可以打开 IE 浏览器访问校园网网站或外网的网站进行验证。

2.4   项 目 实 践

任务 1:非屏蔽双绞线的制作与测试

教学目标

终极目标:能熟练地制作符合工业标准的基于 RJ-45 接口的双绞线。

促成教学目标：能区分 RJ-45 接头的质量；能熟练使用双绞线制作钳；熟悉 T568A 和 T568B 标准；能制作直通线和交叉线；会使用双绞线测线仪测试双绞线。

实训环境

(1) 网络实训室。

(2) 5 类非屏蔽双绞线若干，RJ-45 水晶头若干，RJ-45 剥线及压线钳一把，双绞线测线仪一个。

操作步骤

第一步 认识双绞线、水晶头、网卡(RJ-45 接口)、RJ-45 剥线钳和双绞线测线仪。

第二步 剥线：准备一根长 4m 左右的双绞线，用压线钳剪线刀口将双绞线端头剪齐，再将双绞线端头伸入压线钳剥线刀口，使线头触及前挡板，然后适当握紧压线钳的同时慢慢旋转双绞线，让刀口划开双绞线的保护胶皮，取出端头从而剥下保护胶皮。

注意：握压线钳的力度不能过大，否则会伤及芯线(如果继续进行，所制作的双绞线连通状态将会不稳定，甚至完全不通)；另外，剥线的长度为 13~15mm，不宜太长或太短。

第三步 理线：双绞线由 8 根有色导线两两绞合而成，现将其散开，整理平行，按照所做双绞线的线序标准(T568B)排列整齐，并将线弄平直。整理完毕后用剪线刀口将线头前端一次性剪齐，留下约 1.4cm 并按顺时针方向排列，以备插入水晶头，在线序上不能完全颠倒。

注意：在理线的过程中，应尽可能将 8 条线绷直；双绞线两端接头必须按照制作要求排列，否则将不能正常通信。

第四步 插线：一只手捏住水晶头，将水晶头有弹片的一侧向下，另一只手捏平双绞线，稍稍用力将排好的线平行插入水晶头内的线槽中，8 条导线顶端应顶到线槽顶端。

注意：如果第三步不能将线头剪齐，某些短线头将顶不到水晶头的顶端，很容易造成双绞线不通。T568B 方式是以橙白、橙、绿白、蓝、蓝白、绿、棕白、棕的顺序依次装到水晶头的 8 只脚，需确定线序正确。

第五步 压线：确认所有导线都到位后，将水晶头放入压线钳夹槽中，用力捏几下压线钳，压紧线头即可。

注意：在压线前，千万不要扯动另一端的双绞线，以免造成内部线头与水晶头金属脚接触的松动。压过的 RJ-45 接头的 8 只金属脚一定会比未压过的低，这样才能顺利嵌入水晶头的芯线中。有些比较好(当然也比较贵)的压线钳甚至必须在接脚完全压入后才能松开握柄，取出 RJ-45 接头，否则由于压线钳不到位，水晶头会卡在压接槽中取不出来。

第六步 按照上述方法制作双绞线的另一端。

说明：经过压线后，水晶头将会和双绞线紧紧地结合在一起，另外，水晶头经过压制后将不能重复使用。

第七步 双绞线的测试：为了保证双绞线的连通，在完成双绞线的制作后，要使用网线测试仪测试网线的两端，保证双绞线能正常使用。在测试过程中，如果线路两端的测线器 LED(发光二极管)同时发光，则表示线路正常(由于 T568A 或 T568B 的连接顺序不同,其发光显示顺序也不同)。

注意:如果两个接线头的线序都按照 T568A 或 T568B 标准制作,则做好的线为直通网线;如果一个接头的线序按照 T568A 标准制作,而另一个接头的线序按照 T568B 标准制作,则做好的线为交叉网线。

制作完双绞线后,就可将其两端的 RJ-45 插头分别连接到网络主机网卡上的 RJ-45 插槽中及相关网络设备上(如交换机)。在插入的过程中,应听到非常清脆的"咔"的一声,提示双绞线已顺利插入连接。

在从网络设备或主机网卡上拔出 RJ-45 插头时,必须捏紧 RJ-45 插头上的弹片柄,才可以非常轻松地将 RJ-45 插头从插槽中脱离出来,切忌左右上下用力摇动 RJ-45 插头,这主要是为了保护 RJ-45 插头和 RJ-45 插槽。

任务 2:小型交换网络的组建

教学目标

终极目标:能熟练地组建小型交换网络。

促成教学目标:认识以太网交换机;能熟练地进行网络设备的连接;熟悉 IP 地址的规划;能进行 TCP/IP 属性的设置。

实训环境

(1) 网络实训室。

(2) 5 类非屏蔽双绞线两根,装有 Microsoft Windows XP 的 PC 3 台,以太网交换机一台。

操作步骤

第一步 认识交换机,网卡(RJ-45 接口)和 PC1、PC2、PC3。

第二步 用直通网线把 PC1、PC2、PC3 与交换机连接起来。

注意:这里最少需要两台 PC。

第三步 验证物理连接:观察交换机的以太网端口和网卡的以太网端口,接口的绿灯处于闪烁状态,表示该线路处于物理连通状态。尝试拔下一根电缆再重新插入,观察接口指示灯的变化情况,或右击桌面上的"网上邻居"图标,选择"属性"选项,出现"网络连接"窗口,该窗口内的"本地连接"图标上若出现红色的"×",说明电缆或电缆连接有问题,也可能是 RJ-45 接口有问题。

第四步 配置 3 台 PC 的 IP 地址:3 台 PC 的 IP 地址为 192.168.1.1、192.168.1.2、192.168.1.3,子网掩码均为 255.255.255.0;配置的方法是右击"本地连接"图标,选择"属性"选项,出现"本地连接属性"对话框,选择"Internet 协议(TCP/IP)"选项,再单击"属性"按钮,出现"Internet 协议(TCP/IP)属性"对话框,选中"使用下面的 IP 地址"单选按钮,然后输入对应的 IP 地址和子网掩码。图 2-33 所示为 PC1 的 IP 设置,PC2 和 PC3

的设置方法一样。单击"确定"按钮,再单击"关闭"按钮,即可完成 IP 地址的设置。

　　第五步　验证 3 台 PC 间的 IP 连接:3 台
PC 都必须暂时禁用 Windows 防火墙或安装的
其他防火墙软件。右击"本地连接"图标,选择
"属性"命令,出现"本地连接属性"对话框,选择
"高级"选项卡,在"Windows 防火墙"选项区域
内单击"设置"按钮,即可启用或关闭防火墙软
件。接着使用 Ping 命令进行测试,在一台计算
机上进入"命令提示符"窗口用 Ping 命令 Ping
另两台计算机的 IP 地址,如果通说明本地网络
已连通。

图 2-33　PC1 的 IP 设置

　　具体方法为:在 PC1 中,单击"开始"按钮并
选择"运行"选项,输入"cmd",再单击"确定"按
钮,打开"命令提示符"窗口,在命令提示符后输
入"ping 192.168.1.2"并按 Enter 键,出现如
图 2-34 所示的结果。应答由 192.168.1.2 主机发送,数据包为 32 个字节,时间小于
10ms,发送了 4 个数据包,接收了 4 个数据包,丢失了 0 个,说明 PC1 与 PC2 已连通。还
可以用同样的方法测试 PC1 与 PC3 或 PC2 与 PC1、PC3,或 PC3 与 PC1、PC2 的连通性。

图 2-34　验证 PC1 与 PC2 间的连接

　　注意:这 3 台计算机之间通过交换机连接构成了对等网,在每台计算机上,打开"系
统属性"窗口,选择"计算机名"选项卡,可以对计算机名和工作组名进行设置;在"网上邻
居"窗口可以验证 3 台 PC 的连接。

任务 3:Ping 命令和 ipconfig 命令的使用

教学目标

　　终极目标:能熟练地使用 Ping 命令测试网络的连通性及用 ipconfig 命令认识 MAC

地址。

　　促成教学目标：熟悉 Ping 命令的常用参数选项；会用 Ping 命令测试网络的连通性；熟悉 ipconfig 命令的常用参数选项；会用 ipconfig 检查调试计算机网络。

实训环境

　　(1) 网络实训室。

　　(2) 5 类非屏蔽双绞线两根，装有 Microsoft Windows XP 的 PC 3 台，以太网交换机一台。

操作步骤

　　按照默认的设置，Windows 上运行的 Ping 命令将发送 4 个 ICMP（网间控制报文协议）回送请求，每个 32 字节数据，如果一切正常，应能得到 4 个回送应答。Ping 能够以 ms 为单位显示发送回送请求到返回回送应答之间的时间量。如果应答时间短，表示数据报不必通过太多的路由器或网络连接速度比较快。Ping 还能显示 TTL（Time To Live，存在时间）值，用户可以通过 TTL 值推算一下数据包已经通过了多少个路由器：源地点 TTL 起始值（就是比返回 TTL 略大的一个 2 的乘方数）～返回时 TTL 值。例如，返回 TTL 值为 119，那么可以推算数据报离开源地址的 TTL 起始值为 128，而源地点到目标地点要通过 9(128～119) 个路由器网段。

　　第一步　熟悉 Ping 命令的常用参数选项。

　　在命令提示符后输入"ping 192.168.1.2/?"并按 Enter 键，会显示 Ping 命令的所有参数选项和说明，试用如下常用参数选项进行测试。

　　(1) ping 192.168.1.2 -t

　　连续对 IP 地址执行 Ping 命令，直到被用户以 Ctrl＋C 键中断。

　　(2) ping 192.168.1.2 -l 3000

　　指定 Ping 命令中的数据长度为 3000 字节，而不是默认的 32 字节。

　　(3) ping 192.168.1.2 -n

　　执行特定次数的 Ping 命令。n 为一个特定的整数值。

　　第二步　ping 127.0.0.1。

　　这个 Ping 命令被送到本地计算机的 IP 软件，如果正确，就表示 TCP/IP 的安装或运行正常。

　　第三步　ping 本机 IP。

　　这个命令被送到计算机所配置的 IP 地址，如果出错，则表示本地配置或安装存在问题。出现此问题时，局域网用户应断开网络电缆，然后重新发送该命令。如果网线断开后本命令正确，则表示另一台计算机可能配置了相同的 IP 地址。

　　第四步　ping 局域网内其他 IP。

　　这个命令经过网卡及网络电缆到达其他计算机，再返回。收到回送正确应答表明本地网络中的网卡和载体运行正常。但如果收到 0 个回送应答，那么表示子网掩码不正确或网卡配置错误或电缆系统有问题。

第五步　ping 网关 IP。

这个命令如果应答正确，表示局域网中的网关路由器正在运行并能够作出应答。

第六步　ping 远程 IP。

如果收到 4 个正确应答，表示成功地使用了默认网关。对于拨号上网用户则表示能够成功访问 Internet（但不排除 ISP 的 DNS 会有问题）。

第七步　ping localhost。

localhost 是操作系统的网络保留名，它是 127.0.0.1 的别名，每台计算机都应该能够将该名字转换成该地址。如果没有做到这一点，则表示主机文件（/Windows/host）中存在问题。

第八步　ping 域名。

如果这里出现故障，表示 DNS 服务器的 IP 地址配置不正确或 DNS 服务器有故障。还可以利用该命令实现域名对 IP 地址的转换。

如果上面所列出的所有 Ping 命令都能正常运行，那么用户计算机进行本地和远程通信的功能基本已具备了。但是，这些命令的成功并不表示所有的网络配置都没有问题，例如，某些子网掩码错误就可能无法用这些方法检测到，还有由于网络性能不好，Ping 命令并不适合远程测试。

ipconfig 是检查调试计算机网络的常用命令，通常使用它显示计算机中已经配置的网络适配器的 IP 地址、子网掩码、默认网关、DNS 服务器地址及 MAC 地址等。

第九步　熟悉 ipconfig 命令的常用参数选项。

选择一台联网且自动获取 IP 地址的 PC，在命令提示符后输入“ipconfig/?”并按 Enter 键，会显示 ipconfig 命令的所有参数选项和说明，图 2-35 所示为“ipconfig/?”命令的部分显示结果，“ipconfig/all”显示所有网络适配器（网卡、拨号连接等）的完整 TCP/IP 配置信息。与不带参数的用法相比，它的信息更全、更多，如 IP 是否动态分配、显示网卡的物理地址等。“ipconfig/release”用于释放全部（或指定）适配器的由 DHCP 分配的动态 IP 地址。“ipconfig/renew”为全部（或指定）适配器重新分配 IP 地址。

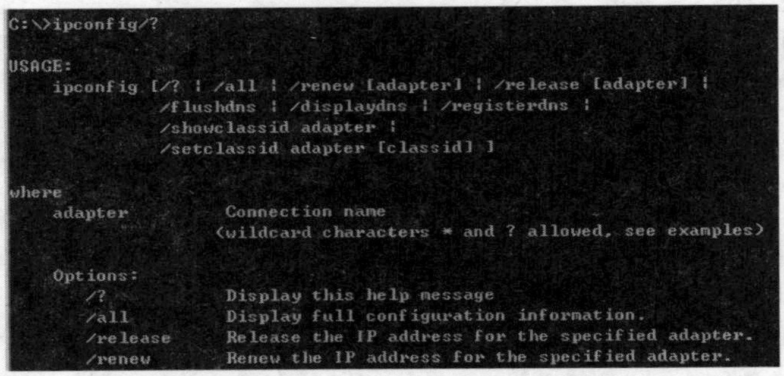

```
C:\>ipconfig/?

USAGE:
    ipconfig [/? | /all | /renew [adapter] | /release [adapter] |
              /flushdns | /displaydns | /registerdns |
              /showclassid adapter |
              /setclassid adapter [classid] ]

where
    adapter         Connection name
                   (wildcard characters * and ? allowed, see examples)

    Options:
       /?           Display this help message
       /all         Display full configuration information.
       /release     Release the IP address for the specified adapter.
       /renew       Renew the IP address for the specified adapter.
```

图 2-35　“ipconfig/?”命令的部分显示结果

第十步　在命令提示符后输入“ipconfig”并按 Enter 键，查看显示的信息。

第十一步　在命令提示符后输入“ipconfig/all”并按 Enter 键，查看网络适配器的描述和 IP 地址、子网掩码、默认网关、DNS 服务器的地址及 MAC 地址等信息，显示的信息和第二步有什么不同？

第十二步 在命令提示符后输入"ipconfig/release"并按 Enter 键,观察显示的信息,再输入"ipconfig/all"并按 Enter 键,显示的信息与第三步相比有什么变化？

第十三步 在命令提示符后输入"ipconfig/renew"并按 Enter 键,观察显示的信息,再输入"ipconfig/all"并按 Enter 键,显示的信息与第三步相比有变化吗？

2.5 扩展知识: 差错控制和流量控制

2.5.1 差错控制技术

1. 差错的产生

数据通信系统的基本任务是高效而无差错地传输数据。所谓"差错",就是通信接收端收到的数据与发送端实际发出的数据不一致的现象。在远距离的通信线路上,不可避免地存在一定程度的噪声干扰(热噪声和冲击噪声),这些噪声干扰的后果就会导致产生差错。热噪声属于随机噪声,如电信号的畸变和衰减、线路间的串扰等;冲击噪声是由于外界某种原因突发产生的噪声,如大气中的闪电、电源的波动、外物强电磁场的变化等。

差错控制就是发现或纠正产生的差错,差错控制编码分为检错码和纠错码,检错码有奇偶校验码和循环冗余校验码。目前计算机网络中大多采用检错码方案。

2. 奇偶校验码

奇偶校验是一种最基本的校验方法,其规则是在原始数据位后附加一个校验位,构成一个带有校验位的码组,使得码组中"1"的个数成为偶数(称为偶校验)或者奇数(称为奇校验),并把整个码组一起发送出去。接收端在收到信号后,对每一个码组检查其中"1"的个数是否为偶数(称为偶校验)或者奇数(称为奇校验),如果检查通过就认为收到的数据正确,否则要返回一个信号给发送端,要求重新发送该帧数据。

3. 循环冗余校验码

循环冗余校验码(Cycle Redundancy Check,CRC)是一种被广泛采用的多项式编码。所谓多项式码,就是将二进制形式的码元看做是仅具有"0"或"1"两种取值的多项式的系数,k 个码元看做是 k 项多项式 $x^{k-1}+\cdots+x^0$ 表达式的系数。

例如,101101 对应的多项式为 $x^5+x^3+x^2+1$,而多项式 $x^5+x^3+x^2+x+1$ 对应的代码为 101111。

CRC 校验是利用除法及余数的原理来做错误侦测的。它将要发送的数据比特序列当作一个 k 位多项式 $K(x)$ 的系数,发送时用双方预先约定的生成多项式 $G(x)$ 去除,求得一个 r 位的余数多项式,将余数多项式加到数据多项式之后($k+r$ 位)发送到接收端,接收端同样用 $G(x)$ 去除接收到的数据,若没有余数,则表示传输正确;相反的,若有余数,则表示数据传输有错。CRC 校验检错能力强、容易实现,是目前应用最广的检错码编码方式。

一般来说,生成多项式位数越多,校验能力越强,生成多项式 $G(x)$ 的结构及校验效果是在经过严格的数学分析和实验后才确定的,有其国际标准。常见的标准生成多项式如图 2-36 所示。

CRC-12:$G(x) = x^{12} + x^{11} + x^3 + x^2 + 1$

CRC-16:$G(x) = x^{16} + x^{15} + x^2 + 1$

CRC-16:$G(x) = x^{16} + x^{12} + x^5 + 1$

CRC-32:$G(x) = x^{32} + x^{26} + x^{23} + x^{22} + x^{16} + x^{12} + x^{11} + x^{10} + x^8 + x^7 + x^5 + x^4 + x^2 + x + 1$

图 2-36　常见的标准生成多项式

4. 反馈重发机制

由于检错码本身不提供自动的错误纠正能力,所以需要提供一种与之相配套的错误纠正机制,即反馈重发检错方法,又称自动请求重发(Automatic Repeat Request,ARQ)方法。通常当接收方检出错误的帧时,首先将该帧丢弃,然后给发送方反馈信息请求发送方重发相应的帧。反馈重发有两种常见的实现方法,即停止—等待方式和连续 ARQ 方式。

(1)停止—等待方式

发送方在发送完一个数据帧后,要等待接收方应答帧的到来,发送方在接收到正确的应答帧(ACK)信号后,才可以发送下一帧数据,如果收到的是表示出错的应答帧信号(NAK),则重发出错的数据帧。

(2)连续的 ARQ 协议方式

① 拉回式方式:发送方可以连续向接收方发送数据帧,接收方对接收的数据帧进行校验,然后向发送方发送应答帧,如果发送方连续发出几帧后,从应答帧中得知某帧传输错误,那么发送方将停止当前数据帧的发送,重发错帧号开始的后几帧。拉回状态结束后,再接着发送后面的数据帧。

② 选择重发方式:这种方式与拉回方式不同,发送方接收到应答帧并得知某个帧传输出错后,发送方在发完当前几帧后,再重发出错的帧,选择重发完成之后,再接着发送以后的数据帧。由此可知,选择重发方式的效率将高于拉回方式。选择重传 ARQ 协议可避免重复传输那些已经正确接收的数据帧,但代价是在接收端必须设置一定容量的缓冲区。

2.5.2　流量控制技术

由于系统性能的不同,如硬件能力(包括 CPU、存储器等)和软件功能的差异,导致发送方与接收方处理数据的速度有所不同。若一个发送能力较强的发送方给一个接收能力较弱的接收方发送数据,则接收方会因无能力处理所收到的帧而不得不丢弃一些帧。如果发送方持续高速地发送,则接收方最终会被"淹没"。也就是说,数据链路层必须解决因发送方和接收方速率不匹配所造成的帧丢失问题。

解决方法：停止—等待协议和滑动窗口协议。

1. 停止—等待协议

停止—等待协议简称停等协议，它是一种最简单也是最基本的流量控制协议。该协议规定：每次只能发送一帧信息，发送后就停下来等待接收端的响应帧。其缺点是信道利用率低，传输效率低，适用于半双工信道。

2. 滑动窗口协议

滑动窗口协议是一种最有效的流量控制协议，图 2-37 所示为发送端窗口，图 2-37(a)画出了刚开始发送时的情况，这时，在扇形的发送窗口内共有 5 个(0～4)数据帧可以发送。若发送端发完了这 5 个帧仍未收到确认信息，由于发送窗口已填满，就必须停止发送而进入等待状态。当 0 号帧的确认信息 ACK 收到后，发送窗口就沿顺时针方向旋转 1 个号，使窗口后沿再次与一个未被确认的帧号相邻(如图 2-37(b)所示)。由于这时 5 号帧的位置已经落入发送窗口之内，因此，发送端现在就可以发送这个 5 号帧。这以后又有 1～3 号帧的确认帧到达发送端，于是发送窗口再沿顺时针方向向前旋转 3 个号(如图 2-37(c)所示)，相应的发送端可以继续发送的数据帧的发送序号是 6 号、7 号和 0 号。

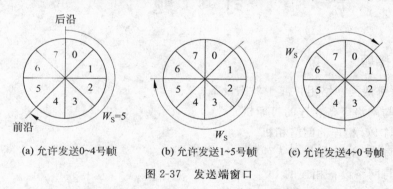

(a) 允许发送0~4号帧　　(b) 允许发送1~5号帧　　(c) 允许发送4~0号帧

图 2-37 发送端窗口

图 2-38 所示为接收端窗口，图 2-38(a)表示一开始接收窗口处于 0 号帧处，接收端准备接收 0 号帧。0 号帧一旦收到，接收窗口就沿顺时针方向向前旋转 1 个号(如图 2-38(b)所示)，准备接收 1 号帧，同时向发送端发送对 0 号帧的确认信息。当陆续收到 1 号、2 号和 3 号帧时，接收窗口的位置应如图 2-38(c)所示。

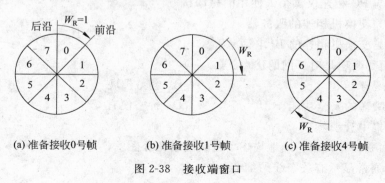

(a) 准备接收0号帧　　(b) 准备接收1号帧　　(c) 准备接收4号帧

图 2-38 接收端窗口

55

由以上分析可知,当接收窗口保持不动时,发送窗口无论如何也不会旋转,只有在接收窗口发生旋转后,发送窗口才有向前旋转的可能,因此称为滑动窗口协议。当发送窗口和接收窗口的大小都等于 1 时,就是停止—等待协议。数据帧的保存(内存)相当于一个先进先出的队列。

小　　结

本项目首先对组建小型局域网中的通信原理、本地有线网络中的通信、OSI 参考模型、TCP/IP 网络模型作了简要的介绍,对 IP 地址基础知识、网络中的传输介质和以太网组网技术和设备作了较详细的介绍;其次,列举了一个比较典型的小型局域网组建实例,即组建小型办公室网络,项目实施部分主要以组建一个小型交换网络为主线,让读者体验在网络实验室从网线的制作、网络的搭建到最后的测试的全过程;最后,扩展知识部分简要介绍了网络中差错控制和流量控制的实现技术。

习　　题

一、选择题

1. 下面哪两类网络组件属于外围设备?(　　　)

　　A. 与网络设备相连的打印机

　　B. 与 PC 相连的网络相机

　　C. 与 PC 相连仅供个人使用的打印机

　　D. 与网络设备相连的 PC

　　E. 与网络设备相连的 IP 电话

2. 下面哪 3 种网络组件属于主机?(　　　)

　　A. 与 PC 相连的纯平显示器

　　B. 与集线器相连的打印机

　　C. 与 PC 相连仅供个人使用的打印机

　　D. 与交换机相连的服务器

　　E. 与交换机相连的 IP 电话

3. 下面哪两项是对等网的优点?(　　　)

　　A. 易于组建　　　　　　　　　　　B. 容易扩展

　　C. 尖端的安全功能　　　　　　　　D. 价格便宜

　　E. 集中管理

4. 下面哪两种说法正确地描述了逻辑网络拓扑图?(　　　)

　　A. 通常显示有关布线的细节

B. 可提供有关 IP 编址和计算机命名的信息

C. 通常包含所有布线室的位置

D. 显示所有服务器、交换机和路由器

E. 根据主机使用网络的方式将其编组

5. 计算机需要将消息发送给一组选定的计算机称为什么?（　　）

    A. 单播　　　　　　B. 广播　　　　　　C. 组播　　　　　　D. 多播

6. 在快速以太网中,支持 5 类非屏蔽双绞线的标准是哪一个?（　　）

    A. 100BASE-T4　　　　　　　　　　B. 100BASE-LX

    C. 100BASE-TX　　　　　　　　　　D. 100BASE-FX

7. 交换式以太网的核心设备是哪一个?（　　）

    A. 集线器　　　　　　　　　　　　B. 路由器

    C. 中继器　　　　　　　　　　　　D. 以太网交换机

8. 将消息放到帧中以便通过媒体进行传输被称为什么?（　　）

    A. 编码　　　　B. 访问插入　　　C. 单播　　　　　D. 封装

    E. 注入

9. 可使用哪个 Windows 命令来显示计算机的 IP 地址和 MAC 地址?（　　）

    A. maconfig /a　　　　　　　　　　B. ipconfig /all

    C. tcpconfig /all　　　　　　　　　　D. pcconfig /a

10. 24 端口的交换机将创建多少个冲突域?（　　）

    A. 0　　　　　　　　　　　　　　　B. 1

    C. 24　　　　　　　　　　　　　　D. 这取决于交换机连接的设备

11. 可使用哪种设备来限制冲突域的规模?（　　）

    A. NIC　　　　　B. 集线器　　　　C. 交换机　　　　D. 路由器

12. 对于 MAC 地址不在其 MAC 地址表中的帧,交换机将如何处理?（　　）

    A. 丢弃　　　　　　　　　　　　　B. 转发

    C. 泛洪　　　　　　　　　　　　　D. 发送 MAC 请求消息

13. 下列哪些主机将侦听 ARP 请求?（　　）

    A. 与 LAN 相连的所有设备　　　　B. 广播域中的所有设备

    C. 冲突域中的所有设备　　　　　　D. 只有请求的目标地址指定的设备

14. 要组建一个快速以太网,需要使用以下哪些基本的硬件设备与材料?（　　）

    A. 100BASE-T 交换机　　　　　　　B. 100BASE-T 网卡

    C. 路由器　　　　　　　　　　　　D. 双绞线或光缆

15. 下面哪些是将大型网络划分成多个接入层网络的较好的标准?（　　）

    A. 逻辑层　　　　　　　　　　　　B. 物理位置

    C. 使用的应用程序　　　　　　　　D. 安全性

16. 以太网采用下列哪一种网络技术?（　　）

    A. FDDI　　　　B. CSMA/CD　　　C. MAC　　　　D. ATM

17. 在交换式局域网中,如果交换机采用直接交换方式,帧出错检测任务由哪一项

完成？（　　）

    A. 高层协议   B. 交换机

    C. 交换机和结点主机   D. 结点主机

18. 下面哪项最准确地定义了 LAN？（　　）

    A. LAN 是由单个管理实体控制的单个本地网络

    B. LAN 是由单个管理实体控制的单个本地网络或多个相连的本地网络

    C. LAN 是一组由单个管理实体控制的本地和远程网络

    D. LAN 是一组可能有多个管理员控制的远程网络

19. 如果已经为办公室的每台作为网络工作站的计算机配置了网卡、双绞线、RJ-45 接插件、交换机，那么要组建这个小型局域网至少还要配置哪一项？（　　）

    A. 一套局域网操作系统软件   B. 路由器

    C. 一台作为服务器的高档 PC   D. 调制解调器

20. 要在以太网内传输消息，需要哪两种地址？（　　）

    A. MAC 地址和 NIC 地址   B. MAC 地址和 IP 地址

    C. 协议地址和物理设备名   D. 逻辑设备名和 IP 地址

二、应用题

1. 网络专业的大学生李××将一台新笔记本电脑从学校带回家中，以便完成未交的网络规划作业。他将笔记本电脑插入家里的多功能设备，但无法连接到 Internet。他的台式机连接的也是该多功能设备，且能够连接到 Internet。在学校，笔记本电脑运行正常。请问原因可能是什么？如何解决这种问题？

2. 一家小型软件设计公司刚与当地政府签订了两份软件设计合同。为处理日益增多的工作量，公司的员工从 8 名增加到 42 名。现在所有的员工都抱怨网络速度太慢，请问导致这种现象最可能的原因是什么？如何解决这种问题？此公司所有的计算机都直接与同一台大型交换机相连。

学习情境 2

构建大中型网络

项目 3　中型局域网的组建

项目目标

(1) 掌握千兆以太网和万兆以太网技术
(2) 熟悉千兆以太网和万兆以太网组网设备
(3) 掌握交换机的级联方法
(4) 会进行以太网的层次设计
(5) 知道如何运用生成树协议防止交换环路
(6) 理解虚拟局域网技术并会配置
(7) 会用子网掩码划分子网
(8) 会规划组建中型局域网

项目背景

(1) 网络机房
(2) 校园网络

3.1　用户需求与分析

目前中型局域网建设在我国的需求很大,如许多小型企业发展成为中型企业、组建成立了许多高职院校、许多中学发展壮大等。

中型局域网建设的前提在于应用信息技术、信息资源、系统科学、管理科学、行为科学等先进的科学技术不断使人们的办公业务借助于各种办公设施(主要是指计算机)以达到对单位内部工作的统一管理。中型办公网目前存在很多问题,主要集中在资料统筹管理、财务资料安全性和内部与 Internet 的连接上。一般中型企业的资料已被录入到微机中,但在资料打印、文件共享、应收账目查询、库存查询、连接到 Internet 等方面缺乏功能模块的支持。

根据企业办公要求中型局域网需具备以下特点。

(1) 灵活性,各种部件可以根据用户需要自由安放,即不受物理位置和设备类型的局限,但总体采用综合布线方案。

(2) 独立性,有清晰合理的层次结构,便于维护,各个子系统之间相互连接的同时又不影响其他子系统的正常使用。

（3）高扩展性，无论各硬件设备技术如何发展，都能很方便地连接到系统中去。

（4）先进性，采用先进的网络技术，保证在未来若干年内占主导地位。

（5）模块化，在布线系统中除去敷设在建筑物内的线缆外其余各接插部件都是模块化部件，方便管理和使用。

（6）开放性，保证系统开放性良好能够和其他网络互联。

（7）兼容性，采用综合布线方案，可支持保安系统、电话系统、计算机数据系统、会议电视、监视电视等。

3.2　相关知识

3.2.1　千兆位以太网技术

千兆位以太网（Gigabit Ethernet，GE）是提供 1000Mbps 数据传输速率的以太网，采用和传统 10/100Mbps 以太网同样的 CSMA/CD 协议、帧格式和帧长，因此可以实现在原有低速以太网基础上平滑、连续性的网络升级，从而能最大限度地保护用户以前的投资。

1. 千兆位以太网的技术特点

（1）传输速率高，能提供 1Gbps 的独享带宽。

（2）仍是以太网，但速度更快。千兆位以太网支持全双工操作，最高速率可以达到 2Gbps。

（3）仍采用 CSMA/CD 介质访问控制方法，仅在载波时间和槽时间等方面有些改进。

（4）与以太网完全兼容，现有网络应用均能在千兆位以太网上运行。

（5）技术简单，不必专门培训技术人员就能管理好网络。

（6）支持 RSVP、IEEE 802.1P、IEEE 802.1Q 等技术标准，提供 VLAN 服务、质量保证服务和支持多媒体信息标准。

（7）有很好的网络延展能力，易升级，易扩展。

（8）对于传输数据（Data）业务信息有极佳的性能。

目前，千兆位以太网主要应用于主干网，是主干网的主流技术。

2. 千兆位以太网的标准

1995 年 11 月 IEEE 802.3 工作组委任了一个高速研究组，研究将快速以太网速度增至 1000Mbps 以太网的可行性和方法。1996 年 6 月 IEEE 标准委员会批准了千兆位以太网方案授权申请。1996 年 8 月成立了 802.3z 工作委员会，目的是建立千兆位以太网标准，包括在 1000Mbps 通信速率情况下的全双工和半双工操作、802.3 以太网帧格式、载波侦听多路访问和冲突检测技术、在一个冲突域中支持一个中继器、与 10BASE-T 和 100BASE-T 向下兼容技术等。1998 年 6 月正式推出了千兆位以太网 802.3z 标准，该标准主要描述光纤通道和其他高速网络部件,1999 年又推出了铜质千兆位以太网 802.3ab 标准。

(1) 1000BASE-SX

1000BASE-SX 使用短波长激光作为信号源的网络介质技术,配置波长为 770～860nm(一般为 850nm)的激光传输器,只能支持多模光纤。使用的光纤规格有两种:62.5μm 多模光纤,在全双工方式下的最长传输距离为 275m;50μm 多模光纤,在全双工方式下的最长传输距离为 550m。

(2) 1000BASE-LX

1000BASE-LX 使用长波长激光作为信号源的网络介质技术,配置波长为 1270～1355nm(一般为 1300nm)的激光传输器,既可以支持多模光纤,又可以支持单模光纤。使用的光纤规格为 62.5μm 多模光纤、50μm 多模光纤、9μm 单模光纤。使用多模光纤在全双工方式下的最长传输距离为 550m;使用单模光纤在全双工方式下的最长传输距离为 3000m。

(3) 1000BASE-CX

1000BASE-CX 使用了一种特殊规格的铜质高质量平衡屏蔽双绞线,阻抗为 150Ω,最长有效距离为 25m,使用 9 芯 D 型连接器连接电缆。

(4) 1000BASE-T

1000BASE-T 用 4 对 5 类或超 5 类 UTP 作为网络传输介质,最长有效传输距离为 100m,采用这种技术可以将 100Mbps 平滑地升级为 1000Mbps。

3.2.2 万兆位以太网技术

快速以太网是以太网技术中的一个里程碑,它确立了以太网技术在桌面的统治地位,随后出现的千兆位以太网更是加快了以太网的发展。然而以太网主要是在局域网中占绝对优势,在很长的一段时间中,由于带宽以及传输距离等原因,人们普遍认为以太网不能用于城域网,特别是在汇聚层以及骨干层。1999 年年底成立的 IEEE 802.3ae 工作组进行了万兆位以太网技术(10Gbps)的研究,并于 2002 年正式发布 IEEE 802.3ae 10GE 标准。万兆位以太网不仅再度扩展了以太网的带宽和传输距离,更重要的是,使以太网从局域网领域向城域网领域渗透。

1. 万兆位以太网的主要特性和优势

基于当今广泛应用的以太网技术,万兆位以太网具有与各种以太网标准相似的有利特点,但它同时又具有相对以前几种以太网技术不同的特点和优势,主要体现在以下几个方面。

(1) 物理层结构不同

万兆位以太网是一种只采用全双工数据传输的技术,其物理层(PHY)和 OSI 参考模型的第一层(物理层)一致,负责建立传输介质(光纤或铜线)和 MAC 层的连接。MAC 层相当于 OSI 参考模型的第二层(数据链路层)。万兆位以太网标准的物理层分为两部分,即 LAN 物理层和 WAN 物理层。LAN 物理层提供了现在正广泛应用的以太网接口,传输速率为 10Gbps;WAN 物理层则提供了与 OC-192c 和 SDH VC-6-64c 相兼容的接口,传输速率为 9.58Gbps。与 SONET(同步光纤网络)不同的是,运行在 SONET 上的万兆位以太网依然以异步方式工作。WIS(WAN 接口子层)将万兆位以太网流量映射到 SONET 的 STS-192c 帧中,通过调整数据包间的间距,使 OC-192c 的略低的数据传输速率与万兆位以太网相匹配。

(2) 提供 5 种物理接口

千兆位以太网的物理层每发送 8b 的数据要用 10b 组成编码数据段,网络带宽的利用率只有 80%;万兆位以太网则每发送 64b 只用 66b 组成编码数据段,比特利用率达 97%。虽然这是牺牲了纠错位和恢复位而换取的,但万兆位以太网采用了更先进的纠错和恢复技术,确保数据传输的可靠性。

万兆位以太网标准的物理层可进一步细分为 5 种接口:850nm LAN 接口适于用在 $50/125\mu m$ 的多模光纤上,最大传输距离为 65m;$50/125\mu m$ 的多模光纤现在已用得不多,但由于这种光纤制造容易、价格便宜,所以用来连接服务器比较划算;1310nm 宽频波分复用(WWDM)LAN 接口适于用在 $66.5/125\mu m$ 的多模光纤上,传输距离为 300m;$66.5/125\mu m$ 的多模光纤又叫 FDDI 光纤,是目前企业使用最广泛的多模光纤;1550nm WAN 接口和 1310nm WAN 接口适于在单模光纤上进行长距离的城域网和广域网数据传输,1310nm WAN 接口支持的传输距离为 10km,1550nm WAN 接口支持的传输距离为 40km。

(3) 带宽更宽、传输距离更长

万兆位以太网标准意味着以太网具有更高的带宽(10Gbps)和更远的传输距离(最大传输距离可达 40km)。另外,过去有时需采用数千兆位捆绑以满足交换机互连所需的高带宽,因而浪费了更多的光纤资源,现在可以采用万兆位互连,甚至 4 万兆位捆绑互连,达到 40Gbps 的宽带水平。

(4) 结构简单、管理方便、价格低廉

由于万兆位以太网只工作于光纤模式(屏蔽双绞线也可以工作于该模式),没有采用载波监听多路访问、冲突检测协议和访问优先控制技术,简化了访问控制的算法,从而简化了网络的管理,并降低了部署的成本,因而得到了广泛的应用。

(5) 便于管理

采用万兆位以太网,网络管理者可以用实时的方式,也可以用历史累积的方式轻松地看到第 2 层到第 7 层的网络流量。它允许"永远在线"监视,能够鉴别干扰或入侵监测,发现网络性能瓶颈,获取计费信息或呼叫数据记录,从网络中获取商业智能。

(6) 应用更广

万兆位以太网主要工作在光纤模式上,所以它不仅可以在局域网中得到应用,更把原来仅用于局域网的以太网带到了广阔的城域网和广域网中。另外,随着网络应用的深入,WAN、MAN 与 LAN 融和已经成为大势所趋,各自的应用领域也将获得新的突破,而万兆位以太网技术让工业界找到了一条能够同时提高以太网的速度、可操作距离和连通性的途径。万兆位以太网技术的应用必将为三网发展与融和提供新的动力。

（7）功能更强、服务质量更好

万兆位以太网技术提供了更多的新功能，大大提升 QoS，具有相当的革命性，因此，能更好地满足网络安全、服务质量、链路保护等多个方面的需求。

当然，万兆位以太网技术基本承袭了以太网、快速以太网及千兆位以太网技术，因此，在用户普及率、使用方便性、网络互操作性及简易性上皆占有极大的优势。在升级到万兆位以太网解决方案时，用户不必担心既有的程序或服务会受到影响，因为升级的风险非常低，可实现平滑升级，保护用户的投资；在未来升级到 40Gbps 甚至 100Gbps 都将是很明显的优势。

2. 万兆位以太联网规范和物理层结构

万兆位以太网规范包含在 IEEE 802.3 标准的补充标准 IEEE 802.3ae 中，它扩展了 IEEE 802.3 协议和 MAC 规范，使其支持 10Gbps 的传输速率。除此之外，通过 WAN 界面子层（WAN Interface Sublayer，WIS），万兆位以太网也能被调整为较低的传输速率，如 9.584640Gbps（OC-192），这就允许万兆位以太网设备与同步光纤网络的（SONET）STS-192c 传输格式相兼容。

（1）万兆位以太网联网的主要联网规范有以下 7 种。

10GBASE-SR 和 10GBASE-SW：主要支持短波（850nm）多模光纤（MMF），光纤距离为 2～300m。10GBASE-SR 主要支持"暗光纤"（Darkfiber），暗光纤是指没有光传播并且不与任何设备连接的光纤；10GBASE-SW 主要用于连接 SONET 设备，它应用于远程数据通信。

10GBASE-LR 和 10GBASE-LW：主要支持长波（1310nm）单模光纤（SMF），光纤距离为 2m～10km。10GBASE-LW 主要用来连接 SONET 设备；10GBASE-LR 则用来支持暗光纤。

10GBASE-ER 和 10GBASE-EW：主要支持超长波（1550nm）单模光纤（SMF），光纤距离为 2m～40km（约 131233 英尺）。10GBASE-EW 主要用来连接 SONET 设备，10GBASE-ER 则用来支持暗光纤。

10GBASE-LX4：10GBASE-LX4 采用波分复用技术，在单对光缆上以 4 倍光波长发送信号。10GBASE-LX4 系统运行在 1310nm 的多模或单模暗光纤方式下。该系统的设计目标是针对于 2～300m 的多模光纤模式或 2m～10km 的单模光纤模式的。

（2）万兆位以太网的物理层结构如下。

PMD（物理介质相关）子层：PMD 子层的功能是支持在 PMA 子层和介质之间交换串行化的符号代码位。PMD 子层将这些电信号转换成适合于在某种特定介质上传输的形式。PMD 是物理层的最低子层，标准中规定物理层负责从介质上发送和接收信号。

PMA（物理介质接入）子层：PMA 子层提供了 PCS 和 PMD 层之间的串行化服务接口，它与 PCS 子层的连接称为 PMA 服务接口。另外，PMA 子层还从接收位流中分离出用于对接收到的数据，进行正确的符号对齐（定界）的符号定时时钟。

WIS（广域网接口）子层：WIS 子层是可选的物理子层，可用在 PMA 与 PCS 之间，产生适配 ANSI 定义的 SONET STS-192c 传输格式，或 ITU 定义 SDH VC—4—64c 容器速率的以太网数据流。该速率数据流可以直接映射到传输层而不需要高层处理。

PCS(物理编码)子层:PCS 子层位于协调子层(通过 GMII)和物理介质接入层子层之间。PCS 子层将经过完善定义的以太网 MAC 功能映射到现存的编码和物理层信号系统上去。PCS 子层和上层 RS/MAC 的接口由 XGMII 提供,与下层 PMA 接口使用 PMA 服务接口。

RS(协调子层)和 XGMII(10Gbps 介质无关接口):协调子层的功能是将 XGMII 的通路数据和相关控制信号映射到原始 PLS 服务接口定义(MAC/PLS)接口上。XGMII 接口提供了 10Gbps 的 MAC 和物理层间的逻辑接口。XGMII 和协调子层使 MAC 可以连接到不同类型的物理介质上。

3. 万兆位以太网物理层的工作原理

在万兆位以太网中,协议结构上最主要的区别体现在物理层,这里不仅出现了多种新型物理接口,还在工作原理上与以前版本以太网差别很大,下面进行简单的介绍。

由于 10Gbps 以太网实质上是高速以太网,所以为了与传统的以太网兼容必须采用传统以太网的帧格式承载业务。为了达到 10Gbps 的高速率,并采用 OC-192c 帧格式传输,就需要在物理子层实现从以太网帧到 OC-192c 帧格式的映射功能。同时,由于以太网的原设计是面向局域网的,网络管理功能较弱、传输距离短,并且其物理线路没有任何保护措施。当以太网作为广域网进行长距离、高速率传输时必然会导致线路信号频率和相位产生较大的抖动,而且以太网的传输是异步的,在接收端实现信号同步比较困难。因此,如果以太网帧要在广域网中传输,需要对以太网帧格式进行修改。

以太网一般利用物理层中特殊的 10B(Byte)代码实现帧定界。当 MAC 层有数据需要发送时,PCS 子层对这些数据进行 8B/10B 编码,当发现帧头和帧尾时,自动添加特殊的码组 SFD(帧起始定界符)和 EFD(帧结束定界符);当 PCS 子层接收到来自底层的 10B 编码数据时,可很容易地根据 SFD 和 EFD 找到帧的起点和终点从而完成帧定界。但是 SDH 中承载的千兆位以太网帧定界不同于标准的千兆位以太网的帧定界,因为复用的数据已经恢复成 8B 编码的码组,去掉了 SFD 和 EFD。如果只利用千兆位以太网的前导(Preamble)和帧起始定界符(SFD)进行帧定界,由于信息数据中出现与前导和帧起始定界符相同码组的概率较大,采用这样的帧定界策略可能会造成接收端始终无法进行正确的以太网帧定界。为了避免上述情况,10Gbps 以太网采用了 HEC(Header-Error-Check,头部错误检测)策略。IEEE 802.3 HSSG 小组为此提出了修改千兆位以太网帧格式的建议,在以太网帧中添加了长度域和 HEC 域。为了在定帧过程中方便查找下一个帧的位置,同时由于最大帧长为 1518 字节,则最少需要 11 位($2^{11} = 2048$),所以在复接 MAC 帧的过程中用两个字节替换两个字节作为长度字段,然后对这 8 个字节进行 CRC-16 校验,将最后得到的两个字节作为 HEC 插入 SFD 之后。

10Gbps WAN 物理层并不是简单地将以太网 MAC 帧用 OC-192c 承载。虽然借鉴了 OC-192c 的块状帧结构、指针、映射以及分层的开销,但是在 SDH 帧结构的基础上做了大量的简化,使修改后的以太网对抖动不敏感,对时钟的要求不高。具体表现在:减少了许多开销字节,仅采用了帧定位字节 A1 和 A2、段层误码监视 B1、踪迹字节 J0、同步状态字节 S1、保护倒换字节 K1 和 K2 以及备用字节 Z0，对没有定义或没有使用的字节填充 00000000。减少了许多不必要的开销，简化了 SDH 帧结构，与千兆位以太网相比，增强了物理层的网络管理和维护，可在物理线路上实现保护倒换。其次，避免了烦琐的同步复用，信号不是从低速率复用成高速率流，而是直接映射到 OC-192c 净负荷中。

10Gbps 以太局域网和 10Gbps 以太广域网（采用 OC-192c）物理层的速率不同，10Gbps 以太局域网的数据率为 10Gbps；而 10Gbps 以太广域网的数据率为 9.58464Gbps（SDH OC-192c，是 PCS 层未编码前的速率）。但是两种速率的物理层共用一个 MAC 层，MAC 层的工作速率为 10Gbps。采用什么样的调整策略将 10Gbps MII 接口的 10Gbps 传输速率降低，使之与物理层的传输速率 9.58464Gbps 相匹配，是 10Gbps 以太广域网需要解决的问题。目前将 10Gbps 速率适配为 9.58464Gbps 的 OC-192c 的调整策略有 3 种：在 GMII 接口处发送 HOLD 信号，MAC 层在一个时钟周期停止发送；利用 "Busy idle"，物理层向 MAC 层在 IPG 期间发送 "Busy idle"，MAC 层接收到后，暂停发送数据，物理层向 MAC 层在 IPG 期间发送 "Normal idle"，MAC 层接收到后，重新发送数据；采用 IPG 延长机制，MAC 帧每次传完一帧，根据平均数据速率动态调整 IPG 间隔。

在以太网 IEEE 802.3ae 中规定，万兆位以太网帧最小为 64 字节，最大可达到 1518 字节。

3.2.3 交换机之间的连接

1. 交换机的级联

两台交换机之间有两种级联方式：一种是使用直通网线把一台交换机的级联端口与另一台交换机的普通端口相连，如图 3-1 所示；另一种是使用交叉网线把两台交换机的普通端口相连，如图 3-2 所示。

图 3-1 级联端口与普通端口的级联　　图 3-2 两台交换机普通端口的级联

2. 交换机的堆叠

有的交换机支持堆叠功能，称为堆叠式交换机。堆叠式交换机的级联口与一个堆叠模块的普通端口用直通网线相连即可。交换机的堆叠如图 3-3 所示。

堆叠与级联的比较如下。

（1）交换机的堆叠采用的是专用模块，与交换机级联相比，不会占用交换机的端口，

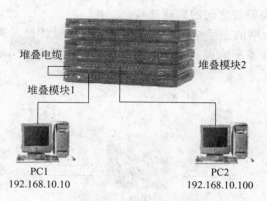

堆叠电缆

堆叠模块2

堆叠模块1

PC1
192.168.10.10

PC2
192.168.10.100

图 3-3 交换机的堆叠

速率比级联高,相当于一台更大的交换机。

(2) 如果交换机是一台可网管交换机,通过堆叠方式可以将网管功能传递到与之相连的交换机上,从而实现用一个 IP 地址管理多台交换机。

(3) 交换机的堆叠适用于连接大量更集中的终端,如大的计算机机房联网;交换机之间的级联适用于层间连接,如接入层与分布层、分布层与核心层之间的连接。

3.2.4 以太网的层次设计

试想一下,如果仅靠人的名字来找人会有多么困难。如果没有国家、城镇和街道地址,要找世界上的某个人简直不敢想象。

在以太网络中,主机的 MAC 地址类似于人的名字。MAC 地址表示某一主机的独特身份,而不指示主机在网络中的位置。如果 Internet 中的所有主机(超过 40 亿台)都只用其唯一的 MAC 地址来标识,要查找一台确定的主机无异于大海捞针。

此外,为帮助主机通信,以太网技术还会生成大量的广播流量。广播将发送到一个网络中的所有主机,它非常消耗带宽,会减慢网络速度。如果连接 Internet 的数百万台主机都在一个以太网络中,并且都使用广播,将会是一种怎样的情景?

由于这两个原因,由许多主机组成的大型以太网络通常效率极低。因此,最好将大型网络分割成更便于管理的多个小型网段,其方法之一便是使用层次设计模型。

1. 以太网的层次结构

目前,大中型骨干网的设计普遍采用三层结构模型,即核心层、分布层和接入层,每个层次都有其特定的功能。在网络中,层次设计用于将设备分组到多个以分层方式构建的网络。它包括更小、更易于管理的组,可让本地流量保留在本地。只有预定流向其他网络的流量进入更高的层。

层次式设计有如下 3 个基本层。

接入层——提供到本地以太网络中主机的连接。

分布层——相互连接较小的本地网络。

核心层——分布层设备之间的高速连接。

图 3-4 所示为以太网的三层结构。这种层次式分层设计提高了效率,优化了功能,加快了速度。由于可以在不影响现有本地网络性能的情况下新增本地网络,从而可以根据需要伸缩网络。

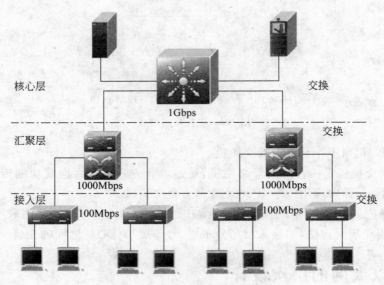

图 3-4 以太网的层次结构

在这种新型的层次式设计中,需要使用逻辑寻址方案来标识主机的位置,也就是Internet 协议(IP)寻址方案。

2. 逻辑寻址

人的名字一般不会改变,而人的住址则不然。对于主机,其 MAC 地址不会改变,它是以物理方式分配到主机网卡的地址,称为物理地址。无论主机在网络中的什么位置,其物理地址都保持不变,就像人的名字一样。

IP 地址则类似于人的住址,称为逻辑地址,因为它是根据主机位置以逻辑方式分配的。IP 地址或网络地址由网络管理员根据本地网络分配给每台主机。

IP 地址包含两部分:第一部分标识本地网络,IP 地址的网络部分对于所有连接到同一本地网络的主机都是一样的;第二部分标识特定主机,在同一个本地网络中,IP 地址的主机部分是每台主机所独有的,如图 3-5 所示。

在层次网络中通信的主机同时需要物理 MAC 地址和逻辑 IP 地址,就像寄送信件同时需要收信人的名字和地址一样。

3. 接入层、分布层和核心层设备

IP 流量根据与以下各层相关的特性和设备来管理:接入层、分布层和核心层。IP 地址用于确定流量应保留在本地,还是应上移到层次或网络的更高层。

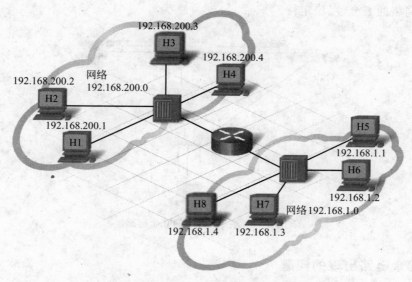

图 3-5 网络地址和主机地址

（1）接入层

接入层为终端用户设备连接到网络提供连接点，允许多台主机通过网络设备（通常是集线器或交换机）连接到其他主机。一般而言，同一个接入层中所有设备的 IP 地址都有相同的网络部分。

根据 IP 地址的网络部分，如果某信息的发送目的是本地主机，则该信息会保留在本地；如果发送目的是不同的网络，则会上传到分布层。

（2）分布层

分布层为不同的网络提供连接点，并且控制信息在网络之间的流动。它通常包含比接入层功能更强大的交换机，以及用于在网络之间路由的路由器。分布层设备控制从接入层流到核心层的流量的类型和大小。

（3）核心层

核心层是包含冗余（备份）连接的高速中枢层，它负责在多个终端网络之间传输大量的数据。核心层设备通常包含非常强大的高速交换机和路由器，其主要目的是快速传输数据。

3.2.5 生成树技术

配置生成树技术能保证网络稳定可靠。

1. 交换网络中的冗余链路

设计网络时必须考虑到冗余功能，从而保持网络高度可用，并消除任何单点故障，如图 3-6 所示。在关键区域内安装备用设备和网络链路即可实现冗余功能。使用备份连接可以提高网络的健全性、稳定性。

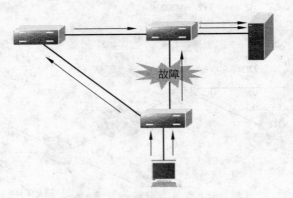

图 3-6　交换网络中的冗余链路

2. 冗余链路出现的问题

冗余链路会产生环路，环路将会导致以下问题。

（1）广播风暴，以太网流量的广播特性会造成交换环路，广播帧沿所有方向不断送出，从而导致广播风暴，如图 3-7 所示。广播风暴会耗尽所有可用带宽，并阻止再次建立网络连接，从而导致网络瘫痪。

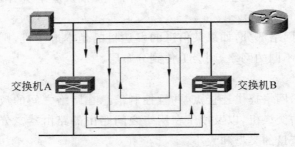

图 3-7　冗余链路导致广播风暴

（2）多帧复制，交换网络中的冗余线路有时会引起帧的多重传输。源主机向目的主机发送一个单播帧后，如果帧的目的 MAC 地址在任何所连接的交换机 MAC 表中都不存在，那么每台交换机便会从所有端口泛洪该帧。在存在环路的网络中，该帧可能会被发回最初的交换机。此过程不断重复，造成网络中存在该帧的多个副本。此情况会造成带宽浪费、CPU 时间的浪费以及可能收到重复的事务流量。

（3）地址表不稳定，冗余网络中的交换机可能会获知有关主机位置的错误信息。当存在环路时，一台交换机可能将目的 MAC 地址与两个不同的端口关联。交换机接收不同端口上同源传来的信息，导致交换机连续更新其 MAC 地址表，结果造成帧转发出错。

3. 解决方法：环临时生成树思想

临时关闭网络中冗余的链路即生成树协议（STP）。

生成树协议：IEEE 802.1d 标准，主要思想是网络中存在备份链路时，只允许主链路激活，如果主链路因故障而被断开，备用链路才会被打开。主要作用是避免环路，冗余备份。生成树协议实现交换网络中，生成没有环路的网络，主链路出现故障，自动切换到备份链路，保证网络的正常通信。

运行了 STP 以后，交换机将具有下列功能。

① 发现环路的存在。

② 将冗余链路中的一个设为主链路，其他设为备用链路。

③ 只通过主链路交换流量。

④ 定期检查链路的状况。

⑤ 如果主链路发生故障，将流量切换到备用链路。

4. STP 的缺点

打开交换机电源时，交换机的每个端口都会经过 4 种状态：阻塞、侦听、学习和发送，如图 3-8 所示。

生成树经过一段时间（默认值是 50s 左右）稳定之后，所有端口要么进入转发状态，要么进入阻塞状态。

显然，50s 的恢复时间不能适应新技术的要求。于是出现了快速生成树协议 RSTP（Rapid Spanning Tree Protocol），快速生成树协议（RSTP）在 IEEE 802.1w 中定义，显著加速了生成树的重新计算速度。为了加速重新计算过程，RSTP 将端口状态减少到

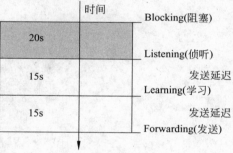

图 3-8　交换机端口经过的 4 种状态

3 种：丢弃、学习和转发。RSTP 引入活动拓扑的概念，所有未处于丢弃状态的端口都是活动拓扑的一部分，会立即转换到转发状态，使收敛速度快得多（最快 1s 以内）。

5. 打开、关闭和配置 Spanning Tree 协议

① 打开 Spanning Tree 协议的方式是使用"Switch(config)♯Spanning-tree"命令。

② 如果要关闭 Spanning Tree 协议，可用"no spanning-tree"全局配置命令进行设置。

③ 配置 Spanning Tree 类型的方法如下。

```
Switch(config)♯Spanning-tree mode STP
Switch(config)♯Spanning-tree mode RSTP
```

3.2.6　虚拟局域网技术

多交换网络引发诸如广播风暴、堵塞等严重后果,生成树技术虽是解决网络中广播风暴的重要技术之一,但在近万个结点规模的网络中,网络传输效率仍然很低,因此希望改造网络,以减少干扰、扩展带宽、保障安全。

在交换机组成的网络里所有主机都在同一个广播域内,容易形成广播风暴。

随着网络技术的发展,现在很多企业和部门都建立了内部局域网,但是,随着网络规模的增大也带来了如下一些问题。

(1) 网内数据传输量增大,网速变得越来越慢。

(2) 计算机遭受黑客攻击,关键部门存在安全隐患。

(3) 同一部门的人员分布在不同的地域,不能集中办公。

交换网络中这些问题的解决——VLAN,通过 VLAN 技术可以对网络进行一个安全的隔离、分割广播域,如图 3-9 所示。

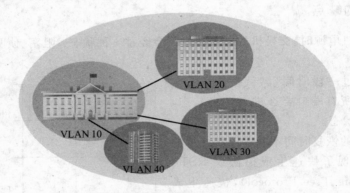

图 3-9　VLAN 隔离、分割广播域

1. VLAN 概述

(1) VLAN 是在一个物理网络上划分出来的逻辑网络,这个网络对应于 OSI 模型的第二层网络。

(2) VLAN 的划分不受网络端口实际物理位置的限制,有着和普通物理网络同样的属性。

(3) 第二层的单播、广播和多播帧在一个 VLAN 内转发、扩散,而不会直接进入其他的 VLAN 之中。

图 3-10 所示为 3 个交换机位于 3 个楼层,每个交换机划分了 3 个 VLAN,3 个楼层内的同一 VLAN 内的主机可以直接通信。

2. VLAN 的优点

(1) 控制网络中的广播风暴:采用 VLAN 技术后,可将某个交换端口划到某个 VLAN 中,而一个 VLAN 中的广播风暴不会传播到其他 VLAN,影响其他 VLAN 的通

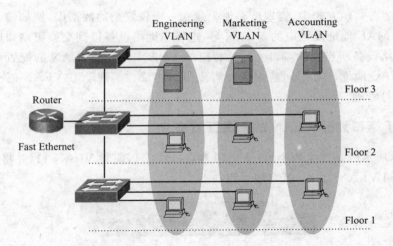

图 3-10 3 个楼层内 3 个 VLAN 的关系

信效率和网络性能。一个 VLAN 就是一个逻辑广播域,通过对 VLAN 的创建,隔离了广播,缩小了广播范围,可以控制广播风暴的产生。

(2) 确保网络安全:共享式局域网之所以很难保证网络的安全性,是因为只要用户接入任意一个活动端口,就能访问整个网络。而 VLAN 能限制个别用户的访问,控制广播组的大小和位置,可以控制用户访问权限和逻辑网段的大小。将不同用户群划分在不同的 VLAN 中,从而提高交换式网络的整体性能和安全性。

(3) 简化网络管理,提高组网灵活性:在交换式以太网中,假如对某些用户重新进行网段分配,需要网络管理员对网络系统的物理结构重新进行调整,甚至需要追加网络设备,从而增加了网络管理的工作量。而对于采用 VLAN 技术的网络来说,一个 VLAN 可以根据部门职能、对象组或者应用,将不同地理位置的网络用户划分为一个逻辑网段。在不改动网络物理连接的情况下,可以任意地将工作站在工作组或子网之间移动。利用虚拟网络技术,大大减轻了网络管理和维护工作的负担,降低了网络维护的费用。在一个交换网络中,VLAN 提供了网段和机构的弹性组合机制。

3. VLAN 的实现方式

VLAN 的实现方式有两种:静态和动态。

(1) 静态实现是网络管理员将交换机端口分配给某一个 VLAN,这是一种最常使用的配置方式,容易实现和监视,而且比较安全,如图 3-11 所示。交换机端口 1～8 属于 VLAN 10,而交换机端口 17～24 属于 VLAN 20,其余端口属于默认 VLAN 1。

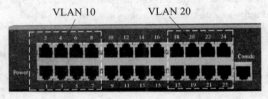

图 3-11 按端口划分 VLAN

73

（2）在动态实现方式中，管理员必须先建立一个较复杂的数据库，例如输入要连接的网络设备的 MAC 地址及相应的 VLAN 号，这样当网络设备接到交换机端口时交换机自动把这个网络设备所连接的端口分配给相应的 VLAN。动态 VLAN 的配置可以基于网络设备的 MAC 地址、IP 地址、应用或者所使用的协议。实现动态 VLAN 时一般使用管理软件来进行管理。

4. 基于端口划分 VLAN 的相关配置命令

图 3-12 所示的是产生两个 VLAN 10 和 VLAN 11，删除 VLAN 11，并将交换机 F0/5 端口指定到 VLAN 10 中，其实现过程如下。

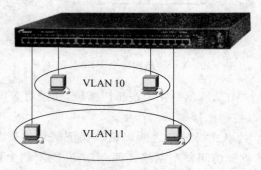

图 3-12　基于端口划分 VLAN

```
Switch>enable
Switch#configure terminal
Switch(config)#vlan 10              ;创建 VLAN 10
Switch(config-vlan)#exit
Switch(config-)#vlan 11             ;创建 VLAN 11
Switch(config-vlan)#exit            ;退出 VLAN 配置模式
Switch(config)#no vlan 11           ;删除 VLAN 11
```

将交换机 F0/5 端口指定到 VLAN 10 中，在交换机上的配置过程如下。

```
Switch(config)#interface fastEthernet 0/5      ;打开交换机的快速以太网接口 5
Switch(config-if)#switchport access vlan 10     ;把该接口分配到 VLAN 10
Switch(config-if)#no shutdown                   ;开启接口工作状态
Switch(config-if)#end
Switch#show vlan                                ;查看 VLAN 配置信息
```

将一组接口加入某一个 VLAN。

```
Switch(config)#interface range fastethernet 0/1-10,0/15,0/20
Switch(config-if-range)#switchport access vlan 20
Switch(config-if-range)#no shutdown
```

注意：如果批量将端口加入 VLAN，可用关键字 range；连续接口 0/1-10，中间使用"-"分离；不连续多个接口，中间用逗号隔开；如果使用模块，一定要写明模块编号。

5. 交换机之间划分虚拟局域网

由于 VLAN 的划分通常按逻辑功能而非物理位置进行,位于同一 VLAN 中的成员设备,跨越任意物理位置的多个交换机的情况更为常见,在没有技术处理的情况下,一台交换机上 VLAN 中的信号无法跨越交换机传递到另一台交换机的同一 VLAN 成员中,如图 3-13 所示。那么,怎样才能完成跨交换机 VLAN 的识别并进行 VLAN 的内部成员的通信呢?

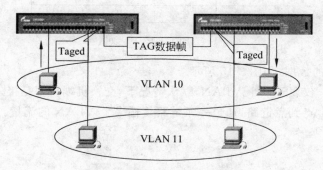

图 3-13　跨交换机 VLAN

（1）跨交换机 VLAN 间通信

A 交换机上 VLAN 10 的端口范围中的一个端口,和交换机 B 上 VLAN 10 范围中的某个端口作级联。如果交换机上画了 10 个 VLAN,就需要分别连 10 条线作级联,端口效率就太低了。为了让 VLAN 能够跨越多个交换机实现同一 VLAN 中成员通信,可采用主干链路 Trunk 技术将两个交换机连接起来。Trunk 主干链路是指连接不同交换机之间的一条骨干链路,可同时识别和承载来自多个 VLAN 中的数据帧信息。由于同一个 VLAN 的成员跨越了多个交换机,而多个不同 VLAN 的数据帧都需要通过连接交换机的同一条链路进行传输,这样就要求跨越交换机的数据帧必须封装一个特殊的标签,以声明它属于哪一个 VLAN,方便转发传输。

① 在交换机之间用一条级联线,并将对应的端口设置为 Trunk,这条线路就可以承载交换机上所有 VLAN 的信息。

② Trunk 端口传输多个 VLAN 的信息,实现同一 VLAN 跨越不同的交换机。

（2）Trunk 端口技术处理——IEEE 802.1Q 数据帧

802.1Q 标准有时也缩写为 DOT1Q,该标准会在以太网帧中插入一个 4 字节的标记字段,如图 3-14 所示。

标记协议标识（TPID）:固定值 0x8100,表示该帧载有 802.1Q 标记信息。

优先级（Priority）:3 比特,表示帧的优先级。

CFID（Canonical format indicator）:1b,区别以太网、FDDI。

VID:12b,表示 VlanID,范围为 1～4094。

（3）802.1Q 中继（Trunk）端口

802.1Q 帧只在交换机的 Trunk 链路上传输,对用户是透明的。中继端口转发交换

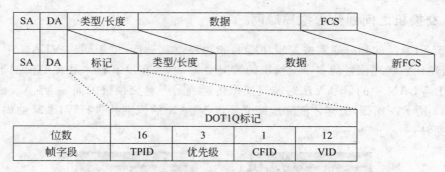

图 3-14   IEEE 802.1Q 数据帧

机上所有 VLAN 的数据,如图 3-15 所示。

① 接入端口:仅属于一个 VLAN,默认情况下,交换机端口都是接入端口。

② 中继端口:点到点链路,通过一条链路传输多个 VLAN 的流量。

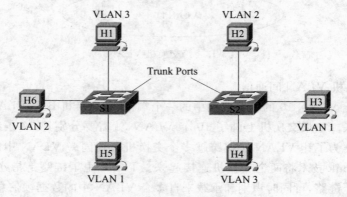

图 3-15   中继端口

如果没有中继端口,各 VLAN 就需要在交换机之间建立单独的连接。中继链路在同一链路上传输多个 VLAN 的流量。

(4) 配置 VLAN 中继端口

当交换机与交换机相连接时,常将交换机之间连接的链路设置为 Trunk 链路,用来确保连接不同交换机之间的链路可以传递多个 VLAN 的信息。

图 3-16 所示为配置 switch1 和 switch2 的相连的 VLAN 中继端口方式,其配置方法如下。

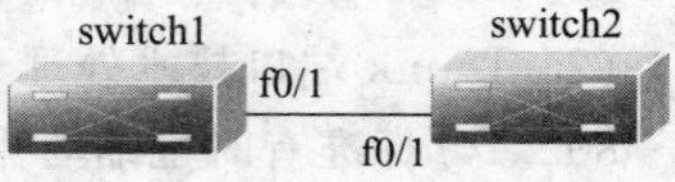

图 3-16   配置 VLAN 中继端口

注意:两交换机用交叉网线将普通端口相连。

```
Switch1# configure terminal
Switch1(config)#interface fastethernet 0/1
Switch(config-if)# switchport mode trunk       ;将二层接口的属性设置为 trunk
Switch2# configure terminal
Switch2(config)#interface fastethernet 0/1
Switch(config-if)# switchport mode trunk
```

3.2.7 用子网掩码划分子网

1. 子网技术简介

（1）子网技术产生的原因

① 从网络安全的角度考虑，为了隔离各组之间的通信量，将网络分段，即需要划分子网。

② 从单个网络运行的经济性和简单性考虑，根据实际网络大小需要划分子网。

③ 显然局域网内可以使用保留地址，而且现代技术还允许路由器经过地址转换，直接访问局域网外部的主机，这样节省了很多 IP 地址。但是地址还是不够用，特别是"网号"不够用。为了节约和充分地利用 IP 地址，需划分子网。

注意：网段一般是第二层的概念，指接在同一网络段上。这里的子网是第三层的概念，用交换机端口划分 VLAN（子网）是第二层的概念。

（2）子网技术

子网技术就是将网络分段，即分成许多子网，这样隔离了各子网之间的通信量。隔离网段有如下方法。

① 用网桥隔离这些网段。网桥可以转发需要通过网段的数据包，该方法快速且相对廉价，但缺乏灵活性。

② 用路由器隔离这些网段。路由器可以隔离、控制、指挥网络之间的通信量，但对于一个较简单的子网来说，既不经济又增加了复杂性。

③ 用子网掩码划分子网。对于单个网络来说有无比的经济性和简单性。要将一个网络划分为几个子网或者将几个子网合并成一个大的网络，只需要改变一下子网掩码就实现了。

2. 子网的划分

一个网络上所有主机都必须有相同的网络号，这是识别网络主机属于哪个网络的根本方法。对于拥有一个 C 类网络的单位，出于部门业务的划分和网络安全的考虑，希望能够建立多个子网，但向 NIC 申请几个 C 类网络 IP 段，既不经济，又浪费了大量的 IP 地址。还有一种情况是一个单位最初有 200 台计算机联网，拥有一个 C 类网络号，但后来发展到有 2000 台计算机需要联网，若申请一个 B 类地址，则地址浪费严重，且代价太高。若再申请 7 个 C 类地址（8×256＝2048 台），就相当于要创建 8 个 LAN，每个 LAN 之间联网要用路由器和各自的 C 类网络号，这给单位增加了建网成本，用户的使用也不方便。造成这种局面的原因是 IP 地址分级过于死板，将网络规模强制在 A、B、C 类 3 个级别上。

在实际应用中，公司或者机构的网络规模往往是灵活多变的，解决这些问题的办法是使用子网掩码将规模较大的网络内部划分成多个子网，也可以将多个网络合并成一个大的网络。

（1）划分子网的方法

例 3-1 将一个 C 类网络分成 4 个子网，若网络号为 192.9.200。求出子网掩码和 4 个子网的 IP 地址范围。

第一步 定义子网掩码。

定义子网掩码的步骤如下。

① 将要划分的子网数目转换为 2 的 m 次方，如分 8 个子网：$8=2^3$。

② 取 2^3 的幂，如 2^3，$m=3$。

③ 将 m 按高序占用主机地址 m 位后转换为十进制。

如：$m=3$，11100000→224 即为最终确定的子网掩码。

若是 C 类，子网掩码为 255.255.255.224。

若是 B 类，子网掩码为 255.255.224.0。

若是 A 类，子网掩码为 255.224.0.0。

注意：等式 $2^m=n$，其中 n 表示划分的子网个数；m 表示占用主机地址的位数。

本例中根据 $2^2=4$，$m=2$，占用主机地址 2 位，11000000→192，C 类子网掩码为 192.9.200.192。

第二步 确定子网号和子网的 IP 地址范围。

4 个子网的子网号如下。

$$00(0\ 0\ 0\ 0\ 0\ 0\ 0\ 0)→0→192.9.200.0$$
$$01(0\ 1\ 0\ 0\ 0\ 0\ 0\ 0)→64→192.9.200.64$$
$$10(1\ 0\ 0\ 0\ 0\ 0\ 0\ 0)→128→192.9.200.128$$
$$11(1\ 1\ 0\ 0\ 0\ 0\ 0\ 0)→192→192.9.200.192$$

4 个子网的 IP 地址范围如下。

① 二进制： 11000000　00001001　11001000　00000001 … 00111110
　十进制： 192. 9. 200. 1 192.9.200.62

② 二进制： 11000000　00001001　11001000　01000001 … 01111110
　十进制： 192. 9. 200. 65 192.9.200.126

③ 二进制： 11000000　00001001　11001000　10000001 … 10111110
　十进制： 192. 9. 200. 129 192.9.200.190

④ 二进制： 11000000　00001001　11001000　11000001 … 11111110
　十进制： 192. 9. 200. 193 192.9.200.254

技巧：确定子网号及子网的 IP 地址范围的方法如下，借用主机地址 m 位的实际组合情况可以得到子网 ID；根据子网号确定子网的 IP 地址范围（网络地址是子网 IP 地址的开始，广播地址是结束，可使用的主机地址在这个范围内）。

例 3-2 若 InterNIC（Internet 网络信息中心）分配的 B 类网络 ID 为 129.20.0.0，使用默认的子网掩码 255.255.0.0 的情况下，只有一个网络 ID 和 65536-2 台主机（129.20.0.1～129.20.255.254），将其划分为 8 个子网。

第一步 将要划分的子网数目转换为 2 的 m 次方，如划分 8 个子网：$8=2^3$。

第二步 取 2^3 的幂，如 2^3，$m=3$。

第三步 确定子网掩码。

默认的子网掩码为 255.255.0.0。

向主机 ID 借用 3 位后子网掩码为 255.255.224.0(借用的 3 位全为 1,11100000→224)。

第四步 确定可用的网络 ID。

列出借用 3 位引起的所有二进制组合情况,按组合情况实际得到的子网 ID 如下。

$$000(00000000) \rightarrow 0 \rightarrow 129.20.0.0$$
$$001(00100000) \rightarrow 32 \rightarrow 129.20.32.0$$
$$010(01000000) \rightarrow 64 \rightarrow 129.20.64.0$$
$$011(01100000) \rightarrow 96 \rightarrow 129.20.96.0$$
$$100(10000000) \rightarrow 128 \rightarrow 129.20.128.0$$
$$101(10100000) \rightarrow 160 \rightarrow 129.20.160.0$$
$$110(11000000) \rightarrow 192 \rightarrow 129.20.192.0$$
$$111(11100000) \rightarrow 224 \rightarrow 129.20.224.0$$

第五步 确定可用的主机 ID 范围。

子网 ID	子网开始的 IP 地址	子网最后的 IP 地址
129.20.0.0	129.20.0.1	129.20.31.254
129.20.32.0	129.20.32.1	129.20.63.254
129.20.64.0	129.20.64.1	129.20.95.254
129.20.96.0	129.20.96.1	129.20.127.254
129.20.128.0	129.20.128.1	129.20.159.254
129.20.160.0	129.20.160.1	129.20.191.254
129.20.192.0	129.20.192.1	129.20.223.254
129.20.224.0	129.20.224.1	129.20.255.254

例 3-3 一个网内有 75 台计算机,把它划分成两个子网,子网 1 为 50 台计算机,子网 2 为 25 台计算机,确定两个子网的网络 ID 和地址范围,原有的网络 ID 为 211.83.140.0/24。

例 3-1 和例 3-2 是知道子网数,利用子网数计算子网掩码,而本例只知道主机数,所以应利用主机数来计算。

将需要容纳客户机数量最多的子网作为划分的标准,计算子网掩码的公式为:

$$2^n - 2 \geqslant \text{Host}$$

其中:Host 表示客户机数量;n 表示子网掩码中 0 的个数。

第一步 $2^n - 2 \geqslant 50$,则 $2^n \geqslant 52$,$2^6 = 64$,$n = 6$(取满足条件的最接近的值)。

第二步 确定子网掩码:最后一段为 11000000→192,子网掩码为 255.255.255.192。

第三步 确定子网号。

$$00 \rightarrow 0 \ (0\ 0\ 0\ 0\ 0\ 0\ 0\ 0) \rightarrow 211.83.140.0$$
$$01 \rightarrow 64 \ (0\ 1\ 0\ 0\ 0\ 0\ 0\ 0) \rightarrow 211.83.140.64$$
$$10 \rightarrow 128 \ (1\ 0\ 0\ 0\ 0\ 0\ 0\ 0) \rightarrow 211.83.140.128$$

$11\rightarrow192(\underline{1\ 1}\ 0\ 0\ 0\ 0\ 0\ 0)\rightarrow211.83.140.192$

第四步 确定子网的 IP 地址范围。

子网 ID	子网开始的 IP 地址	子网最后的 IP 地址
211.83.140.0	211.83.140.1	211.83.140.62
211.83.140.64	211.83.140.65	211.83.140.126
211.83.140.128	211.83.140.129	211.83.140.190
211.83.140.192	211.83.140.193	211.83.140.254

第五步 在子网 1～4 中任选两个。

提醒：子网主机数＋1＋1＝IP 地址数，若考虑网关地址还需加 1。

（2）利用 IP 地址和子网掩码计算

知道 IP 地址和子网掩码后可以计算出：①网络地址；②广播地址；③地址范围；④本网有几台主机；⑤主机号。

例 3-4 一个主机的 IP 地址是 202.112.14.137，子网掩码是 255.255.255.224，要求计算这个主机所属的网络地址和广播地址。

① 常规方法是把这个主机地址和子网掩码都换算成二进制数，两者进行逻辑与运算后即可得到网络地址。

由于是 C 类地址，只需关注第 4 段。

$$137\rightarrow10001001$$
$$224\rightarrow11100000$$

逻辑与运算后为 $10000000\rightarrow2^7\rightarrow128$。所以，网络地址为 202.112.14.128；广播地址为 202.112.14.159。

② 另一个方法是根据掩码所容纳的 IP 地址的个数来计算。

255.255.255.224 的掩码所容纳的 IP 地址有 $256-224=32$ 个（包括网络地址和广播地址），那么具有这种掩码的网络地址一定是 32 的倍数（0、32、64、96、128、160、192、224）。因此略小于 137 而又是 32 的倍数的只有 128，所以得出网络地址是 202.112.14.128。广播地址就是下一个网络的网络地址减 1。而下一个 32 的倍数是 160，因此可以得到广播地址为 202.112.14.159。

例 3-5 已知某计算机所使用的 IP 地址是 195.169.20.25，子网掩码是 255.255.255.240，计算出该机器的网络号（子网号）、主机号，确定该机所在的网络有几台主机，并确定其地址范围。

由于是 C 类地址，只需关注第 4 段。

$$25\rightarrow00011001$$
$$240\rightarrow11110000$$

逻辑与运算后为 $00010000\rightarrow16$。所以网络号为 195.169.20.16；主机号为 9。

该机所在的网络有 $2^{\text{二进制主机位数}}-2=2^4-2=14$ 台主机；地址范围为 195.169.20.17～195.169.20.30。

（3）子网的聚合——超网

把主机地址拿几位来作为网络地址用，使网络号增多，主机号减少，网络变小，这是上面讨论的问题。在实际中还有这样一种情况,需要将多个网络合并成一个大的网络,即把网络地址拿几位来作为主机地址用,使网络号减少,主机号增多,网络变大即超网。

例3-6 有一单位最初只有200台计算机联网,申请了一个C类地址(211.83.140. 0),现在上网的计算机增加到2000台,要将2000台计算机连成一个局域网并与Internet相连,请问还要申请多少个C类地址,并确定其子网掩码。

$2000÷254≈7.87$,收小数并取整为8,所以还要申请7个C类地址。

8个C类地址(连续)共有$8×256=2048$个IP地址,现在是不使用路由器要将其连成一个局域网,确定其子网掩码就非常重要了。

$2^{11}=2048$,所以主机位为11位,默认C类地址的主机位为8位,再向网络地址借3位,其子网掩码为11111111 11111111 11111000 00000000→255.255.248.0。

例3-7 已知IP地址为211.83.140.166,子网掩码为255.255.248.0,计算网络号和主机号。

第一步 计算网络号。

211.83.140.166→11010011 01010011 10001100 10100110

255.255.248.0 →11111111 11111111 11111000 00000000

将上面的IP地址与子网掩码进行逻辑与运算后为11010011 01010011 10001000 00000000,故网络号为211.83.136.0。

第二步 计算主机号。

将上面的子网掩码取反再与IP地址进行逻辑与运算即得主机号。

00000000 00000000 00000100 10100110→0.0.4.166

提醒:在网络号中借用3位作为主机号,该网络容纳的主机数为2048台,主机号增多,网络变大,子网掩码的作用进一步表现出来。

3.3 案例分析: 中型局域网组建实例

案例:××职业技术学院校园网分层规划设计示例

××职业技术学院占地约700亩,在校人数约为6000人,学院目前正加紧对信息化教育的规划和建设。开展的校园网络建设旨在推动学校信息化建设,其最终建设目标是将其建设成为一个借助信息化教育和管理手段的智能化、数字化的教学园区网络,最终完成统一软件资源平台的构建,实现统一网络管理、统一软件资源系统,为用户提供高速接入网络服务,并实现网络远程教学、在线服务、教育资源共享等各种应用,利用现代信息技术从事管理、教学和科学研究等工作。

1. 需求分析

根据××职业技术学院的特点,应考虑××职业技术学院校园网包含如下的需求内容。

（1）支持庞大的用户群：不仅包括全院各教学及办公部门，还包括提供面向教工宿舍和学生宿舍的桌面连接。

（2）提供多样的网络服务：如提供 Web、E-mail、FTP 和视频等常规服务，还能提供网上教学、第二课堂、电子图书馆等服务。

（3）具有较高的网络传输速率：在校园网络中，视频、音频、数据集于一体，如果保证不了高带宽，又将多种视频、音频、数据流混杂在一起进行传输，就无法对数据流做出最高优先级和次高优先级及低优先级的分类，这样就不能保证重要业务的畅通，造成网络延迟、服务不可用。因此应对不同服务流进行详细的分类，划分优先级，以及尽可能地避免发生拥塞，同时保证网络的高效运行，充分利用现有的带宽。

（4）具有很好的开放和互联性：提供面向学生、开放、独立的网段，为学生学习、操作、开发网络应用提供一个真实的计算机网络环境；具有很好的互联性和扩展性，能方便地接入校园主干网，访问校园网上的信息，实现全院各系部间的资源共享，并可以通过校园网访问 Internet。

（5）具有较高的安全保障：校园网的信息点分布很广，用户的流动性大，信息点存在随意接入使用的问题。学生及外来不明身份的用户在校园网中找到任何一个信息点，就可以进入到校园网，可以肆意干扰和破坏校园网网络平台及应用系统的正常运行。另外还需要考虑与外网及内网不同应用系统之间的安全访问控制。为了在发生安全事件后，能够有效、快捷地处理事故，采用上网审计手段是十分有必要的。为避免由特定病毒的传播以及由于病毒造成的流量拥塞，校园网络还应该提供必要的病毒防范措施。

2. 校园网设计目标及设计原则

校园网络系统的建设在实用的前提下，应当在投资保护及长远性方面做适当考虑，在技术上、系统能力上要保持 5 年左右的先进性。并且从学院的利益出发，从技术上讲应该采用标准、开放、可扩充的、能与其他厂商产品配套使用的设计。

根据校园网的总体需求，结合对应用系统的考虑，该校园网络建设的设计目标是：高性能、高可靠性、高稳定性、高安全性、易管理的部分万兆位和千兆位骨干网络平台。

该校园网应遵循以下原则进行网络设计。

（1）实用性和经济性

网络建设应始终贯彻面向应用、注重实效的方针，坚持实用、经济的原则。

（2）先进性和成熟性

网络建设设计既要采用先进的概念、技术和方法，又要注意结构、设备、工具的相对成熟，不但能反映当今的先进水平，而且具有发展潜力，能保证在未来若干年内占主导地位，保证学校网络建设的领先地位，采用万兆位以太网技术来构建网络主干线路。

（3）可靠性和稳定性

在考虑技术先进性和开放性的同时，还应从系统结构、技术措施、设备性能、系统管理、厂商技术支持及保修能力等方面着手，确保系统运行的可靠性和稳定性，达到最大的平均无故障时间，可以选择国内外知名品牌，其产品的可靠性和稳定性是一流的。

（4）安全性和保密性

在网络设计中,既要考虑信息资源的充分共享,更要注意信息的保护和隔离,因此系统应分别针对不同的应用和不同的网络通信环境,采取不同的措施,包括划分 VLAN、端口隔离、路由过滤、防 DDoS 拒绝服务攻击、防 IP 扫描、系统安全机制、多种数据访问权限控制等。

（5）可扩展性和可管理性

为了适应网络结构变化的要求,必须充分考虑以最简便的方法、最低的投资实现系统的扩展和维护。为了便于扩展,核心设备必须采用模块化高密度端口的设备,便于将来升级和扩展。另外全线采用基于 SNMP 标准的可网管产品,达到全程网管,以降低人力资源的费用,提高网络的易用性、可管理性,同时又具有很好的可扩充性。

3. 网络结构的总体设计

校园网在设计时应遵循分层网络的设计思想,作为中型网络可采用三层设计模型,主干网采用星状拓扑结构,该拓扑结构实施与扩充方便灵活、便于维护、技术成熟。

（1）核心层

网络中心结点及其他核心结点作为校园网络系统的心脏,必须提供全线速的数据交换,当网络流量较大时,对关键业务的服务质量提供保障。另外,作为整个网络的交换中心,在保证高性能、无阻塞交换的同时,还必须保证网络能稳定可靠的运行。

因此,在网络中心的设备选型和结构设计上必须考虑整体网络的高性能和高可靠性。具体来说,核心结点的交换机有以下两个基本要求。

① 高密度端口情况下,还能保持各端口的线速转发。

② 关键模块必须冗余,如管理引擎、电源、风扇。

由于校园网建设最终必将采用万兆技术,因此需要考虑到核心设备对万兆的支持能力。

（2）汇聚层

汇聚层是各楼宇的数据汇聚平台,为全网提供快速交换支持,是各楼宇数据、媒体流会聚主结点。汇聚路由交换机需要满足高可靠性、高性能、高端口密度、高安全性、可管理性等要求,并具有网络可扩容升级能力和多种业务支持能力。在完成高速交换的基础上,能够提供稳定可靠的网络基础服务功能并能够支持下层的基础功能、分布服务以及 QoS 保证。

（3）接入层

接入层网络由楼栋交换结点和楼层交换结点组成,接入层网络应该可以满足各种客户的接入需要,而且能够实现客户化的接入策略、业务 QoS 保证、用户接入访问控制等。楼层交换结点采用千兆智能堆叠交换机,提供智能的流分类和完善的 QoS 特征。为各类型网络提供完善的端到端的服务质量、丰富的安全设置和基于策略的网管,最大限度满足高速、融合、安全的园区网新需求。本方案中各接入层交换机通过千兆链路上连到各汇聚层设备,对下连的桌面设备提供全双工的百兆连接,为各类用户提供无阻塞的交换性能。

××职业技术学院校园网分层规划以吉比特为基础,10Gbps 为目标,采用核心层、分布层和接入层三层架构,网络规划的拓扑结构如图 3-17 所示。

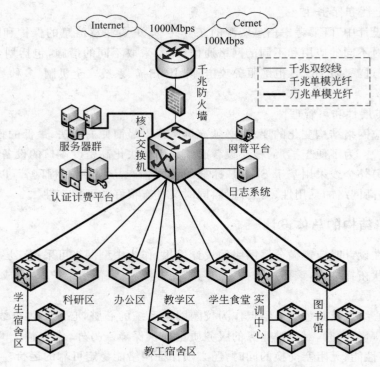

图 3-17 ××职业技术学院校园网网络拓扑结构

4. 技术选择

考虑到校园网对传输速率的要求较高,并且学院以前有一些以太网设备,所以主干网络采用千兆以太网技术,对于部分流量特别大的部门采用万兆以太网技术,这样可以大大提高网络速度和充分利用网络带宽。千兆以太网和万兆以太网技术与 10/100Mbps 以太网采用同样的媒体访问控制技术,这样可以充分保护已有的网络设备投资,并且将来还可以平滑的升级。

5. 设备选型

这里仅对主干网络设备的选择作简要介绍,其他设备选型参见本书有关部分和其他资料。

(1) 核心层设备

主干核心交换机属于高端系列的产品,所以在本方案中,核心交换机建议采用多业务万兆/千兆核心路由交换机。可以根据用户的需求灵活配置,灵活构建弹性可扩展的网络。多业务万兆/千兆核心路由交换机高背板带宽和二/三层包转发速率可为用户提供高速无阻塞的交换;强大的交换路由功能、安全智能技术可为用户提供完整的端到端解决方案,是大中型网络核心骨干交换机的理想选择。核心路由交换机参考型号为 Cisco C7609,其性能参数如表 3-1 所示。

表 3-1 Cisco C7609 性能参数

设备名称	类　别	指　标
思科核心路由器交换机	基本要求	插槽数≥9，剩余空插槽数不小于 2
		整机 IPv4 转发率≥400Mpps，IPv6 转发率≥200Mpps
		单引擎交换容量≥720Gbps
		支持 802.1D、802.1S、802.1W、802.3ad、802.1x
		支持 RIPv2/ng、OSPFv2/v3、BGPv4/BGP＋、IS IS v4/v6
		支持引擎、冗余电源
	参数要求	IPv4 路由表条目≥256K
		VRF 实例≥1000 个
	实配功能要求	引擎支持硬件 Netflow(或 Netstream/IPFIX)
		硬件支持的 GRE
		L2TPv3
		NAT/PAT
		所配以太网接口板为三层板，全部物理接口可配 IP 地址
		所配引擎和接口板均要求支持硬件 MPLS 和硬件 IPv6
	实配部件要求	双引擎，双电源，单个引擎的实配内存不小于 1GB
		万兆端口数≥8，要求支持 IEEE 802.3aq，配置 2 个多模万兆光纤模块和 4 个单模万兆光纤模块
		冗余交流电源，支持 PoE
		不少于 24 个 SFP 千兆光纤端口，配置 4 个多模 SFP 光纤模块
		不少于 48 个 10/100/1000 自适应千兆位以太网电端口
	支持功能	MPLS L2 和 L3 VPN
		MPLS 流量工程
		6VPE
		IGMP v3、MLD Snooping、PIM-DM、PIM-SM、SSM
		DVMRP
		支持 LLDP(802.1AB)和第二层路由跟踪功能
	扩展能力	整机万兆位以太网端口密度≥56 个(需提供目前可订购的接口卡公开产品说明资料)
		支持 E1/T1、POS/cPOS、ATM、RPR 等广域网接口

(2) 汇聚层设备

到学生宿舍区、实训中心和图书馆的数据流量大，采用的是万兆单模光纤连接，其设备也应该具有三层交换功能,可选择 Cisco Catalyst 6500 系列;到其他区域可以选择 Cisco Catalyst 3500 系列的三层交换机或 Cisco 2960 系列的二层交换机。

(3) 接入层设备

选择具有二层交换功能的 LAN 交换机,如 Cisco 2950 系列交换机等。

该校园网方案始终从学校的实际需求出发,充分考虑了方案的整体性能。在采用先进的网络产品和技术的同时,又注意把产品的可用性、未来可扩展性和性价比相结合。方案不仅满足了校园网建设对稳定性、先进性、安全性和可靠性的要求,同时,也满足了校园网建设对经济实用性、可扩展性、可管理性等方面的要求,真正达到了根据应用需求建设校园网的目的。

3.4 项 目 实 践

任务 1:交换机基本配置与管理

教学目标

终极目标:较熟练地掌握配置交换机的常用命令。

促成教学目标:进一步认识以太网交换机;能熟练地进行网络设备的连接;理解交换机基本配置的步骤和命令;掌握配置交换机的常用命令。

实训环境

(1) 网络实训室。

(2) 5 类非屏蔽 Console 双绞线一根,装有 Microsoft Windows XP 的 PC 一台,以太网交换机一台,或装有 Cisco Packet Tracer 模拟软件的 PC 一台。

操作步骤

下面以 Cisco 交换机为例,介绍其基本配置命令。

Cisco IOS 提供了用户 EXEC 模式和特权 EXEC 模式两种基本的命令执行级别,同时还提供了全局配置、接口配置、Line 配置和 VLAN 数据库配置等多种级别的配置模式,以允许用户对交换机的资源进行配置和管理。

第一步 搭建交换机配置环境。

通过 Console 口连接交换机,首次配置的交换机必须采用该方式。对交换机设置管理 IP 地址后,就可采用 Telnet 登录方式来配置交换机。

对于可管理的交换机一般都提供一个名为 Console 的控制台端口(或称配置口),该端口采用 RJ-45 接口,是一个符合 EIA/TIA-232 异步串行规范的配置口,通过该控制端口,可实现对交换机的本地配置。

交换机一般都随机配送了一根控制线,它的一端是 RJ-45 水晶头,用于连接交换机的

控制台端口,另一端提供了 DB-9(针)和 DB-25(针)串行接口插头,用于连接 PC 的 COM1
或 COM2 串行接口,其连接如图 3-18 所示。

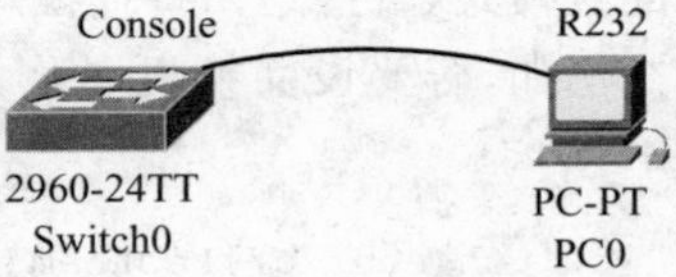

通过该控制线将交换机与 PC 相连,并在 PC 上运
行超级终端仿真程序,即可实现将 PC 仿真成交换机的
一个终端,从而实现对交换机的访问和配置。

第二步　用户 EXEC 模式。

图 3-18　交换机配置连接

当用户通过交换机的控制台端口或 Telnet 会话连
接并登录到交换机时,此时所处的命令执行模式就是用户 EXEC 模式。在该模式下,只
能执行有限的一组命令,这些命令通常用于查看显示系统信息、改变终端设置和执行一些
最基本的测试命令,如 Ping、Traceroute 等。用户 EXEC 模式的命令状态行是:

```
switch>
```

其中,switch 是交换机的主机名,未配置的交换机默认的主机名就是 switch。在用户
EXEC 模式下,直接输入“?”并按 Enter 键,可获得在该模式下允许执行的命令帮助。

第三步　特权 EXEC 模式。

在用户 EXEC 模式下执行 enable 命令,将进入到特权 EXEC 模式。在该模式下,用
户能够执行 IOS 提供的所有命令。特权 EXEC 模式的命令状态行为

```
switch #
```

若设置了登录特权 EXEC 模式的密码,系统就会提示输入用户密码,密码输入时不
会显示,输入完毕按 Enter 键,密码校验通过后即进入特权 EXEC 模式。具体命令状态行
如下所示:

```
switch>enable
Password:
switch #
```

若进入特权 EXEC 模式的密码未设置或要修改,可在全局配置模式下利用 enable
secret 命令进行设置。

在该模式下输入“?”可获得允许执行的全部命令的提示。要离开特权模式,返回用户
模式,可执行 exit 或 disable 命令。

要重新启动交换机,可执行 reload 命令。

第四步　全局配置模式。

在特权模式下执行 configure terminal 命令,即可进入全局配置模式。在该模式下,
只要输入一条有效的配置命令并按 Enter 键,内存中正在运行的配置就会立即改变生效。
该模式下的配置命令的作用域是全局性的,对整个交换机起作用。

全局配置模式的命令状态如下。

```
switch#config terminal
switch(config)#
```

在全局配置模式还可进入接口配置、Line 配置等子模式。要从子模式返回全局配置

模式,可执行 exit 命令;要从全局配置模式返回特权模式,可执行 exit 命令;若要退出任何配置模式,直接返回特权模式,则直接执行 end 命令或按 Ctrl+Z 组合键。

例如,若要设交换机名称为 student2,则可使用 hostname 命令来设置,其配置命令如下。

```
switch(config)#hostname student2
student2(config)#
```

若要设置或修改进入特权 EXEC 模式的密码为 123456,则配置命令为

```
switch(config)#enable secret 123456
```

或

```
switch(config)#enable password 123456
```

其中,enable secret 命令设置的密码在配置文件中是加密保存的,强烈推荐采用该方式;而 enable password 命令所设置的密码在配置文件中是采用明文保存的。

对配置进行修改后,为了使配置在下次掉电重启后仍生效,需要将新的配置保存到 NVRAM 中,其配置命令如下。

```
switch(config)#exit
switch#write
```

第五步　接口配置模式。

在全局配置模式下执行 interface 命令,即进入接口配置模式。在该模式下,可对选定的接口(端口)进行配置,并且只能执行配置交换机端口的命令。接口配置模式的命令行提示符为

```
switch(config-if)#。
```

例如,若要设置 Cisco Catalyst 2950 交换机的 0 号模块上的第 3 个快速以太网端口的端口通信速率为 100Mbps、全双工方式,则配置命令如下。

```
switch(config)#interface fastethernet 0/3
switch(config-if)#speed 100
switch(config-if)#duplex full
switch(config-if)#end
switch#write
```

第六步　Line 配置模式。

在全局配置模式下执行 line vty 或 line console 命令,将进入 Line 配置模式。该模式主要用于对虚拟终端(vty)和控制台端口进行配置,主要是设置虚拟终端和控制台的用户级登录密码。

交换机有一个控制端口(console),其编号为 0,通常利用该端口进行本地登录,以实现对交换机的配置和管理。为安全起见,应为该端口设置登录密码,设置方法如下。

```
switch#config terminal
switch(config)#line console 0
switch(config-line)#?
```

```
exit   exit from line configuration mode
login   Enable password checking
password   Set a password
```

从帮助信息可知,设置控制台登录密码的命令是 password,若要启用密码检查,即让所设置的密码生效,还应执行 login 命令。要退出 Line 配置模式,可执行 exit 命令。

下面设置控制台登录密码为 654321,并启用该密码,则配置命令如下。

```
switch(config-line)#password 654321
switch(config-line)#login
switch(config-line)#end
switch#write
```

设置该密码后,以后利用控制台端口登录访问交换机时,就会首先询问并要求输入登录密码,密码校验成功后,才能进入交换机的用户 EXEC 模式。

交换机支持多个虚拟终端,一般为 16 个(0~15)。设置了密码的虚拟终端就允许登录,没有设置密码的则不能登录。如果对 0~4 条虚拟终端线路设置了登录密码,则交换机就允许同时有 5 个 Telnet 登录连接,其配置命令如下。

```
switch(config)#line vty 0 4
switch(config-line)#password 123456
switch(config-line)#login
switch(config-line)#end
switch#write
```

若要设置不允许 Telnet 登录,则取消对终端密码的设置即可,为此可执行 no password 和 no login 命令来实现。

在 Cisco IOS 命令中,若要实现某条命令的相反功能,只需在该条命令前加 no,并执行前缀有 no 的命令即可。

第七步　查看交换机信息。

使用 show 命令来实现对交换机信息的查看。

(1) 查看 IOS 版本

查看命令: show version。

(2) 查看配置信息

要查看当前交换机正在运行的配置信息,需要在特权模式下执行 show 命令,其查看命令如下。

```
show running-config
```

显示保存在 NVRAM 中的启动配置的方法如下。

```
show startup-config
```

(3) 查看交换机的 MAC 地址表

配置命令:

```
show mac-address-table [dynamic|static] [vlan vlan-id]。
```

该命令用于显示交换机的 MAC 地址表,若指定 dynamic,则显示动态学习到的 MAC 地址;若指定 static,则显示静态指定的 MAC 地址表;若未指定,则显示全部。

若要显示交换表中的所有 MAC 地址,即动态学习到的和静态指定的,则查看命令如下。

```
show mac-address-table
```

第八步 选择多个端口。

对于支持使用 range 关键字的 Cisco 2900、Cisco 2950 和 Cisco 3550 交换机,可以指定一个端口范围,从而实现选择多个端口,并对这些端口进行统一的配置。

同时选择多个交换机端口的配置命令为

```
interface range typemod/startport - endport
```

startport 代表要选择的起始端口号,endport 代表结尾的端口号,用于代表起始端口范围的连字符"-"的两端应留一个空格,否则命令将无法识别。

例如,若要选择交换机的第 1～24 口的快速以太网端口,则配置命令如下。

```
switch#config t
switch(config)#interface range fa0/1 - 24
```

任务 2:在交换机上划分 VLAN

以 Cisco 交换机为例,如图 3-19 所示。产生两个 VLAN(VLAN 10 和 VLAN 20);为每个 VLAN 命名,分配相应的交换机端口给 VLAN 10 和 VLAN 20,验证配置结果;并进行删除 VLAN 的操作。

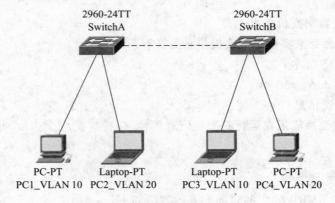

图 3-19 根据端口划分 VLAN

教学目标

终极目标:较熟练地掌握 VLAN 配置的基本命令。

促成教学目标:进一步熟悉 VLAN 的基本原理;能熟练地进行网络设备的连接;理

解在交换机上划分 VLAN 的步骤和命令;掌握根据端口划分 VLAN 的基本方法。

实训环境

(1) 网络实训室。

(2) 5 类非屏蔽 Console 配置双绞线 2 根,5 类非屏蔽直通双绞线 4 根,5 类非屏蔽交叉双绞线 1 根;装有 Microsoft Windows XP 的 PC 4 台;Cisco 2960 以太网交换机两台,或装有 Cisco Packet Tracer 模拟软件的 PC 1 台。

操作步骤

第一步　配置产生两个 VLAN。

(1) 进入特权模式

```
SwitchA>enable
```

(2) 设置以太网交换机名称

```
Switch#configure terminal          ;进入全局模式
Switch(config)#hostname SwitchA    ;设置名称
```

(3) 显示当前交换机 VLAN 接口信息

在交换机的特权模式下输入"show vlan",如下所示。

```
SwitchA#show vlan
```

查看哪些交换机端口属于默认 VLAN 1。

(4) 产生并命名两个 VLAN

输入如下命令产生两个 VLAN。

```
SwitchA(config)#vlan 10          ;创建一个 VLAN 和进入 VLAN 配置模式
SwitchA(config)#vlan 20
```

第二步　分配端口给 VLAN 10。

分配端口给 VLAN 时必须在接口配置模式下进行。

(1) 将 ports 4、5 和 6 分配给 VLAN 10

```
SwitchA(config)#interface fastEthernet 0/4
SwitchA(config-if)#switchport access vlan 10
SwitchA(config-if)#interface fastEthernet 0/5
SwitchA(config-if)#switchport access vlan 10
```

或

```
SwitchA(config)#interface range fa0/4-6
SwitchA(config-if)#switchport access vlan 10
SwitchA(config-if)end
```

用 show vlan 命令验证端口 4、5、6 是否已经分配给 VLAN 10。

（2）分配端口 7、8、9 给 VLAN 20

```
SwitchA(config)#interface range fa0/7-9
SwitchA(config-if)#switchport access vlan 20
SwitchA(config-if)end
```

用 show vlan 命令验证端口 7、8、9 是否已经分配给 VLAN 20。

第三步　配置中继端口。

```
SwitchA(config)#interface fa0/24
SwitchA(config-if)#switchport mode trunk
SwitchA(config-if)exit
```

第四步　SwitchB 的配置参照上面的步骤进行。

第五步　测试 VLAN。

（1）在同一个交换机上

在连接 E0/4 的主机上 Ping 连接端口 E0/5 的主机。（通）

在连接 E0/4 的主机上 Ping 连接端口 E0/7 的主机。（不通）

（2）在不同交换机上

在连接 SwitchA 的 E0/4 的主机上 Ping 连接在 SwitchB 的 E0/4 的主机。（通）

在连接 SwitchA 的 E0/4 的主机上 Ping 连接在 SwitchB 的 E0/7 的主机。（不通）

第六步　从 VLAN 中除去一个端口。

在端口配置模式下执行如下命令。

```
SwitchA(config)#interface FastEthernet0/5
SwitchA(config-if)#no switchport access vlan
SwitchA(config-if)end
```

用 show vlan 命令验证配置结果。

问题：端口 E0/5 还是 VLAN 10 的成员吗？

第七步　删除 VLAN。

进入全局视图，使用 no 格式命令进行删除操作。

```
SwitchA(config)#no vlan 20
```

验证配置结果。

```
SwitchA#show vlan
```

问题 1：VLAN 20 已经被删除了吗？

问题 2：删除了 VLAN 后，对端口来说发生了些什么？

默认的 VLAN 不能被删除！

任务 3：用子网掩码划分子网

一个单位分配到的网络地址是 217.14.8.0，掩码是 255.255.255.224。单位管理员将本单位的网络又分成了 4 个子网,试计算每个子网的网号和子网的 IP 地址范围,并在网络实训室进行验证。

教学目标

终极目标:较熟练地掌握用子网掩码划分子网的方法。

促成教学目标:进一步理解子网技术及原理;能熟练地进行网络设备的连接;掌握用子网掩码划分子网以及动手搭建子网的方法。

实训环境

(1) 网络实训室。

(2) 5 类非屏蔽直通双绞线 4 根;装有 Microsoft Windows XP 的 PC 4 台;交换机或集线器 1 台,或装有 Cisco Packet Tracer 模拟软件的 PC 1 台。

操作步骤

第一步　计算 4 个子网的 IP 地址范围。

网络地址是 217.14.8.0 ,掩码是 255.255.255.224→224→11100000。

该网络的 IP 地址范围为 217.14.8.0～217.14.8.31,将此地址范围再分为 4 个子网。

(1) 将要划分的子网数目转换为 2 的 m 次方

分成 4 个子网:$4=2^2$,取 2^2 的幂,$m=2$。

(2) 确定子网掩码

将 m 按高序占用主机地址 m 位后转换为十进制。

$m=2$,最后一段为 224→11100000→11111000→248。

子网掩码为:255.255.255.248。

(3) 确定 4 个子网号

$$00→00000000→0→217.14.8.0$$
$$01→00001000→8→217.14.8.8$$
$$10→00010000→16→217.14.8.16$$
$$11→00011000→24→217.14.8.24$$

(4) 确定 4 个子网的 IP 地址范围

	子网 ID	子网开始地址	子网最后地址
子网 1	217.14.8.0	217.14.8.1	217.14.8.6
子网 2	217.14.8.8	217.14.8.9	217.14.8.14
子网 3	217.14.8.16	217.14.8.17	217.14.8.22
子网 4	217.14.8.24	217.14.8.25	217.14.8.30

第二步　网络的构建。

网络搭建如图 3-20 所示,并按图 3-20 所示设置每台计算机的 IP 地址和子网掩码。

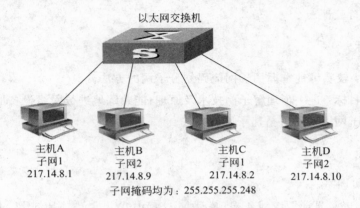

图 3-20 网络连接及 IP 地址的设置

第三步 网络的验证。

用 Ping 命令验证:主机 A 与主机 C 通,主机 B 与主机 D 通;主机 A 与主机 B、D 不通,主机 B 与主机 A、C 不通,反之亦然。

任选子网 1 到子网 4 中的两个子网都可以做此实验。

小 结

构建中型网络的第一步是设计网络基本结构,即根据企业的硬件基础和客户应用需求,选择合适的网络操作系统和拓扑结构。为使网络规划经得起考验,在规划中应对网络协议、软硬件体系等核心因素做充分的论证。建网方向应面向应用,充分利用现有资源,结合应用和需要的变化,制订相应的方案。

本项目首先对组建中型局域网中的千兆位以太网和万兆位以太网技术作了简要的介绍,对中型局域网中交换机的级联方式以及以太网的层次设计方法作了概述,对用子网掩码划分子网作了较详细的论述;其次,列举了一个比较典型的中型局域网组建实例;项目实践部分主要以组建一个中型交换网络为主线,让读者在网络实训室体验从交换机的配置、VLAN 网络的搭建、IP 地址的规划、到最后的测试的基本过程。

习 题

一、选择题

1. 下面对千兆位以太网和快速以太网的共同特点的描述中,哪种说法是错误的?
(   )

A. 相同的数据帧格式　　　　　　B. 相同的物理层实现技术

C. 相同的组网方法　　　　　　　D. 相同的介质访问控制方法

2. 使以太网从局域网领域向城域网领域渗透的以太网技术是什么？（　　）

A. 以太网　　　　　　　　　　　B. 快速以太网

C. 千兆位以太网　　　　　　　　D. 万兆位以太网

3. 分层网络设计模型具有哪三个优点？（　　）

A. 可扩展性　　　　B. 速度更高　　　　C. 移动性　　　　D. 安全性

E. 管理便利性　　　F. 成本

4. 下列关于新交换机默认配置的说法中哪三项正确？（　　）

A. VLAN 1 配置有管理 IP 地址　　B. 所有交换机端口都被分配给 VLAN 1

C. 禁用了生成树协议　　　　　　D. 所有接口都被设置为自动

E. 使能口令被配置为 Cisco　　　　F. 闪存目录中包含 IOS 映像

5. 网络管理员接到为中型企业级交换网络选择硬件的任务，系统要求在 8 台高端口密度交换机之间进行冗余背板连接，下列哪种硬件解决方案适合此企业？（　　）

A. 模块化交换机　　　　　　　　B. 固定配置交换机

C. 可堆叠交换机　　　　　　　　D. 具备上行链路功能的交换机

E. 链路聚合交换机

6. 关于如图所示信息的下列说法中哪项正确？（　　）

```
Switch# show interface trunk
Port    Mode  Encapsulation  Status     Native vlan
Fa0/1   on    802.1q         trunking   1
Gi0/1   on    802.1q         trunking   1

Port Vlans allowed on trunk
Fa0/1 1-4094
Gi0/1 1-4094
```

A. 当前仅将一个 VLAN 配置为使用中继链路

B. 目前尚无法进行 VLAN 间路由，因为交换机仍在协商中继链路

C. 接口 Gi0/1 和 Fa0/1 正在传输多个 VLAN 的数据

D. 图中所示的接口处于关闭状态

7. 交换机可以用什么来创建较小的广播域？（　　）

A. 生成树协议　　　　　　　　　B. 虚拟局域网

C. 虚拟中继协议　　　　　　　　D. 路由

8. 下面列举的网络连接技术中，不能通过普通以太网接口完成的是什么？（　　）

A. 主机通过交换机接入网络

B. 交换机与交换机互联以延展网络的范围

C. 交换机与交换机互联以增加接口数量

D. 多台交换机虚拟成逻辑交换机以增强性能

95

9. 交换机与交换机之间互联时,为了避免互联时出现单条链路故障问题,可以在交换机互联时采用冗余链路的方式,但冗余链路构成时,如果不做妥当处理,会给网络带来诸多问题。下列说法中,属于冗余链路构建后带给网络的问题的是哪些?(　　)

  A. 广播风暴　　　　　　　　　　B. 多帧复制

  C. MAC 地址表的不稳定　　　　　D. 交换机接口带宽变小

10. 下列技术中不能解决冗余链路带来的环路问题的是什么?(　　)

  A. 生成树技术　　　　　　　　　B. 链路聚合技术

  C. 快速生成树技术　　　　　　　D. VLAN 技术

11. VLAN 技术可以将交换机中的什么进行隔离?(　　)

  A. 广播域

  B. 冲突域

  C. 连接在交换机上的主机

  D. 当一个 LAN 里主机超过 100 台时,自动对主机隔离

12. 交换机堆叠的方法有哪些?(　　)

  A. 菊花链式堆叠　　　　　　　　B. 连环堆叠

  C. 星状堆叠　　　　　　　　　　D. 网状堆叠

13. 既可以解决交换网络中冗余链路带来的环路问题,又能够有效提升交换机之间传输带宽,还能够保障链路单点故障时数据不丢失的技术是什么?(　　)

  A. 生成树技术　　　　　　　　　B. 链路聚合技术

  C. 快速生成树技术　　　　　　　D. VLAN 技术

14. IEEE 802.1Q 可以提供的 VLAN ID 范围是哪一项?(　　)

  A. 0~1024　　　　　　　　　　B. 1~1024

  C. 1~4094　　　　　　　　　　D. 1~2048

15. 交换机端口在 VLAN 技术中应用时,常见的端口模式有哪些?(　　)

  A. Access　　　　　　　　　　　B. Trunk

  C. 三层接口　　　　　　　　　　D. 以太网接口

16. 二层交换机级联时,涉及跨越交换机多个 VLAN 信息需要交互时,Trunk 接口能够实现的是什么功能?(　　)

  A. 多个 VLAN 的通信　　　　　　B. 相同 VLAN 间通信

  C. 可以直接连接普通主机　　　　D. 交换机互联的接口类型可以不一致

17. 通过再借用 4 位将 172.25.15.0/24 进一步划分为多个子网时,下面哪 3 个地址是合法的子网地址?(　　)

  A. 172.25.15.0　　　　　　　　B. 172.25.15.8

  C. 172.25.15.16　　　　　　　　D. 172.25.15.40

  E. 172.25.15.96　　　　　　　　F. 172.25.15.248

18. 网络地址为 172.16.4.8/18,表明其子网掩码是什么?(　　)

  A. 255.255.0.0　　　　　　　　B. 255.255.192.0

  C. 255.255.240.0　　　　　　　D. 255.255.248.0

19. 网络管理员给 C 类地址指定子网掩码 255.255.255.248 时,对于给定的子网,有多少 IP 地址可分配给设备?(　　)

    A. 6　　　　　　　B. 30　　　　　　　C. 126　　　　　　　D. 254

20. 使用默认子网掩码的 C 类网络包含多少个可用的主机地址?(　　)

    A. 65535　　　　　B. 255　　　　　　　C. 254　　　　　　　D. 256

二、应用题

1. 一个主机的 IP 地址是 220.218.115.213,掩码是 255.255.255.240,要求计算这个主机所在子网的网络地址和广播地址。

2. 某单位被分配到一个 C 类网络地址:202.123.98.0,根据使用情况,最少需要划分 5 个子网,每个子网最多有 27 台主机。试问如何进行子网划分?

项目4　大型局域网的组建

项目目标

(1) 了解组建大型局域网的社会需求
(2) 熟悉网络层的作用、提供的服务及相应的协议
(3) 掌握组建大型局域网的相关技能和配置命令
(4) 理解下一代网际协议 IPv6 和物联网

项目背景

(1) 网络机房
(2) 企业网络

4.1　用户需求与分析

随着现代科技的迅猛发展，网络技术的应用已迅速蔓延到国防、科研、经济、生活等各个领域，局域网的组建毫无疑问成为当今世界信息发展、教育改善、生活科技化的核心部分，小型局域网的建设已经适应不了实际的需要，大型局域网的建设在整个网络世界里的地位越来越重要。

在大型局域网设计方案中，综合目前和未来的应用情况，大型局域网将建设成为高带宽的、端到端的、以 IP 协议为基础的集数据、语音和图像于一体的多业务网络，同时应考虑未来大型局域网可以建立成为具有统一的安全策略、QoS 策略、流量管理策略和系统管理策略的网络。

目前，大型局域网主要有以下几方面特点。

(1) 数据网络结构采用一个分离的网络体系结构，其缺点是不利于网络的扩展，难以实现统一的网络管理。

(2) 大型局域网采用基于 IP 协议的语音、视频技术，比采用任何专用的语音、视频技术更节约资金，更容易实施，同时也更开放，具有最灵活的兼容性。

(3) 大型局域网应该有层次清楚的安全防范体系，有统一的安全管理策略。

综上所述，从网络的具体需求以及降低网络运行成本的目的出发，大型局域网的建设应以 IP 协议为基础，集数据、语音和图像于一体，并且使用不同的应用方案创造一个开放

的一体化网络平台。

目前，随着社会经济的大力发展，我国出现了许多大型局域网的组建需求，例如，许多大学和高职院校的大力发展，在校人数由起初的几千人发展为目前的上万人或几万人，校园面积也由原来的面积扩大了数倍且分布在不同的区域；许多企业发展壮大，成为跨地区、跨行业的大型企业；电子政务网络正在不断拓展和渗透；"三网技术"（即计算机网络、电话网、电视网）的不断完善和深入；等等。种种迹象都表明大型局域网越来越占有举足轻重的位置。

4.2　相关知识

4.2.1　网络层的作用

网络层是 ISO 中的第三层，其主要任务是解决网络互联之间的相互通信。在 ISO 参考模型中，网络层主要有以下 3 方面的功能。

1. 路由选择

在点对点的通信子网中，信息从源结点发出，经过若干个中继结点的存储及转发后，最终到达目的结点。在通常情况下，从源结点到目的结点之间会有多条路径供选择，而网络层的主要任务之一就是选择相应的路由路径，完成分组报文的最佳传递。

2. 拥塞控制

在 ISO 参考模型中，很多个层次都需要考虑流量控制问题，网络层所做的流量控制则是对进入分组交换网的通信量加以限制，以防止因通信量过大造成通信子网性能下降甚至网络瘫痪。

3. 网络互联

网络层可以实现不同网络、多个子网和广域网的互联。

4.2.2　网络层所提供的服务

网络层所提供的服务主要有两种：虚电路服务和数据报服务。

1. 虚电路服务

网络层所提供的虚电路服务，就是通过网络建立可靠的通信，从而做到能先建立确定的连接（逻辑连接）再发送分组报文的通信过程。

当两台计算机通过网络层的虚电路服务进行网络通信时，必须先建立一条从源结点到目的结点的虚电路（Virtual Circuit，VC），以保证通信双方所需的一切网络资源，然后源结点和目的结点就可以通过建立的虚电路发送相应的分组报文,如图 4-1 所示。

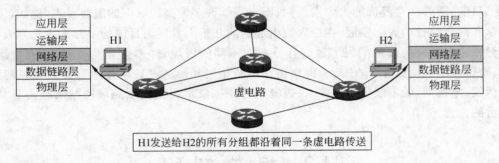

应用层
运输层
网络层
数据链路层
物理层

H1

H2

应用层
运输层
网络层
数据链路层
物理层

虚电路

H1发送给H2的所有分组都沿着同一条虚电路传送

图 4-1　虚电路

注意:虚电路表示这只是一条逻辑上的连接,分组都沿着这条逻辑连接按照存储转发的方式传送,而并不是真正建立了一条物理连接;电路交换的电话通信是先建立了一条真正的连接。因此分组交换的虚连接和电路交换的连接只是类似,但并不完全一样。

2. 数据报服务

网络层向上只提供简单灵活的、无连接的、尽最大努力交付的数据报服务。

网络在使用数据报服务发送分组报文时,每一个分组报文(即 IP 数据报)都独立发送,在传送报文的过程中,所传送的分组报文可能会出错、丢失及不按序到达,当然也不能保证分组传送的时限,如图 4-2 所示。

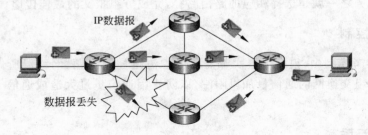

IP数据报

数据报丢失

图 4-2　数据报

有人说数据报服务的服务质量这么不可把握,为什么还不"废除"呢?其实数据报服务也有它的优势,虽然不能提供端到端的可靠传输服务,但可以使路由器做得比较简单,价格低廉,从而大大降低网络的构造成本,同时具有较好的灵活性和均衡性。

4.2.3　TCP/IP 网络互联层

TCP/IP 体系结构已经在项目 2 中作了详细的介绍,这里就不重复讲述了。

网络层的主要功能是将来自应用层的不同数据视为具备相同源地址和目的地址的数据传输单元,从源系统发送到目的系统。而这些功能的完成主要由网络中的路由器或三层交换机来实现。

TCP/IP 网络层的主要协议有 IP(网际互联协议)、ARP(地址解析协议)、RARP(逆向地址解析协议)和 ICMP(网际控制报文协议)。

4.2.4　路由协议

1. 基本概念

(1) 路由

路由一般是指路由器将一个端口接收到的数据包转发到另一个端口,信息经过一个网络传递到另一个网络的过程。路由要完成的两个主要工作就是选择路径和转发数据包。

(2) 路由器

路由器是负责完成路由过程的物理设备。路由器是一种连接多个网络或网段的网络层的互联设备,提供了不同架构的网络互联机制,可以将不同网络、不同操作系统、不同型号的计算机有机地联系在一起,以便将一个网络的数据包发送到另一个网络中去。

(3) 路由协议

路由协议是在数据包发送过程中,为了规范数据包的有效、有序发送而事先约定好的规定和标准。

(4) 路由表

为了给传输的数据包选择一条最佳传输路径,路由器生成并维护一张路由信息表,简称路由表,用以跟踪记录相邻路由器的地址信息。

2. 路由协议的作用

路由协议主要运行在路由器上,用来确定路径的选择,起到一个地图导航、负责找路的作用。它工作在传输层或应用层,包括路由信息协议(RIP)、内部网关路由协议(IGRP)、开放式最短路径优先协议(OSPF)。路由协议选路过程实现的好坏将直接影响整个 Internet 网络的工作效率。

3. 静态路由和动态路由

路由器要转发数据包,就必须拥有路由信息。路由器可通过 3 种方式获得路由信息。

(1) 直连路由

对于直接相连的网络,路由器会自动添加到该网络的路由。

(2) 静态路由

由网络管理员手动添加配置到路由器中的路由。静态路由中的静态路由表在开始选择路由之前就由网络管理员根据网络的配置情况手动设定,网络结构发生变化后又只能由网络管理员手动修改静态路由表。可见,静态路由只适用于网络传输状态相对简单的环境。

静态路由有以下优点。

101

① 静态路由无须路由交换，因此节省网络的带宽、CPU 和路由器的内存。

② 静态路由具有更高的安全性。在使用静态路由的网络中，所有要连接到网络上的路由器都需在邻接路由器上设置其相应的路由。因此，在某种程度上提高了网络的安全性。

③ 有些组网过程中必须使用静态路由才能完成相应的任务，如 DDR（Dial-on-Demand Routing，按需拨号路由）、使用 NAT 技术的网络环境等。

静态路由有以下缺点。

① 管理者必须真正熟悉网络的拓扑并能正确配置路由。

② 网络的扩展性能较差。如果要在网络上增加一个网络，管理者必须在所有路由器上加一条路由，而这个工作过程全由管理员手动进行。

③ 配置过程相对烦琐，特别是当需要跨越几台路由器通信时，其路由配置更为复杂。

静态路由特别适合局域网到 ISP 的连接。

（3）动态路由

动态路由又称自适应路由。动态路由随网络运行情况的变化而变化，通过各路由器之间相互连接的网络，根据路由协议的功能自动计算数据传输的最佳路径，利用路由协议动态地相互交换路由信息，从而自动更新和维护动态路由表，指导数据包的发送。

4. 动态路由协议的分类

在动态路由中，对动态路由协议的分类标准有两种：一种是按路由选择算法分；一种是按路由协议运作时与自治系统（AS）的关系来分。

根据路由选择算法来分，动态路由协议可分为距离向量路由协议（Distance Vector Routing Protocol，DVRP）和链路状态路由协议（Link State Routing Protocol，LSRP）。距离矢量路由协议基于 Bellman-Ford 算法，即距离矢量算法，主要有 RIP、IGRP 和 BGP 协议；链路状态路由协议基于 Dijkstra 算法，即最短路径优先算法。主要有 OSPF 和 IS-IS 协议。在距离向量路由协议中，路由器将部分或全部的路由表传递给与其相邻的路由器；而在链路状态路由协议中，路由器将链路状态信息传递给在同一区域内的所有路由器。

根据路由协议运作时与自治域系统的关系来分，动态路由协议可分为内部网关协议（Interior Gateway Protocol，IGP）和边界网关协议（BGP）。

Internet 被划分为许多由不同组织和公司单独控制的网络，称为"自治系统"（Autonomous System，AS）。AS 是由单个管理机构使用同一套内部路由策略统一控制的一组网络。每个 AS 都以唯一的 AS 编号（ASN）标识，ASN 在 Internet 上控制和注册。

最常见的 AS 实例是 ISP。大多数企业通过 ISP 连接到 Internet，从而成为该 ISP 路由域的一部分。AS 由 ISP 管理，因此 AS 不仅包含 ISP 自身的网络路由，而且还管理与之连接的所有企业及其他客户网络的路由。互联的自治系统如图 4-3 所示。

（1）距离矢量路由协议

距离矢量路由协议采用贝尔曼-福特路由选择算法来计算最佳路径。在数据包传输的过程中，每个路由器维护一张路由表，路由表以子网中的路由器为个体，列出了当前已知路由器到每个目标路由器的最佳距离及所使用的线路。路由器之间通过邻近路由器相

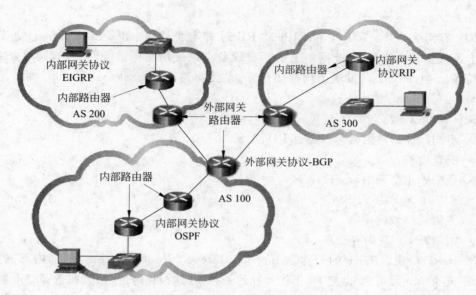

图 4-3 互联的自治系统

互交换信息,从而不断地更新它们内部的路由表。

距离矢量路由协议让路由器周期性地发送其路由表给邻近的路由器,通过接收邻近路由器的路由表来更新本地的路由表,从而获得所有已知的路由信息,保持路由表的时时更新。

距离矢量路由协议的优点是实现简单、开销小,在小型网络中运行得相当好。距离矢量路由协议的缺点是收敛速度慢,可能传播错误的路由信息,形成路由环路并造成暂时的阻塞,这种现象主要体现在小型网络扩展到大型网络时。

常见的距离矢量的路由协议有 RIP 协议、IGRP 协议和 BGP 协议。

① RIP 协议。RIP(路由信息协议)是一个分布式的基于距离矢量的路由选择协议,是不同路由器之间使用的第一个开放协议,是使用最广泛的路由协议,在所有 IP 路由平台上都可以得到。

在 RIP 协议中,距离称为跳数(Hop Count),从一个路由器到直接相连的网络的距离定义为 1,即跳数为 1。从一个路由器到非直接连接的网络的距离定义为所经过路由器数加 1,即每经过一个路由器,跳数就加 1。

RIP 认为一个好的路由就是它通过的路由器的跳数是最少的。RIP 能使用的最大跳数为 15 跳,也就是允许一条路径最多包含 15 个路由器。当距离为 16 时目标就不可达了。因此,RIP 只适用于最大跳数为 15 跳的小型互联网。

在网络通信过程中,RIP 协议要求网络中的每一个路由器都要时刻维护从它本身到其他每一个目的网络的距离记录,以保证每个时刻的相同路径中所选择的路径的跳数为最小。RIP 使用 UDP 数据包更新路由信息,路由器每隔 30s 更新一次路由信息,如果在180s 内没有收到相邻路由器的回应,则认为去往该路由器的路由不可用,该路由器不可到达。如果在 240s 后仍未收到该路由器的应答,则把有关该路由器的路由信息从路由表中删除。

RIP 有两个版本：RIPv1 和 RIPv2。RIPv1 是有类路由(Classful Routing)协议,因路由上不包括掩码信息,因此网络上的所有设备必须使用相同的子网掩码,同时,RIPv1 不支持 VLSM;RIPv2 可发送子网掩码信息,是无类路由(Classless Routing)协议,支持 VLSM。

RIP 具有以下特点。

- 不同厂商的路由器可以通过 RIP 互联。
- 配置简单。
- 适用于小型网络(小于 15 跳)。
- RIPv1 不支持 VLSM。
- 需消耗广域网带宽。
- 需消耗 CPU、内存资源。

② IGRP 协议。IGRP 的全称是 Interior Gateway Routing Protocol,即内部网关路由协议,是 Cisco 公司 20 世纪 80 年代开发的一种动态的、长跨度(最大跳数是 255 跳)的路由协议,其原理是使用向量来确定到达一个网络的最佳路由,由延时、带宽、可靠性及负载等来计算最优路由,在同一个自治系统内具有较高跨度,适合于复杂的网络。

IGRP 的收敛时间长,传输路由信息所需的带宽少,同时由于 IGRP 的分组格式中无空白字节,从而提高了 IGRP 的报文效率。但 IGRP 仅限于 Cisco 产品使用,现在已经被 EIGRP(增强型内部网关路由协议)所取代。

③ BGP 协议。BGP 的全称是 Border Gateway Protocol,即边界网关协议,是一种在自治网络系统之间动态交换路由信息的路由协议。BGP 应用于互联网的网关之间,用来连接 Internet 上独立的系统。BGP 路由表包含已知路由器的列表、路由器能够达到的地址以及到达每个路由器的路径的跳数。

BGP 通过定期发送 keepalive 报文给相邻路由器,从而检测 TCP 连接的链路是否通畅或主机连接是否失败。发送连续的两个报文之间的时间间隔一般为 30s。

BGP 与 RIP 和 OSPF 的区别是：BGP 使用 TCP 作为其传输层协议,在运行 BGP 的两个系统之间首先要建立一条 TCP 连接,然后交换整个 BGP 路由表,就从建立连接的那一刻开始,只要在路由表中发生了变化,就会立即发送更新信号。

(2) 链路状态路由协议

链路状态路由协议的设计目标是克服距离矢量路由协议的不足,通过使用链路状态协议扩散链路状态信息,并根据收集到的相关的链路状态信息计算出最优的网络拓扑。

① OSPF 协议。OSPF 的全称是 Open Shortest Path First,即开放式最短路径优先协议,是一种基于开放标准的链路状态路由选择协议。

OSPF 协议采用链路状态路由选择算法,每个 OSPF 路由器使用 Hello 协议探寻邻近路由器并与之建立通信关系,并通过广播的方式将它们自己的链路状态和接收到的链路信息告知同一区域中其他的 OSPF 路由器。当位于同一区域的 OSPF 路由器具有了完整的链路状态数据库,即得到一张统一的网络拓扑图后,每个 OSPF 路由器都以自身为根路由,采用最短路径优先算法计算到每个目的网络的最短路径,然后根据相应的 SPF 树,使用通向每个网络的最佳路径写入 IP 路由表。

OSPF 协议由 3 个子协议组成：Hello 协议、交换协议和扩散协议。Hello 协议负责检查链路是否可用，并完成指定路由器及备份指定路由器；交换协议完成主路由器、从路由器的指定并实现各自路由数据库信息的交换；扩散协议完成同一区域中各个路由数据库的同步维护。

与距离矢量路由协议 RIP 相比，OSPF 协议具有以下优点：一是协议的收敛时间较短，能够快速适应网络的变化；二是支持 VLSM(Variable Length Subnet Mask,可变长子网掩码)和 CIDR(Classless InterDomian Routing,无类域间路由)；三是网络的可扩展性强。就可扩展性而言，一方面，OSPF 对网络中的路由器个数(即跳数)没有任何限制；另一方面，在大型网络中部署 OSPF 路由协议时可采用多区域的网络设计原则，即将自治系统分为若干个独立的区域，其中一个区域为骨干区域，其他区域为非骨干区域，将骨干区域与非骨干区域之间以自治系统内部的路由相连。

② IS-IS 协议。IS-IS 的全称是 Intermediate System to Intermediate System Routing Protocol,即中间系统到中间系统的路由选择协议。

IS-IS 协议是由 ISO 提出的一种路由选择协议，是一种链路状态协议，类似于开放最短路径优先协议(OSPF)。

4.2.5　广域网协议

广域网链路层协议定义了数据帧如何在广域网的线路上进行帧的封装、传输和处理。常用的广域网链路及封装的协议有如下几种。

(1) 点到点协议(Point to Point Protocol,PPP)。

(2) 高级数据链路控制协议(High level Data Link Control,HDLC)。

(3) X.25 协议。

(4) 帧中继(Frame Relay,FR)。

1. PPP 协议

PPP 协议是为相同层次单元之间传输数据包而设计的链路层协议。该协议提供全双工操作，并按照一定顺序传递数据包。常见的 PPP 应用场合是 Modem 通过拨号或专线方式将用户计算机接入 ISP 网络，也就是把用户计算机与 ISP 服务器连接；另一个 PPP 的应用领域是局域网之间的互联。目前，PPP 已经成为各种主机、网桥和路由器之间通过拨号或专线方式建立点对点连接的首选方案。

PPP 协议具有协议简单、动态 IP 地址分配、可对传输数据进行压缩和对入网用户进行认证等优点，因此成为广域网上使用非常广泛的协议之一。其主要用于家庭拨号上网、ADSL 上网、局域网的点对点连接等。

PPP 一方面定义了封装多种网络层协议的规范；另一方面制定了一组用于建立、配置不同网络层协议的网络控制协议(Network Control Protocol,NCP),包括 IPCP 和 IPXCP,它们都是 IP 协议的控制协议。此外，由于 PPP 要在多种接入网的数据链路上运行,因此需要制定用于建立、配置测试和释放数据链路连接的数据链路控制协议(Link Control Protocol,LCP)。由此可见,PPP 包括了封装规范、网络控制协议和数据链路控制协议。

PPP 的认证是可以选择的。通信双方在建立链路连接后,先进行认证协议的选择,然后进行协议认证。一旦通过认证,双方将建立网络层的连接进行通信,否则将断开相应连接。常用的认证协议有口令验证协议(Password Authentication Protocol,PAP)和挑战—握手验证协议(Challenge-Handshake Authentication Protocol,CHAP)。PAP 是一种明文验证方式,用户名和密码都以明文形式传输,很容易被不法分子非法截取,因而使用 PAP 协议的安全性很差,一般不予以采用。CHAP 不发送明文密码,而是发送经过摘要算法加密过的随机序列,即称为"挑战口令"。网络接入服务器(NAS)向远程用户发送一个挑战口令,这个口令包括会话 ID 和一个任意生成的挑战字串,也就是经常遇见的随机码,远程客户将使用 MD5 算法加密用户名、用户口令和接收到的挑战口令,并以密文的形式返回给网络接入服务器,网络接入服务器对接收到的数据进行比对,如果正确,验证就通过,连接成功。由于 CHAP 以密文方式传送口令,因此安全性较好,但由于在使用过程中需要多次进行身份询问及响应,要耗费较多的 CPU 资源,因此 CHAP 用在安全要求较高的环境中。

2. HDLC 协议

HDLC(High level Data Link Control,高级数据链路控制协议)是一个工作在链路层的点对点的数据传输协议,其帧结构有两种类型:一种是 ISO HDLC 帧结构,有物理层及 LLC 两个子层,采用 SDLC(同步数据链路控制协议)的帧格式,支持同步,全双工操作;另一种是 Cisco HDLC 帧结构,无 LLC 子层,只进行物理帧封装,没有应答、重传机制,所有的纠错处理由上层协议进行。因此,ISO HDLC 与 Cisco HDLC 是相互不兼容的协议。

HDLC 和 PPP 虽然都是点对点的广域网传输协议,但是在具体组网时,都有各自的应用环境:在 Cisco 路由器与 Cisco 路由器之间用专线连接时,采用 Cisco HDLC 协议,因为此时使用 Cisco HDLC 比使用 PPP 协议具有更高的效率;在 Cisco 路由器与非 Cisco 路由器之间用专线连接时,不能用 Cisco HDLC,因为非 Cisco 路由器不支持 Cisco HDLC,此时就只能用 PPP 协议。

3. X.25 协议

X.25 协议是 CCITT 关于公用数据网上以分组方式工作的 DTE 与 DCE 之间的接口标准,其功能是为公用数据网在分组交换方式下提供终端操作,它不涉及分组交换网的内部结构。X.25 协议以虚电路为基础,描述了连接建立、数据传输和连接终止的全过程控制。它定义了物理层、数据链路层、分组层 3 层协议,对应于 OSI 模型中的下 3 层。

4. 帧中继

帧中继与 X.25 协议在很多方面都很相似,但 X.25 协议不提供高速服务,而帧中继则提供高速服务。X. 25 协议主要针对模拟电话网络的链路质量差的特点,同时又要保证数据的正确传输,因而在传输过程中每个结点都要对收到的数据做大量的检查和处理,同时保留原始帧的副本,进行从源端到目的端错误的检查和处理。这样的检查和处理在保证数据正确传输的同时,增大了数据在传输过程中的时间延迟,从而降低了网络的传输效率。目前,帧中继充分利用光纤网络降低误码率、简化差错控制的高质量网络的特点,在网络通信过程中,中间结点只转发帧而不回送确认帧,只在目的结点收到帧后才回送端到端的确认,即使用了快速分组交换的工作方式,从而减少了中间检查和处理的环节,大大提高了网络的传输速率。

帧中继的基本工作原理是:结点收到帧的目的地址后便立即转发,而无须等待接收到整个帧后才转发。这种正在接收一个帧时就对其转发的方式称为快速分组交换。如果帧在传输过程中出现差错,当结点发现到该帧有错误时,结点立即停止转发,并发一个指示到下一个结点,下一个结点接到指示后立即终止转发,将该帧丢弃,并请求源结点重发。

4.2.6　ARP/RARP 协议和 ICMP 协议

1. ARP/RARP 协议

ARP 的全称是 Address Resolution Protocol,即地址解析协议,用于将网络中的协议地址(IP 地址)解析为本地的硬件地址(MAC 地址)。TCP/IP 中 IP 地址与物理地址之间的映射如图 4-4 所示。

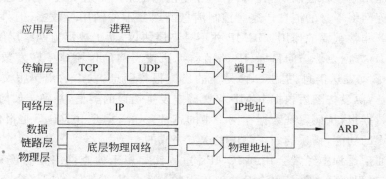

图 4-4　TCP/IP 中 IP 地址与物理地址之间的映射

在 TCP/IP 网络环境下,每个主机都分配了一个 32 位的 IP 地址,被称为主机的逻辑地址。为了让报文在物理网络上顺利传送,就必须知道目的主机的物理地址。为了正确地向目的主机传送报文,就必须把目的主机的 32 位 IP 地址转换成 48 位的以太网 MAC地址,这就必须通过地址解析协议获得。ARP 协议的基本功能就是通过目标设备的 IP地址获得目标设备的 MAC 地址,以保证通信的顺利进行。

下面介绍 ARP 的工作原理。

首先,每台安装有 TCP/IP 协议的主机都会在自己的 ARP 缓冲区(ARP Cache)中建立一个 ARP 列表,以确定 IP 地址和 MAC 地址的对应关系,列表里的 IP 地址与 MAC 地址是一一对应的。

其次，当源主机需要将一个数据包发送到目的主机时，会首先检查自己的 ARP 列表中是否存在该 IP 地址对应的 MAC 地址。如果有，就直接将数据包发送到这个 MAC 地址；如果没有，就向本地网段发起一个 ARP 的请求数据包（数据包包括源主机的 IP 地址、硬件地址，以及目的主机的 IP 地址和目的主机的物理地址），用于查询此目的主机对应的 MAC 地址。网络中所有的主机收到这个 ARP 请求后，会检查数据包中的目的 IP 是否和自己的 IP 地址一致。如果不相同就忽略此数据包；如果相同，该主机首先将发送端的 MAC 地址和 IP 地址添加到自己的 ARP 列表中，如果 ARP 表中已经存在该 IP 的信息，则将其覆盖，然后向源主机发送一个 ARP 响应数据包，告诉对方自己是它需要查找的 MAC 地址。源主机收到这个 ARP 响应数据包后，将得到的目的主机的 IP 地址和 MAC 地址添加到自己的 ARP 列表中，并利用此信息开始数据的传输。如果源主机一直没有收到 ARP 响应数据包，就表示 ARP 查询失败。

RARP 的全称是 Reverse Address Resolution Protocol，即反向地址转换协议，用以通过 MAC 地址获得 IP 地址。RARP 用于将本地的硬件地址解析为网络中的协议地址。

2. ICMP 协议

ICMP 的全称为 Internet Control Message Protocol，即 Internet 控制报文协议。它是 TCP/IP 协议集的一个子协议，是一种面向连接的协议，用来检查网络，在 IP 主机、路由器之间传递出错报告控制消息。其中的控制消息是指网络通不通、主机是否可达、路由器是否可用等网络本身的消息。这些控制消息虽然并不传输用户数据，但是对于用户数据的传递起着非常重要的作用。ICMP 并不是高层协议，而仍被视为网络层协议。

当出现 IP 数据无法访问目标、IP 路由器无法按当前的传输速率转发数据包等情况时，ICMP 会自动发送消息，提供一种易懂的出错报告信息，发出的出错报文返回到发送数据的源设备，源设备随后根据 ICMP 报文确定发生错误的类型，并确定如何才能更好地重发失败的数据报，从而保证数据在网络中的正常发送。但是 ICMP 只是报告问题，而不具有纠正错误的功能，错误的纠正是由发送方完成的。

在网络通信过程中经常会用到 ICMP 协议，比如用于检查网络是否畅通的 Ping 命令，它的工作过程实际上就是 ICMP 协议工作的过程。还有其他的网络命令如跟踪路由的 Tracert 命令也是基于 ICMP 协议的。

4.2.7 移动 IP 协议简介

1. 移动 IP 的设计目标

移动结点在改变接入点时，无论是在不同的网络之间，还是在不同的物理传输介质之间移动，都不必改变其 IP 地址，可以在移动过程中保持已有通信的连续性。

2. 移动 IP 主要解决的两个基本问题

（1）移动结点可以通过一个永久的 IP 地址，连接到任何链路上。

（2）移动结点在切换到新的链路上时，仍然能够保持与通信对端主机的正常通信。

3. 移动 IP 协议应能满足的基本要求

（1）移动结点在改变网络接入点之后，仍然能与 Internet 中的其他结点通信。

（2）移动结点连接到任何接入点，都能使用原来的 IP 地址进行通信。

（3）移动结点应该能与其他不具备移动 IP 功能的结点通信，而不需要修改协议。

（4）移动结点通常使用无线方式接入，涉及无线信道带宽、误码率与电池供电等因素，应尽量简化协议，减少协议开销，提高协议效率。

4. 移动 IP 协议的基本特征

（1）移动 IP 要与现有的 Internet 协议兼容。

（2）移动 IP 协议与底层所采用的物理传输介质类型无关。

（3）移动 IP 协议对传输层及以上的高层协议是透明的。

（4）移动 IP 协议应该具有良好的可扩展性、可靠性和安全性。

5. 移动 IP 的逻辑结构图

图 4-5 给出了移动 IP 的逻辑结构，其中移动结点可以是有线也可以是无线。

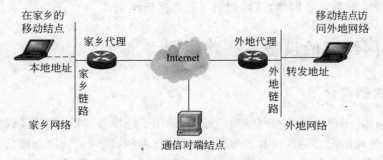

图 4-5　移动 IP 的逻辑结构图

6. 构成移动 IP 的 4 个功能实体

（1）移动结点：从一个链路移动到另一个链路的主机或路由器。

（2）家乡代理：移动结点的家乡网络连接到 Internet 的路由器。

当移动结点离开家乡网络时，它负责把发送到移动结点的分组转发到移动结点，并且维护移动结点当前的位置信息。

（3）外地代理：移动结点所访问的外地网络连接到 Internet 的路由器。

它接收移动结点的家乡代理通过隧道发送给移动结点的分组；为移动结点发送的分

组提供路由服务;家乡代理和外地代理统称为移动代理。

（4）通信对端:与移动结点在移动过程中通信的结点,它可以是一个固定结点或移动结点。

7. 移动 IP 的基本术语

（1）家乡地址:家乡网络为移动结点分配的长期有效的 IP 地址。

（2）转交地址:移动结点接入外地网络时使用的临时 IP 地址。

（3）家乡网络:为移动结点分配长期有效的 IP 地址的网络。

（4）家乡链路:移动结点在家乡网络时接入的本地链路。

（5）外地链路:移动结点在访问外地网络时接入的链路。

（6）移动绑定:家乡网络维护移动结点的家乡地址与转发地址的关联。

（7）隧道:家乡代理通过隧道将发送给移动结点的 IP 分组转发到移动结点,隧道的一端是家乡代理,另一端通常是外地代理或移动结点。

8. 移动 IPv4 的基本工作原理

移动 IPv4 的工作原理分为如下 4 个阶段。

（1）代理发现:代理发现是通过扩展 ICMP 路由发现机制的"代理通告"和"代理请求"报文实现的。

（2）注册:通过外地代理转发移动结点注册请求;移动结点直接到家乡代理注册。

（3）分组路由:移动 IP 的分组路由分为单播、广播和多播 3 种情况。

（4）注销:回到家乡网络,需要到家乡代理进行注销。

4.2.8 网络层的设备——路由器

1. 路由器简介

路由器(Router)是工作在网络层的设备,是用于连接各局域网及广域网的设备,是会根据信道的使用情况自动选择和设定路由、以最佳路径、按一定顺序发送信号的设备。

路由器利用网络层定义的"逻辑"上的网络地址,也就是 IP 地址来区别不同的网络和网段,从而实现网络的互联和隔离,保持各个网络的相互的独立性。路由器不转发广播消息,而把广播消息限制在各自的网络内部。发送到其他网络的数据先被送到路由器,再由路由器转发出去。这表明路由器分割广播域,也分割冲突域。

路由器作为不同网络之间互相连接的中转站,构成了国际互联网 Internet 的主体脉络,构造出了 Internet 的骨架。路由器的处理速度是网络通信的主要瓶颈之一,路由器的可靠性直接影响着网络互联的质量,因此在园区网、地区网,乃至整个 Internet 研究领域中,路由器技术都始终处于核心地位。目前路由器已经广泛应用于各行各业,各种不同厂商、不同档次的路由器产品已经成为实现各种骨干网内部连接、骨干网之间的互联及骨干网与互联网互联互通业务的主力军。Cisco 系列路由器如图 4-6 所示。

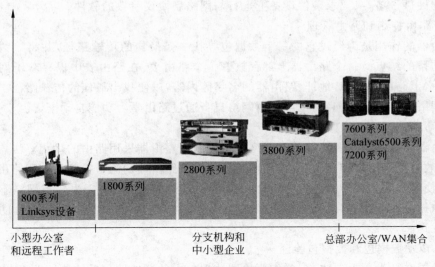

图 4-6　Cisco 系列路由器

2. 路由器的工作原理

路由器用于连接多个逻辑上分开的网络,当数据要从一个子网传输到另一个子网时,可通过路由器来完成。

当 IP 子网中的一台主机向同一 IP 子网的另一台主机发送 IP 分组时,它将直接把 IP 分组送到对方,当发送给不同 IP 子网上的主机时,首先要选择一个能到达目的子网上的路由器,把 IP 分组发送给该路由器,由该路由器负责把 IP 分组送到目的地。如果没有找到这样的路由器,主机则把 IP 分组送给一个称为"默认网关"的路由器。"默认网关"是每台主机上的一个配置参数,或者是接在同一个网络上的某个路由器端口的 IP 地址。

路由器转发 IP 分组时,先根据 IP 分组中目的 IP 地址的网络号部分确定合适的端口,把 IP 分组传送出去。同主机一样,路由器也要先判定端口所接的是否是目的子网:如果是,就直接把分组通过相应的端口送到网络上;如果不是,则选择下一个路由器来传送分组。路由器也有自己的默认网关,用来传送不确定如何传送的 IP 分组。通过这样的方式,路由器把知道如何传送的 IP 分组正确转发出去,把不知道如何传送的 IP 分组送给默认网关的路由器,这样一级级地传送下去,IP 分组最终将送到相应的目的地,那些送不到目的地的 IP 分组则被网络丢弃。

3. 路由器的功能

（1）网络互联

路由器最基本功能也是最主要的功能就是网络互联,可以实现不同网络、多个子网和广域网的互联。路由器能在多网络互联环境中建立灵活的连接,可用完全不同的数据分组和介质访问方法连接各种子网,路由器只接受源结点或其他路由器的信息,不关心各子网使用的硬件设备,只要求硬件设备上运行与网络层协议一致的软件。

（2）路由控制和路由管理

路由器的作用是为经过它的每个数据包寻找一条最佳的传输路径,并将该数据的地址传送到目的结点。每个路由器上都存放着一个路由表,在路由表中保存着子网的标志信息、网络上路由器的 IP 地址、路由器的名字等内容,以便找出最佳的传输路径。路由表可以由网络管理员手动配置,也可以由网络自身通过路由学习功能自动配置。

（3）流量控制和分组分段

路由器的另一个重要功能就是网络流量控制。路由器采用路由的优化算法均衡网络负载,有效地改善网络拥塞状况,提高网络的性能。路由器的流量控制是利用路由器的缓存功能,使发送数据在传输过程中不会因为双方速度的不匹配而丢失。当网络不能处理较大的数据帧时,路由器就把数据帧分组为小数据帧,以便目的结点能够接收,防止数据的重复发送。

（4）转发数据包和数据包验证

路由器在转发数据包之前,首先要检测数据包中的源地址和目的地址是否存在,若检测不到合法的源地址和目的地址,或检测到非法的广播或组播数据包,则路由器将会丢弃数据包。在实际的传输过程中,可以通过设置数据包过滤的访问列表限制数据包的转发,以保证网络的安全。比如在一个企业内部,可以在路由器上设置访问列表,添加不转发的网站、源地址不明确的网站、禁止游戏网站的转发等信息,以确保企业内部的网络安全及正常的办公状态。

（5）防止广播风暴

由于路由器的每个端口可连接不同的子网,可以将一个大的网络分割为多个子网进行管理和维护,同时,路由器可以根据网络号、主机地址、数据类型等来过滤信息。因此,路由器具有较强的网络隔离功能,可以防止广播风暴,提高网络的安全性,有的路由器甚至可以充当防火墙。

4. 路由器的类型

（1）按路由器性能档次划分

按路由器的性能档次不同,路由器可以分为接入级（访问层）路由器、企业级（分发层）路由器和骨干级（核心层）路由器。

① 接入级路由器。接入级路由器主要用于连接家庭或 ISP 内的小型企业客户,它不仅提供 SLIP 或 PPP 连接,还支持如 PPTP 和 IPSec 等虚拟的私有网络协议。随着网络技术的不断发展,接入级路由器将会支持多种异构和高速端口,并能够运行多种协议,同时避开电话交换网。

② 企业级路由器。企业级路由器连接许多终端系统,要求以尽量便宜的方法实现尽可能多的端点互联,并且要求支持不同的服务质量。路由器参与的网络系统能够将机器分成多个碰撞域,并因此能够方便地控制一个网络的大小。企业级路由器还支持一定的服务等级,至少允许分成多个优先级别。此外,企业级路由器还要求支持防火墙、包过滤以及大量的管理和安全策略以及 VLAN。

③ 骨干级路由器。骨干级路由器是实现企业级网络互联的核心设备。骨干级路由器的基本功能要求网络有较快的速度、较高的可靠性及较大的数据吞吐量。为了获得较高的可靠性，网络系统普遍采用电话交换网中使用的技术，如热备份、双电源、双数据通路等传统的冗余技术，从而保证了骨干级路由器能够获得较高的可靠性。

（2）按路由器的功能划分

按路由器的功能不同，路由器可以分为高档路由器、中档路由器和低档路由器。

从宏观上讲，通常将背板交换能力（背板能力主要用来体现路由器的吞吐量）低于25Gbps 的路由器称为低档路由器；将背板交换能力介于 25～40Gbps 的路由器称为中档路由器；将背板交换能力大于 40Gbps 的路由器称为高档路由器。

（3）按路由器的结构划分

按路由器的结构不同，路由器可以分为模块化路由器和非模块化路由器。

模块化路由器可以根据实际情况灵活地配置路由器，以适应实际工作中不断增加的业务需求；非模块化结构就只能提供固定的端口，无法根据实际情况增加相应的模块。通常中高端路由器为模块化结构，低端路由器为非模块化结构。

（4）按路由器的应用划分

按路由器的应用不同，路由器可以分为通用路由器和专用路由器两类。

一般所说的路由器都是指通用路由器；专用路由器通常是指为实现特定的功能而对路由器的接口、硬件等做出相应优化的路由器。

5. 路由器的体系结构

路由器由如下要素构成：输入端口、输出端口、交换开关、路由处理器和其他端口，如图 4-7 所示。

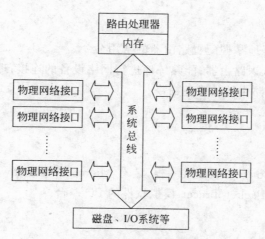

图 4-7 路由器的体系结构

（1）输入端口是数据包的进口。端口通常由线卡提供，一块线卡一般支持 4、8 或 16个端口，一个输入端口一般具有 5 个主要功能：第一，进行数据链路层的封装和解封装；第二，在转发表中查找输入包的目的地址从而确定目的端口，即常说的"路由查找"；第三，将收到的数据包分成几个预定义的服务级别;第四,可能需要运行数据链路级协议或者网络级协议;第五,参加对公共资源(如交换开关)的仲裁协议。

(2) 输出端口是数据包的出口,在数据包被发送到输出链路之前对包进行存储,可以实现复杂的调度算法及支持优先级等要求。与输入端口一样,输出端口同样能支持数据链路层的封装和解封装,以及能够运行许多高级协议。

(3) 目前使用最多的交换开关技术是总线、交叉开关和共享存储器。总线开关是最简单的开关,使用一条总线来连接所有的输入端口和输出端口;交叉开关则通过开关提供多条数据通路,具有 $N×N$ 个交叉点的交叉开关可以被认为具有 $2N$ 条总线。不过只有当一个交叉点闭合时,输入总线上的数据才能在输出总线上可用,否则不可用。而交叉点的闭合与打开又由调度器来控制,调度器限制了交换开关的速度。共享存储器用来存储数据包,同时实现交换,不过交换的仅是数据包的指针,从而提高交换容量。

(4) 路由处理器用来管理转发表并实现路由协议,同时运行对路由器进行配置和管理的软件,还处理目的地址不在转发表中的数据包。

(5) 其他端口一般指控制端口,如 Console 端口。可以通过 Console 端口与计算机或终端设备进行连接,通过特定的软件和相应的指令来进行路由器的配置。所有路由器都安装了控制台端口,使用户或管理员能够利用终端与路由器进行通信,完成路由器配置。

4.3　项 目 实 践

任务 1: 路由器的基本配置

教学目标

终极目标:较熟练地掌握配置路由器的常用命令。

促成教学目标:认识路由器;能熟练地进行网络设备的连接;理解路由器基本配置的步骤和命令;掌握配置路由器的常用命令。

实训环境

(1) 网络实训室。

(2) 5 类非屏蔽 Console 双绞线一根,装有 Microsoft Windows XP 的 PC 一台,路由器一台,或装有 Cisco Packet Tracer 模拟软件的 PC 一台。

操作步骤

下面以 Cisco 路由器为例,介绍其基本配置命令。

Cisco IOS 提供了用户 EXEC 模式和特权 EXEC 模式两种基本的命令执行级别,同时还提供了全局配置、接口配置、Line 配置和 VLAN 数据库配置等多种级别的配置模式,以允许用户对路由器的资源进行配置和管理。

　　第一步　搭建路由器配置环境。

　　与交换机类似,需通过 Console 口连接路由器。首次配置路由器时必须采用该方式。对路由器设置管理 IP 地址后,就可采用 Telnet 登录方式来配置路由器。

　　可管理的路由器一般都提供一个名为 Console 的控制台端口(或称配置口),该端口采用 RJ-45 接口,是一个符合 EIA/TIA-232 异步串行规范的配置口,通过该控制端口可实现对路由器的本地配置。

　　路由器一般都随机配送一根控制线,它的一端是 RJ-45 水晶头,用于连接路由器的控制台端口;另一端提供了 DB-9(针)和 DB-25(针)串行接口插头,用于连接 PC 的 COM1 或 COM2 串行接口,其连接如图 4-8 所示。

图 4-8　路由器的基本配置

　　通过该控制线将路由器与 PC 相连,并在 PC 上运行超级终端仿真程序,即可实现将 PC 仿真成路由器的一个终端,从而实现对路由器的访问和配置。

　　此步即可进入用户模式:

```
router>
```

　　第二步　进入特权模式。

```
router>enable
router#
```

　　第三步　进入全局配置模式。

```
router #configure terminal
router (conf)#
```

　　第四步　配置路由器名及设置明文密码。

```
router(conf)#hostname routerA          //改路由器的名称为 routerA
routerA(conf)#enable password cisco    //设置路由器的明文密码为 cisco
```

　　第五步　设置暗文密码。

```
routerA (conf)#enable secret class     //设置路由器的暗文密码为 class
```

　　第六步　进入路由器某一端口或某一子端口。

```
routerA(conf)#interface fastehernet 0/1   //进入路由器的以太网端口 1
routerA(conf-if)#
```

　　进入路由器某一子端口 interface fastethernet 0/1.1。

```
routerA(conf)#interface fastehernet 0/1.1
```

　　第七步　设置端口 IP 地址信息。

```
routerA(conf)#interface fastehernet 0/1   //以 1 端口为例
```

115

```
routerA(conf-if)#ip address 192.168.1.1 255.255.255.0
                                          //配置路由器 IP 地址和子网掩码
routerA(conf-if)#no shutdown
routerA (conf-if)#exit
```

第八步 查看命令 show。

```
router>enable
router#show version                        //查看系统中的所有版本信息
router#show running-configure              //查看路由器当前起作用的配置信息
router#show interface fastethernet 0/1     //查看路由器以太网接口的配置信息
router#show controllers serial+编号        //查看串口类型
router#show ip router                      //查看路由器的路由表
```

任务2：静态路由的基本配置

教学目标

终极目标：熟练地掌握静态路由的配置命令。

促成教学目标：进一步认识路由器；能熟练地进行网络的搭建；进一步理解路由器基本配置的步骤和命令；掌握静态路由的配置命令和方法。

实训环境

(1) 网络实训室。

(2) 5 类非屏蔽 Console 双绞线一根，装有 Microsoft Windows XP 的 PC 两台，路由器两台，交叉双绞线两根，连接两台路由器的串行电缆一根，或装有 Cisco Packet Tracer 模拟软件的 PC 一台。

操作步骤

第一步 连接设备如图 4-9 所示。

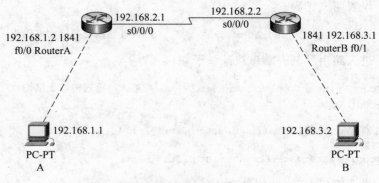

图 4-9 静态路由的基本配置

第二步　配置路由器 A(用户端)的主机名和接口参数。

```
router>enable
router#configure terminal
router(conf)#hostname routerA
routerA(conf)#interface Serial0/0/0
            //路由器 A 的 Serial0/0/0 端口为两路由器的连接端口
routerA(conf-if)#ip address 192.168.2.1 255.255.255.0
routerA(conf-if)#encapsulation ppp
routerA(conf-if)#no shutdown
routerA(conf-if)#exit
routerA(conf)#interface fastethernet 0/0
            //路由器 A 的 0 端口为与主机的连接端口
routerA(conf-if)#ip address 192.168.1.2 255.255.255.0
routerA(conf-if)#no shutdown
```

主机 A 的 IP 地址:192.168.1.1,子网掩码:255.255.255.0,网关:192.168.1.2。

第三步　配置路由器 B(ISP 端)的主机名和接口参数。

```
router>enable
router#configure terminal
router(conf)#hostname routerB
routerB(conf)#interface Serial0/0/0
            //路由器 B 的 Serial0/0/0 端口为两路由器的连接端口
routerB(conf-if)#ip address 192.168.2.2 255.255.255.0
routerB(conf-if)#encapsulation ppp
routerB(conf-if)#clock rate 64000
routerB(conf-if)#no shutdown
routerB(conf-if)#exit
routerB(conf)#interface fastethernet 0/1
            //路由器 B 的 1 端口为与主机的连接端口
routerB(conf-if)#ip address 192.168.3.1 255.255.255.0
```

主机 B 的 IP 地址:192.168.3.2,子网掩码:255.255.255.0,网关:192.168.3.1。

第四步　配置路由器 A 的静态路由。

```
routerA(conf)#ip route 192.168.3.0 255.255.255.0 192.168.2.2
```

配置路由器 B 的静态路由。

```
routerB(conf)#ip route 192.168.1.0 255.255.255.0 192.168.2.1
```

第五步　检验连通性。

从 PC A 主机 Ping 主机 PC B 应该通;从 PC B 主机 Ping 主机 PC A 应该通。

第六步　在 RouterA 和 RouterB 上配置默认路由。

删除静态路由,再分别配置以下两条默认路由。

```
routerA(conf)#ip route 0.0.0.0 0.0.0.0 192.168.2.2
routerB(conf)#ip route 0.0.0.0 0.0.0.0 192.168.2.1
```

检验连通性,从 PC A 主机 Ping 主机 PC B 通吗? 从 PC B 主机 Ping 主机 PC A 通吗?

任务3:动态路由的基本配置

教学目标

终极目标:熟练掌握动态路由 RIP、OSPF 的配置方法。

促成教学目标:能熟练地进行网络的搭建;熟悉动态路由配置的步骤;理解 RIP 和 OSPF 协议实现单区域网络的连通的原理;掌握动态路由 RIP、OSPF 的配置命令和方法。

实训环境

(1) 网络实训室。

(2) 5 类非屏蔽 Console 双绞线一根,装有 Microsoft Windows XP 的 PC 两台,路由器两台,交叉双绞线三根,或装有 Cisco Packet Tracer 模拟软件的 PC 一台。

操作步骤

第一步　设备连接如图 4-10 所示。

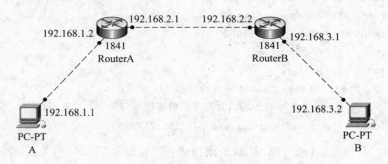

图 4-10　RIP/OSPF 动态路由的基本配置

第二步　RIP 动态路由协议的配置。

路由器端口的 IP 地址配置与静态路由的配置相同,这里主要介绍 RIP 动态路由配置的命令。

(1) 在 RouterA 上配置动态路由(RIP)

```
routerA(conf)#router rip                      //路由器 A 上启用 RIP v1
routerA(config-router)#network 192.168.1.0    //通告相应的网络
routerA(config-router)#network 192.168.2.0
routerA(config-router)#exit
```

（2）在 RouterB 上配置动态路由（RIP）

```
routerB(conf)#router rip                      //路由器 B 上启用 RIP v1
routerB(config-router)#network 192.168.2.0    //通告相应的网络
routerB(config-router)#network 192.168.3.0
routerB(config-router)#exit
```

（3）检验连通性

从 PC A 主机 Ping 主机 PC B 应该通；从 PC B 主机 Ping 主机 PC A 应该通。

第三步　OSPF 动态路由协议的配置。

OSPF 动态路由的网络拓扑结构如图 4-10 所示，将上面 RIP 的配置全部删除，保留各端口的 IP 配置，再进行 OSPF 动态路由的配置。

（1）在 RouterA 上配置动态路由（OSPF）

```
routerA(conf)#router ospf 1                   //路由器 A 上启用 OSPF,使用 OSPF 进程编号 1
routerA(config-router)#network 192.168.1.0 0.0.0.255 area 0
                                              //通告相应的网络,指定区域 0
routerA(config-router)#network 192.168.2.0 0.0.0.255 area 0
routerA(config-router)#exit
```

（2）在 RouterB 上配置动态路由（OSPF）

```
routerB(conf)#router ospf 1
routerB(config-router)#network 192.168.2.0 0.0.0.255 area 0
routerB(config-router)#network 192.168.3.0 0.0.0.255 area 0
routerB(config-router)#exit
```

（3）检验连通性

从 PC A 主机 Ping 主机 PC B 应该通；从 PC B 主机 Ping 主机 PC A 应该通。用 show ip protocols 命令显示路由器 ID、OSPF 通告的网络以及邻近的 IP 地址等信息；用 show ip ospf 命令显示路由器 ID 和关于 OSPF 过程、计时器及区域的详细信息。

任务 4：通过路由器组建大型局域网

教学目标

终极目标：较熟练地掌握大型局域网的组建和配置方法。

促成教学目标：较熟练地进行大型局域网的搭建；理解路由器及三层交换机基本配置的步骤和命令；掌握路由协议和广域网协议的配置命令与方法；掌握 VLAN 的划分及 VLAN 间路由的配置命令和方法。

实训环境

（1）网络实训室。

（2）5 类非屏蔽 Console 双绞线一根，装有 Microsoft Windows XP 的 PC 7 台，路由器两台，三层交换机两台，交叉双绞线 5 根，直通双绞线 8 根，连接两台路由器的串行电缆一根,或装有 Cisco Packet Tracer 模拟软件的 PC 一台。

任务说明

本任务模拟了一个企业网,该企业网有两个区域,相距甚远,R1 连接一个区域,R2 连接另一个区域。R1 连接的区域内构成了三层结构的网络,核心层和汇聚层采用环状结构,使用 OSPF 协议,提高了网络的可靠性,根据需要将内部用户划分为不同的 VLAN,用路由器实现 VLAN 间的路由。R1 和 R2 用静态路由连接,企业网用户通过默认路由访问 ISP 及 Internet(略)。详细连接参见本实验的拓扑图,如图 4-11 所示。图中仅对 R1 连接的区域进行了较详细的描述。

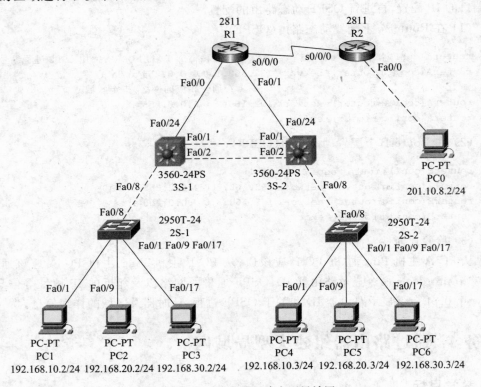

图 4-11　通过路由器组建大型局域网

操作步骤

第一步　配置二层交换机 2S-1。

```
S2950-1>en
S2950-1#conf t
S2950-1(config)#vlan 10                          //创建 VLAN 10
S2950-1(config-vlan)#exit
S2950-1(config)#vlan 20
S2950-1(config-vlan)#exit
S2950-1(config)#vlan 30
```

```
S2950-1(config-vlan)#exit
S2950-1(config)#int range f0/1-7              //将端口 f0/1-7 指定给 VLAN 10
S2950-1(config-if-range)#switchport access vlan 10
S2950-1(config-if-range)#exit
S2950-1(config)#int range f0/9-16
S2950-1(config-if-range)#switchport access vlan 20
S2950-1(config-if-range)#exit
S2950-1(config)#int range f0/17-24
S2950-1(config-if-range)#switchport access vlan 30
S2950-1(config-if-range)#exit
S2950-1(config)#int f0/8
S2950-1(config-if)#switchport mode trunk        //配置中继
S2950-1(config-if)#switchport trunk allowed vlan all
S2950-1(config-if)#end
S2950-1#
```

第二步　配置二层交换机 2S-2。

```
S2950-2>en
S2950-2#conf t
S2950-2(config)#vlan 10
S2950-2(config-vlan)#exit
S2950-2(config)#vlan 20
S2950-2(config-vlan)#exit
S2950-2(config)#vlan 30
S2950-2(config-vlan)#exit
S2950-2(config)#int range f0/1-7
S2950-2(config-if-range)#switchport access vlan 10
S2950-2(config-if-range)#exit
S2950-2(config)#int range f0/9-16
S2950-2(config-if-range)#switchport access vlan 20
S2950-2(config-if-range)#exit
S2950-2(config)#int range f0/17-24
S2950-2(config-if-range)#switchport access vlan 30
S2950-2(config-if-range)#exit
S2950-2(config)#int f0/8
S2950-2(config-if)#switchport mode trunk
S2950-1(config-if)#switchport trunk allowed vlan all
S2950-2(config-if)#end
S2950-2#
```

第三步　配置三层交换机 3S-1。

```
S3560-1>en
S3560-1#conf t
S3560-1(config)#vlan 10                        //创建 VLAN 10
S3560-1(config-vlan)#vlan 20
S3560-1(config-vlan)#vlan 30
S3560-1(config-vlan)#exit
S3560-1(config)#int vlan 10                     //进入 VLAN 10 端口
```

```
S3560-1(config-if)#ip address 192.168.10.1 255.255.255.0
                                        //配置 IP 地址
S3560-1(config-if)#no shutdown
S3560-1(config-if)#int vlan 20
S3560-1(config-if)#ip address 192.168.20.1 255.255.255.0
S3560-1(config-if)#no shutdown
S3560-1(config-if)#int vlan 30
S3560-1(config-if)#ip address 192.168.30.1 255.255.255.0
S3560-1(config-if)#no shutdown
S3560-1(config-if)#exit
S3560-1(config)#int f0/8
S3560-1(config-if)#switchport mode trunk      //配置中继
S3560-1(config-if)#switchport trunk allowed vlan all
S3560-1(config-if)#int f0/24
S3560-1(config-if)#ip address 10.1.1.2 255.255.255.0
S3560-1(config-if)#no shutdown
S3560-1(config-if)#exit
S3560-1(config)#interface range f0/1-2
S3560-1(config-if-range)#channel-protocol pagp
                                        //启用端口聚合协议(PAgP)
S3560-1(config-if-range)#channel-group 1 mode desirable
                                        //设置 PAgP 的模式
S3560-1(config-if-range)#exit
S3560-1(config)#route ospf 1            //启用 OSPF 协议,使用 OSPF 进程编号 1
S3560-1(config-router)#network 10.1.1.0 0.0.0.255 area 0
                                        //通告相应的网络,指定区域 0
S3560-1(config-router)#network 192.168.10.0 0.0.0.255 area 0
S3560-1(config-router)#network 192.168.20.0 0.0.0.255 area 0
S3560-1(config-router)#network 192.168.30.0 0.0.0.255 area 0
S3560-1(config-router)#exit
S3560-1(config)#ip route 0.0.0.0 0.0.0.0 10.1.1.1
S3560-1(config)#exit
S3560-1#
```

讲 Cisco 交换机时提过两种进行协商以太网通道的协议,端口聚合协议(PAgP)和链路聚合控制协议(LACP)。PAgP 是 Cisco 专用的以太网通道协议,而 LACP 是 IEEE 802.3ad 标准协议。PAgP 的 4 种模式如表 4-1 所示。

表 4-1   PAgP 的 4 种模式

模　　式	含　　义
开启(on)	端口不进行协商直接形成以太网通道,在这种模式下,对端必须也是 on 模式,以太网通道才能正常工作
关闭(off)	阻止端口形成以太网通道
自动(auto)	在自动模式时,被动地监听,不主动发起协商,等待 PAgP 协商请求数据包,当出现请求时才进行以太网通道的协商
企望(desirable)	这种模式主动发起请求对交换机进行以太网通道的协商

第四步   配置三层交换机 3S-2。

```
S3560-2>en
S3560-2#conf t
S3560-2(config)#vlan 10                          //创建 VLAN 10
S3560-2(config-vlan)#vlan 20
S3560-2(config-vlan)#vlan 30
S3560-2(config-vlan)#exit
S3560-2(config)#int vlan 10                      //进入 VLAN 10 端口
S3560-2(config-if)#ip address 192.168.10.1 255.255.255.0      //配置 IP 地址
S3560-2(config-if)#no shutdown
S3560-2(config-if)#int vlan 20
S3560-2(config-if)#ip address 192.168.20.1 255.255.255.0
S3560-2(config-if)#no shutdown
S3560-2(config-if)#int vlan 30
S3560-2(config-if)#ip address 192.168.30.1 255.255.255.0
S3560-2(config-if)#no shutdown
S3560-2(config-if)#exit
S3560-2(config)#int f0/8
S3560-2(config-if)#switchport mode trunk     //配置中继
S3560-2(config-if)#switchport trunk allowed vlan all
S3560-2(config-if)#int f0/24
S3560-2(config-if)#ip address 20.2.2.2 255.255.255.0
S3560-2(config-if)#no shutdown
S3560-2(config-if)#exit
S3560-2(config)#interface range f0/1-2
S3560-2(config-if-range)#channel-protocol pagp
S3560-2(config-if-range)#channel-group 1 mode desirable
S3560-2(config-if-range)#exit
S3560-2(config)#route ospf 1
Switch(config-router)#network 20.2.2.0 0.0.0.255 area 0
Switch(config-router)#network 192.168.40.0 0.0.0.255 area 0
Switch(config-router)#network 192.168.50.0 0.0.0.255 area 0
Switch(config-router)#network 192.168.60.0 0.0.0.255 area 0
Switch(config-router)#exit
S3560-2(config)#ip route 0.0.0.0 0.0.0.0 20.2.2.1
S3560-2(config)#exit
S3560-2#
```

第五步   配置路由器 R1。

```
R1>en
R1#conf t
R1(config)#interface f0/0
R1(config-if)#ip address 10.1.1.1 255.255.255.0
R1(config-if)#no shutdown
R1(config)#interface fa0/0.10                 //进入子接口
R1(config-subif)#encapsulation dot1Q 10       //子接口封装 802.1Q 协议
R1(config-subif)#no shutdown
R1(config-subif)#exit
```

```
R1(config)#interface fa0/0.20
R1(config-subif)#encapsulation dot1Q 20
R1(config-subif)#no shutdown
R1(config-subif)#exit
R1(config)#interface fa0/0.30
R1(config-subif)#encapsulation dot1Q 30
R1(config-subif)#no shutdown
R1(config-subif)#exit
R1(config-if)#int f0/1
R1(config-if)#ip address 20.2.2.1 255.255.255.0
R1(config-if)#no shutdown
R1(config-subif)#exit
R1(config-if)#int s0/0/0
R1(config-if)#ip address 192.168.1.1 255.255.255.0
R1(config-if)#encapsulation ppp                        //封装 PPP 协议
R1(config-if)#clock rate 64000                          //设置速率
R1(config-if)#no shutdown
R1(config-if)#exit
R1(config)#ip route 201.10.8.0 255.255.255.0 192.168.1.2   //设置静态路由
R1(config)#router ospf 1
R1(config-router)#network 10.1.1.0 0.0.0.255 area 0
R1(config-router)#network 20.2.2.0 0.0.0.255 area 0
R1(config-router)#network 192.168.1.0 0.0.0.255 area 0
R1(config-router)#end
R1#
```

第六步　配置路由器 R2。

```
R2>en
R2#conf t
R2(config)#int f0/0
R2(config-if)#ip address 201.10.8.1 255.255.255.0
R2(config-if)#no shutdown
R2(config-if)#exit
R2(config)#int s0/0/0
R2(config-if)#ip address 192.168.1.2 255.255.255.0
R2(config-if)#encapsulation ppp
R2(config-if)#no shutdown
R2(config-if)#exit
R2(config)#ip route 192.168.10.0 255.255.255.0 192.168.1.1     //设置静态路由
R2(config)#ip route 192.168.20.0 255.255.255.0 192.168.1.1
R2(config)#ip route 192.168.30.0 255.255.255.0 192.168.1.1
R2(config-router)#end
R2#
```

第七步　PC 的配置。

各 PC 的配置如图 4-11 所示。

第八步　检验连通性。

整个网络应该全通。

任务 5：tracert 和 netstat 命令的使用

教学目标

终极目标：熟练掌握网络测试的命令和方法。

促成教学目标：能熟练地运用 tracert 跟踪目标路由；会运用 netstat 命令查看 TCP 连接、端口状态、以太网统计信息等。

实训环境

（1）网络实训室。

（2）5 类非屏蔽 Console 双绞线一根，装有 Microsoft Windows XP 的 PC 两台，路由器两台，交叉双绞线三根，或装有 Cisco Packet Tracer 模拟软件的 PC 一台。

命令测试图如图 4-12 所示，读者可以先自己把网络配置好，再进行实验，也可以根据前面的实验进行测试。

图 4-12 命令测试图

操作步骤

1. tracert 命令的使用

tracert 是路由跟踪命令，用于确定 IP 数据报到达目标地址所经过的路径。

tracert 命令的格式为

tracert target_name

其中，target_name 为目标主机的名称或 IP 地址。如果在其后使用-d 选项，则 tracert 命令不在每个 IP 地址上查询 DNS。

第一步 数据报必须通过两个路由器（10.0.0.1 和 192.168.0.1）才能到达主机 172.16.0.99。主机的默认网关是 10.0.0.1,192.168.0.0 网络上的路由器的 IP 地址是 192.168.0.1。

```
C:\>tracert 172.16.0.99 -d
Tracing route to 172.16.0.99 over a maximum of 30 hops
```

```
1 2s 3s 2s 10.0.0.1
2 75 ms 83 ms 88 ms 192.168.0.1
3 73 ms 79 ms 93 ms 172.16.0.99
Trace complete
```

第二步　使用 tracert 命令确定数据报在网络上的停止位置。下例中，默认网关确定 192.168.10.99 主机没有有效路径。这可能是路由器配置的问题，或者是 192.168.10.0 网络不存在(错误的 IP 地址)。

```
C:\>tracert 192.168.10.99
Tracing route to 192.168.10.99 over a maximum of 30 hops
1 10.0.0.1 reports:Destination net unreachable
Trace complete
```

2. netstat 命令的使用

netstat 是在内核中访问网络及相关信息的 DOS 命令，netstat 命令可以显示当前活动的 TCP 连接、计算机侦听的端口、以太网统计信息、IP 路由表、IPv4 统计信息(对于 IP、ICMP、TCP 和 UDP 协议)以及 IPv6 统计信息(对于 IPv6、ICMPv6、通过 IPv6 的 TCP 以及通过 IPv6 的 UDP 协议)。

netstat 命令的格式为

NETSTAT[-a] [-b] [-e] [-n] [-o] [-p proto] [-r] [-s] [-v] [interval]

命令中各选项的含义如图 4-13 所示。

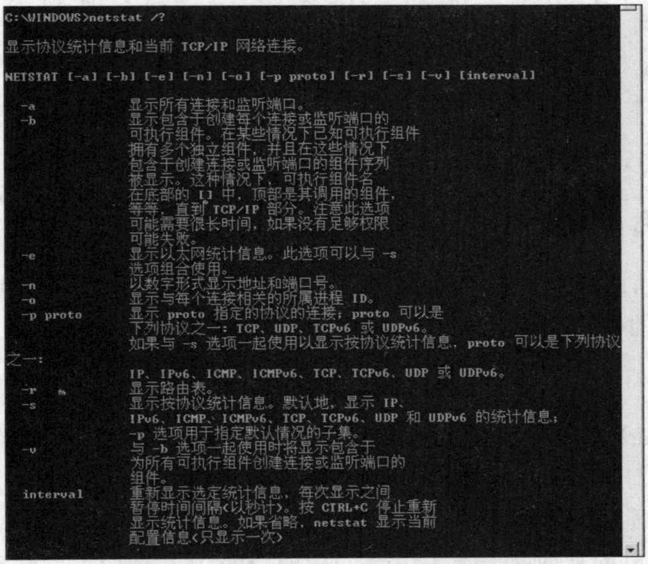

图 4-13　netstat 命令选项

第一步　使用 DOS 窗口，在 Windows 系统下，单击"开始"菜单，选择"运行"选项，在弹出的对话框中输入"cmd"，弹出如图 4-14 所示的窗口。

126

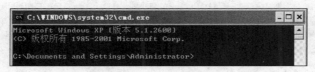

图 4-14　cmd 命令窗口

第二步　将路径调整为 C:\WINDOWS,在此路径下,输入"netstat/?",窗口中将显示如图 4-13 所示的内容。

第三步　使用 netstat -a 参数来显示在本地机器上的外部连接,它也显示远程所连接的系统、本地和远程系统连接时使用的端口、本地和远程系统连接的状态,如图 4-15 所示。

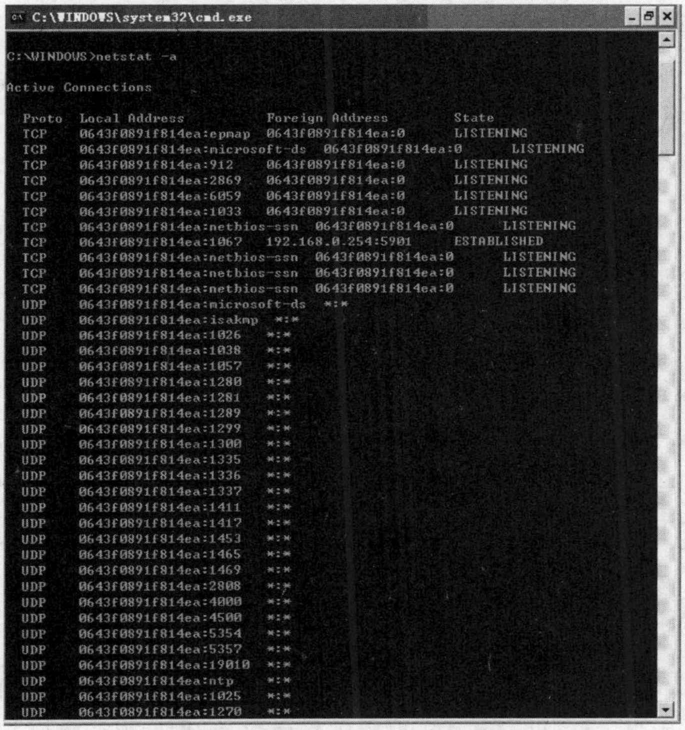

图 4-15　netstat -a 参数命令窗口

第四步　使用 netstat 带的其他参数进行其他查看。

4.4　扩 展 知 识

4.4.1　下一代的网际协议 IPv6

网际协议 IPv4 已经有 30 年的历史,但是在 Internet 不断壮大的过程中,IPv4 也充分暴露出潜在的危机——IP 地址的分配枯竭和路由表的急剧膨胀。为了解决现行 IPv4 存在的问题,1995 年年底推出了新一代的规则 IPv6。IPv6 由 IETF 设计,在 IPv4 的基础上进行相应的改进,对 IPv4 兼容的同时替代 IPv4,是 Internet Protocol Version 6 的缩写,被称做下一代互联网协议。

1. IPv6 概述

IPv6 采用 128 位地址,几乎可以不受限制地提供地址,彻底解决了 IPv4 地址不足的问题。IPv6 实际可分配的地址可以达到整个地球的每平方米面积上分配 1000 多个地址。IPv6 的设计除了解决了地址短缺的问题以外,还考虑了在 IPv4 中存在的端到端 IP连接、服务质量、安全性、多播、移动性、即插即用等问题。

2. IPv6 地址的表示法

IPv6 地址扩展到了 128 比特,为便于理解协议,设计者用冒号将其分割成 8 个 16 比特的数组,每个数组表示成 4 位的十六进制数。如 FECD:BA98:7654:3210:FEDC:BA98:7654:3210。

在每个 4 位一组的十六进制数中,如其高位为 0,则可省略。如将 0800 写成 800,0008 写成 8,0000 写成 0。于是 1080:0000:0000:0000:0008:0800:200C:417A 可缩写成1080:0:0:0:8:800:200C:417A。

为了进一步简化,规范中导入了重叠冒号的规则,即用重叠冒号置换地址中连续 16比特的 0。如将上例中的连续 3 个 16 比特的 0 置换后,可以表示成如下的缩写形式:1080::8:800:200C:417A,重叠冒号的规则在一个地址中只能使用一次。

当涉及 IPv4 和 IPv6 结点的混合环境时,有时使用 X:X:X:X:X:X:d.d.d.d 这种替代形式更为便利,其中 X 是地址中 6 个 16 比特的最高位的十六进制值,d 是 4 个 8 比特的最低位碎片的十进制值(标准 IPv4 表示法)。如 0:0:0:0:0:0:13.1.68.3 或用压缩形式::13.1.68.3。

3. IPv6 的分组结构与基本报头

每个 IPv6 分组都有一个 IPv6 基本报头。基本报头长度固定为 40 个字节。IPv6 数据包可以没有扩展报头,也可以有一个或多个扩展报头,扩展报头可以具有不同的长度,如图 4-16 所示。

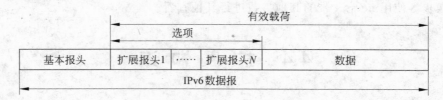

图 4-16　IPv6 分组结构

IPv6 基本报头的结构如图 4-17 所示。

IPv6 基本报头各个字节的意义如下。

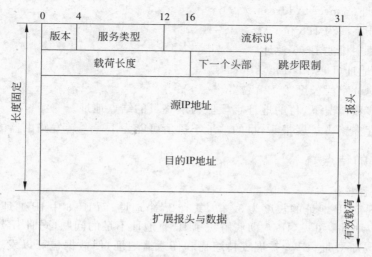

图 4-17　IPv6 基本报头的结构

（1）版本（Version）：版本字段值为 6，表示使用 IPv6 协议。

（2）通信（服务）类型（Traffic Class）：通信类型字段为 8 位，表示数据包的类或优先级。

（3）流标记（Flow Label）。

①　流标记字段为 20 位，表示分组属于源结点和目标结点之间的一个特定数据包序列，它需要由中间 IPv6 路由器进行特殊处理。

②　流标记用于非默认的 QoS 连接，如实时数据（音频和视频）的连接。

（4）载荷长度（Playload Length）。

①　载荷长度字段为 16 位，表示 IPv6 有效载荷的长度。

②　有效载荷的长度包括扩展报头和高层 PDU。

③　由于有效载荷长度字段为 16 位，它可以表示最大长度为 65535 字节的有效载荷。

④　如果有效载荷的长度超过 65535 字节，则将有效载荷长度字段的值置为 0，而有效载荷长度用逐跳选项扩展报头中的超大有效载荷选项表示。

（5）下一个报头（Next Header）。

①　下一个报头字段为 8 位，如果存在扩展报头，下一个报头值表示下一个扩展报头的类型。

②　如果不存在扩展报头，下一个报头值表示传输层报头是 TCP、UDP 或 ICMP 报头。

（6）跳数限制（Hop Limit）。

①　跳数限制字段为 8 位，表示 IPv6 分组可以通过的最大路由器转发数。

②　分组每经过一个路由器，数值减 1。

③　当跳数限制字段的值减为 0，路由器向源结点发送"超时-跳步限制超时"ICMPv6 报文，并丢弃该分组。

（7）源地址（Source Address）。

① 源地址字段为 128 位。

② 表示源主机的 IPv6 地址。

（8）目的地址（Destination Address）。

① 目标地址字段长度为 128 位。

② 在大多数情况下，目的地址字段值为最终目的结点地址。

③ 如果存在路由扩展报头，目的地址字段值可能为下一个转发路由器的地址。

4. IPv6 的特点

（1）地址容量扩大

IPv4 中规定 IP 地址的长度为 32 位，共有 2^{32} 个地址；而 IPv6 中 IP 地址的长度为 128 位，共有 2^{128} 个地址。可见，IPv6 彻底解决了 IPv4 地址不足的问题，同时 IPv6 还支持分层地址结构，更易于寻址；IPv6 扩展支持组播和任意播地址，使数据包可以发送给任何一个或一组结点。

（2）路由表更小

IPv6 的地址分配遵循聚类原则，这使得路由器能在路由表中用一条记录表示一片子网，大大减小了路由器中路由表的长度，提高了路由器转发数据包的速度。

（3）增强的组播支持及流标签的使用

IPv6 增强的组播支持使网络上的多媒体应用有了长足发展的机会，为服务质量控制提供了良好的网络平台，流标签的使用可以为数据包提供个性化的网络服务，同时保证了良好的服务质量。

（4）自动配置能力（即支持即插即用功能）

IPv6 大容量的地址空间能够真正实现无状态地址的自动配置，使 IPv6 终端能够快速连接到网络上，无须手动配置，真正实现了即插即用，从而简化了移动主机和局域网的系统管理。

（5）报头格式简化

IPv6 简化的报头格式有效地减少了路由器或交换机对报头的开销，此外，IPv6 加强了对扩展报头和选项部分的支持，使转发更加可靠，同时，对网络在未来加载新的应用提供了充分的支持。

（6）安全性更高

IPv6 具有更高的安全性。IPv6 把 IPSec 作为备用协议，以保证网络层端到端通信的完整性和机密性。同时，在 IPv6 网络中，用户可以对网络层的数据进行加密并对 IP 报文进行认证，极大地增强了网络的安全性。

4.4.2 物联网简介

1. 什么叫物联网

物联网是指通过射频识别、红外感应器、全球定位系统、激光扫描器等信息传感设备，按约定的协议,把任何物品与互联网连接起来,进行信息交换和通信,以实现智能化识别、定位、跟踪、监控和管理的一种网络。

物联网的概念是在 1999 年提出的,其实质就是"物物相连的互联网"。它包含两个意思:第一,物联网仍以互联网为基础和核心,是在互联网基础上的延伸以及对网络的扩展;第二,物联网的用户端延伸和扩展到了任何物品及物品之间的信息交换及通信。

被纳入物联网的"物"需要具备以下条件。

(1) 要有相应信息的接收器。

(2) 要有数据传输通路。

(3) 要有一定的存储功能。

(4) 要有 CPU 和操作系统。

(5) 要有专门的应用程序。

(6) 要有数据发送器。

(7) 遵循物联网的通信协议。

(8) 在世界网络中有可被识别的唯一编号。

2. 物联网的用途

物联网用途广泛,遍及智能交通、环境保护、政府工作、公共安全、平安家居、智能消防、工业监测、老人护理、个人健康、花卉栽培、水系监测、食品溯源、敌情侦查和情报收集等多个领域。

物联网把新一代 IT 技术充分运用到各行各业之中,具体地说,就是把感应器嵌入和装备到电网、铁路、桥梁、隧道、公路、建筑、供水系统、大坝、油气管道等各种物体中,然后将物联网与现有的互联网整合起来,实现人类社会与物理系统的整合。

3. 物联网的原理

物联网是在计算机互联网的基础上,利用 RFID、无线数据通信等技术,构造一个覆盖世界上万事万物的"Internet of Things"。在这个网络中,物品(商品)能够彼此进行"交流",而无须人的干预,其实质是利用射频自动识别(RFID)技术,通过计算机互联网实现物品(商品)的自动识别和信息的互联与共享。

4. 物联网的开展步骤

物联网的开展步骤如下。

(1) 对物体属性进行标识。物体的属性包括静态属性和动态属性,静态属性可以直接存储在标签中,动态属性需要由传感器实时探测。

(2) 需要识别设备完成对物体属性的读取,并将信息转换为适合网络传输的数据格式。

(3) 将物体信息通过网络传输到信息处理中心(处理中心可能是分布式的,如家里的计算机和手机;也可能是集中式的,如中国移动的 IDC),由处理中心完成物体通信的相关计算。

小　结

本项目的目的是组建大型局域网,因此,为了完成此项目的学习,首先介绍了网络层的作用及提供的服务,然后介绍了 TCP/IP 互联层、路由协议、广域网协议、ARP/RARP 协议、ICMP 协议和移动 IP 协议,并对路由器的相关知识进行了详细的介绍;然后设置了 5 个实训任务,将组建大型局域网所需要的网络配置及使用分配和化解在这 5 个实训任务里,从而通过这 5 个实训任务充分掌握组建大型局域网所需要的知识和技能;最后,展望了未来网络的发展方向,简单介绍了 IPv6 及物联网的相关知识。

习　题

1. 路由器的配置文件保存在什么存储器中?(　　　)
  A. RAM　　　　　B. ROM　　　　　C. NVRAM　　　　D. FLASH
2. 对于 RIP 路由协议,与路由器直连的网络,其最大距离定义为多少?(　　　)
  A. 1　　　　　　B. 0　　　　　　C. 16　　　　　　D. 15
3. 能实现不同网络层协议转换功能的互联设备是什么?(　　　)
  A. 路由器　　　B. 交换机　　　C. 网桥　　　　　D. 集线器
4. 路由协议中的管理距离指的是路由的什么?(　　　)
  A. 线路的好坏　　　　　　　　　B. 路由信息的等级
  C. 传输距离的远近　　　　　　　D. 可信度的等级
5. 默认路由是指什么?(选择两项)(　　　)
  A. 一种静态路由　　　　　　　　B. 最后求助的网关
  C. 一种动态路由　　　　　　　　D. 所有非路由数据包在此进行转发
6. 当 RIP 向相邻的路由器发送更新时,使用的更新计时的时间值是多少?(　　　)
  A. 25　　　　　　B. 30　　　　　　C. 20　　　　　　D. 15
7. 下列哪一个是距离矢量路由协议?(　　　)
  A. RIP　　　　　　　　　　　　　B. IGRP 和 EIGRP
  C. OSPF　　　　　　　　　　　　D. IS-IS
8. 下列哪一个是链路状态路由协议?(　　　)
  A. RIP　　　　　　　　　　　　　B. OSPF
  C. IGRP 和 EIGRP　　　　　　　　D. IS-IS
9. 在路由表中,IP 地址 0.0.0.0 代表什么?(　　　)
  A. 静态路由　　　B. 动态路由　　　C. RIP 路由　　　D. 默认路由
10. 如果需要将一个新的办公子网加入到原来的网络中,需要手动配置静态路由,应使用什么命令?(　　　)

    A. sh ip route   B. sh route   C. route ip   D. ip route

11. OSPF 的管辖距离是多少？（　　　）

    A. 120   B. 100   C. 110   D. 90

12. 配置 OSPF 路由必须具有的网络区域是什么？（　　　）

    A. ares3   B. area2   C. area1   D. area0

13. OSPF 网络的最大跳数是多少？（　　　）

    A. 没有限制   B. 15   C. 24   D. 18

14. 配置 OSPF 路由，最少需要多少个命令？（　　　）

    A. 4   B. 3   C. 2   D. 1

15. IPv6 使用的 IP 地址是多少位？（　　　）

    A. 32   B. 64   C. 96   D. 128

16. IP 地址到物理地址的映射是什么协议完成的？（　　　）

    A. IP 协议   B. TCP 协议   C. RARP 协议   D. ARP 协议

17. Internet 的核心协议是什么？（　　　）

    A. X.25 协议   B. TCP/IP 协议

    C. ICMP 协议   D. UDP 协议

18. 下列关于 IP 协议说法正确的是哪项？（选择两项)（　　　）

    A. IPv4 规定 IP 地址由 128 位二进制数构成

    B. IPv4 规定 IP 地址由 4 段 8 位二进制数构成

    C. 目前 IPv4 和 IPv6 共存

    D. IPv6 规定 IP 地址由 4 段 8 位二进制数构成

19. 路由协议的最根本特征是什么？（　　　）

    A. 向不同网络转发数据   B. 向同个网络转发数据

    C. 向网络边缘转发数据   D. 向网络中心转发数据

20. 下列哪个命令提示符属于接口配置模式？（　　　）

    A. router（config)#   B. router（config-if)#

    C. router#（congfig)   D. router（congfig-vlan)#

学习情境 **3**

构建网站中的服务器

项目 5　服务器操作系统的搭建

项目目标

(1) 了解网络操作系统的概念

(2) 了解常见的网络操作系统

(3) 掌握 Windows Server 2008 的安装和基本设置

(4) 掌握简单的文件共享

项目背景

(1) 网络机房

(2) 校园网站

5.1　用户需求与分析

一所职业技术学院某系需要组建一个小型办公室网络,共有计算机 10 台,打印机 2 台,服务器 1 台,接入层交换机 1 台(16 口)。现需要为服务器安装 Windows Server 2008 操作系统,并提供如文件共享等基础网络服务。

网络操作系统是网络的心脏和灵魂,是向网络计算机提供网络通信和网络资源共享功能的操作系统,它是负责管理整个网络资源和方便网络用户的软件的集合。由于网络操作系统是运行在服务器之上的,所以有时也把它称为服务器操作系统。

为了让用户与系统及在此操作系统上运行的各种应用软件之间的交互达到最佳,服务器操作系统的选择和安装配置就尤为重要。

5.2　相关知识

5.2.1　网络操作系统的定义和功能

网络系统由硬件和软件两部分组成,软件中最为重要的当为网络操作系统。

网络操作系统(Network Operation System,NOS)是指能使网络上多台计算机方便而有效地共享网络资源,为用户提供所需的各种服务的操作系统软件。

网络操作系统的功能如下。

(1) 提供高效可靠的网络通信能力。

(2) 提供多项网络服务功能。

(3) 提供网络资源管理、系统管理功能。

(4) 提供对网络用户的管理。

5.2.2 常见的网络操作系统

目前,服务器操作系统主要有三大类:一类是 Windows Server,其较新产品就是 Windows Server 2008;一类是 UNIX,代表产品包括 HP-UX、IBM AIX 等;还有一类是 Linux,虽说它发展得比较晚,但由于其开放性和性价比高等特点,近年来获得了长足发展。

下面就选择其中的一些代表产品进行逐一介绍。

1. Windows 网络操作系统

Windows NT 是 Microsoft 公司推出的网络操作系统。Windows NT 被设计成一种具有可靠性的操作系统,这种系统可以很容易地得到维护和扩展,可以随着系统的升级增加新的技术。同时,其操作图形界面友好,与其家族桌面操作系统一致,容易被用户接受。

2000 年微软公司推出了 Windows 2000,包括专业版和服务器版;2003 年又推出 Windows Server 2003;Windows Server 2008 是微软最新一个服务器操作系统的名称,它在继承 Windows Server 2003 的同时,增加了许多新的功能,其具体功能将在 5.2.3 小节中介绍。

2. UNIX

UNIX 是一种重要的网络操作系统,它的主要功能是多任务、多用户的联网。UNIX 是一个命令行驱动平台,通过其他操作系统或相同机器上的终端会话进行访问,Windows 客户端可通过终端模拟程序访问 UNIX,UNIX 客户端能与其他网络操作系统配合。UNIX 具有良好的稳定性、健壮性、安全性等优秀的特性。

UNIX 系统从一个非常简单的操作系统发展成为性能先进、功能强大、使用广泛的操作系统,并已成为事实上的多用户、多任务操作系统的标准。

3. Linux

Linux 是与 UNIX 相关的网络操作系统,它是作为开放源代码操作系统开发的。Linux 是目前世界上最强大并且最可靠的操作系统,Linux 的版本很多,TCP/IP 协议已集成到 Linux 内核中。

5.2.3 Windows Server 2008 简介

Microsoft Windows Server 2008 代表了下一代 Windows Server。使用 Windows Server 2008,IT 专业人员对其服务器和网络基础结构的控制能力更强,从而可重点关注关键业务需求。Windows Server 2008 通过加强操作系统和保护网络环境提高了安全性;通过加快 IT 系统的部署与维护、使服务器和应用程序的合并与虚拟化更加简单、提供直观的管理工具;Windows Server 2008 还为 IT 专业人员提供了灵活性。Windows Server 2008 能为任何组织的服务器和网络基础结构奠定较好的基础。

对于一款服务器操作系统而言,Windows Server 2008(WS2K8)无论是底层架构还是表面功能都有飞跃性的进步,其对服务器的管理能力、硬件组织的高效性、命令行远程硬件管理的方便、系统安全模型的增强,都会吸引 Windows Server 2000 和 Windows Server 2003 用户,并改变企业使用 Windows 的方式,以及网络的物理和逻辑架构,其具体特点如下。

1. Server Core

Windows Server 2008 作为 DHCP 和 DNS 服务器时,与 Unix 和 Linux 相比,也具有低能耗、虚拟化、无图形界面、只需一个终端管理的服务器系统等优点。

从 WS2K8 开始,这些东西都将成为安装时的可选项。WS2K8 可以处理多个角色,如文件服务器、域控制器、DHCP 服务器、DNS 服务器等,其定位也非常清楚——安全稳定的小型专用服务器。

2. PowerShell 命令行

PowerShell 原计划作为 Vista 的一部分,但只是作为免费下载的增强附件,随后又成了 Exchange Server 2007 的关键组件,接下来又将是 WS2K8 不可或缺的一个成员。这个新的命令行工具可以作为图形界面管理的补充,也可以彻底取代它。

3. 虚拟化

尽管微软精简了其虚拟化软件 Viridian,但这仍是企业的一个福音,可以有效地减少总体成本。尽管 VMware 在虚拟机领域独树一帜,但 Viridian 得以让 Intel 和 AMD 都提供了对基于硬件的虚拟化支持,从而提供虚拟硬件支持平台,而这是 VMware 难以做到的。

据 IDC 统计,美国企业已经在根本用不到的处理器资源上浪费了千百亿美元,但这并不是它们的错,而是操作系统的管理问题导致最多 85% 的 CPU 资源经常被闲置。WS2K8 增加虚拟化的一大目标就是加强闲置资源的利用,减少浪费。

4. Windows 硬件错误架构(WHEA)

最终,微软决定将错误规范化,确切地说是应用程序向系统汇报发现错误的协议要实现标准化了。

目前,错误报告的一大问题就是设备报错的方式多种多样,各种硬件系统之间没有一种标准,因此编写应用程序的时候很难集合所有的错误资源并统一呈现,这就意味着要针对各种特定情况编写许多特定的代码。

而在 WS2K8 里,所有与硬件相关的错误都使用同样的界面汇报给系统,第三方软件就能轻松管理、消除错误,管理工具的发展也会更轻松。

5．随机地址空间分布(ASLR)

ASLR 在 64 位 Vista 里就已出现,它可以确保操作系统的任何两个并发实例每次都会载入到不同的内存地址上。

微软表示,恶意软件其实就是一堆不守规矩的代码,不会按照操作系统要求的正常程序执行,但如果它想在用户磁盘上写入文件,就必须知道系统服务身在何处。在 32 位 Windows XP SP2 上,如果恶意软件需要调用 KERNEL32.DLL,该文件每次都会被载入同一个内存空间地址,因此非常容易被恶意利用。

但有了 ASLR,每一个系统服务的地址空间都是随机的,因此恶意软件很难轻松地找到它们。

6．SMB2 网络文件系统

很久以前 Windows 就引入了 SMB,作为一个网络文件系统,不过 SMB 现在已经太老了,历史使命已经完成,所以 WS2K8 采用了 SMB2,以便更好地管理体积越来越大的媒体文件。

在微软的内部测试中,SMB2 媒体服务器的速度可以达到 Windows Server 2003 的 4~5 倍,相当于 400% 的效率提升。

7．核心事务管理器(KTM)

这项功能对开发人员来说尤其重要,因为它可以大大减少甚至消除经常导致系统注册表或者文件系统崩溃的原因——多个线程试图访问同一资源。

在 Vista 中也有 KTM 这一新组件,其目的是方便进行大量的错误恢复工作,而且过程几乎是透明的。而 KTM 之所以可以做到这一点,是因为它可以作为事务客户端接入的一个事务管理器进行工作。

8．快速关机服务

Windows 的一大历史问题就是关机过程缓慢。在 Windows XP 里,一旦关机开始,系统就会开始一个 20s 的计时,之后提醒用户是否需要手动关闭程序,而在 Windows Server 里,这一问题的影响会更加明显。

到了 WS2K8,20s 的倒计时被一种新服务取代,可以在应用程序需要被关闭的时候随时、一直发出信号。开发人员开始怀疑这种新方法会不会过多地剥夺应用程序的权利,但现在他们已经接受了它,认为这是值得的。

9. 并行 Session 创建

如果用户有一个终端服务器系统，或者多个用户同时登录了家庭系统，这些就是 Session。在 WS2K8 之前，Session 的创建都是逐一操作的，对于大型系统而言就是个瓶颈，如周一清晨数百人返回工作岗位的时候，不少人就必须等待 Session 初始化。

Vista 和 WS2K8 加入了新的 Session 模型，可以至少同时创建 4 个 Session，而如果服务器有 4 个以上的处理器，还可以同时创建更多。举例来说，如果家里有一个媒体中心，那各个家庭成员就可以同时在各自的房间里打开媒体终端，同时从 Vista 服务器上得到视频流，而且速度不会受到影响。

10. 自修复 NTFS 文件系统

NTFS(New Technology File System)是 Microsoft Windows NT 的标准文件系统，利用先进的数据结构提供更好的性能、稳定性和磁盘的利用率，NTFS 文件系统具有很多 FAT32 文件系统所不具备的特点，而且基于 NTFS 的 Windows 系统运行要快于基于 FAT32 的 Windows 系统。

从 DOS 时代开始，文件系统出错就意味着相应的卷必须下线修复，而在 WS2K8 中，一个新的系统服务会在后台默默工作，检测文件系统错误，并且可以在无须关闭服务器的状态下自动将其修复。

有了这一新服务，在文件系统发生错误的时候，服务器只会暂时无法访问部分数据，整体运行基本不受影响，所以 CHKDSK 基本就可以退休了。

5.3 项 目 实 践

作为一个小型办公室网络，如果只需要一些简单的文件服务，那么利用服务器 Windows Server 2008 的强大功能，一般只需进行基本的安装和配置就可满足小型办公 Windows 网络的需求。

任务 1：Windows Server 2008 的安装与配置

教学目标

终极目标：安装与配置服务器。

促成教学目标：掌握 Windows Server 2008 的特点；能熟练进行安装；进行合理的环境配置。

实训环境

（1）网络实训室。

（2）PC 一台，安装有 Windows Server 2008 系统软件。

操作步骤

在具体安装之前，首先要保证服务器硬件满足系统安装条件。以下是安装 Windows Server 2008 系统要达到的最低要求和建议要求。

① CPU

最低：1GHz（对于 x86 处理器）或 1.4GHz（对于 x64 处理器）。

建议：2GHz 或更高。

② 内存

最低：512MB。

建议：2GB 或更高。

③ 磁盘空间要求

最低：10GB。

建议：40GB 或更多。

（1）安装 Windows Server 2008 企业版

第一步　首先将 Windows Server 2008 企业版系统安装光盘放入光驱，设置计算机 BIOS 从光驱引导后，Windows Server 2008 会检查计算机的硬件，直到出现如图 5-1 所示的界面。在该界面中相应的选择"要安装的语言"、"时间和货币格式"以及"键盘和输入方法"选项。

图 5-1　选择语言和其他首选项

第二步　单击"下一步"按钮，出现如图 5-2 所示的界面，在该界面中可以查看"安装 Windows 须知"，以及"修复计算机"，在此单击"现在安装"按钮。

141

图 5-2　开始安装 Windows Server 2008 系统

　　第三步　接着出现如图 5-3 所示的"选择您购买的 Windows 版本"界面,在该界面中选择要安装的操作系统为"Windows Server 2008 Enterprise(完全安装)"。

图 5-3　选择要安装的操作系统

　　第四步　单击"下一步"按钮,出现"请阅读许可条款"界面,查看许可条款信息之后,选中"我接受许可条款"复选框,如图 5-4 所示。

　　第五步　单击"下一步"按钮,出现如图 5-5 所示的"您想进行何种类型的安装?"界面,在该界面中选择安装的类型是升级安装还是自定义(高级)安装,在此选择"自定义(高级)"安装选项。

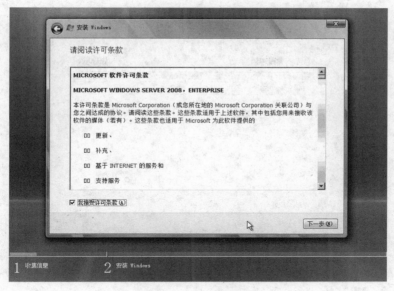

图 5-4　接受许可条款

图 5-5　自定义安装

第六步　接着出现如图 5-6 所示的"您想将 Windows 安装在何处?"界面,在该界面中选择相应的磁盘进行安装。

第七步　单击"下一步"按钮,开始安装 Windows Server 2008 企业版系统,安装过程如图 5-7 所示。

Windows Server 2008 企业版系统安装好以后会自动重启计算机。

注意:首次登录时系统会提示用户更改密码,输入两次新的密码,最后按 Enter 键即

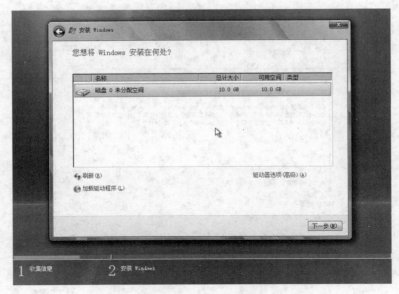

图 5-6　选择安装位置

图 5-7　正在安装 Windows Server 2008 企业版

可登录操作系统。

（2）配置 Windows Server 2008 的桌面环境

对 Windows Server 2008 桌面环境进行配置，主要涉及设置计算机名、TCP/IPv4 及查看系统信息等内容。

第一步　设置计算机名。

将当前计算机的名称设置为"WIN2008"，具体操作步骤如下。

执行"开始"→"控制面板"→"系统"命令,打开如图 5-8 所示的"系统"窗口。在该窗口中除了显示有关计算机的基本信息外,还可以进行设备管理、远程设置窗口及高级系统设置。

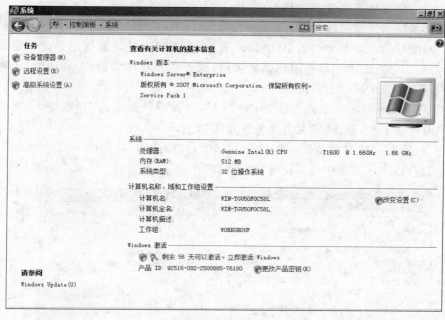

图 5-8 "系统"窗口

单击"高级系统设置"按钮,打开"系统属性"对话框,选择"计算机名"选项卡,可以看到当前计算机名是在安装系统过程中随机生成的,如图 5-9 所示。

单击"更改"按钮,打开"计算机名/域更改"对话框,在"计算机名"文本框中输入计算机新的名称为"WIN2008",如图 5-10 所示,然后单击"确定"按钮。

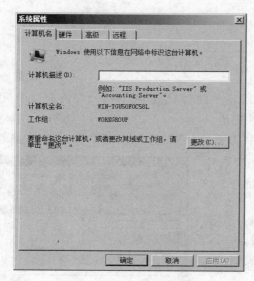

图 5-9 "计算机名"选项卡

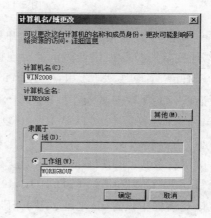

图 5-10 设置计算机名

接着弹出一个确认界面,提示需要重启计算机才能应用计算机名的更改,单击"确定"按钮即可完成计算机名的设置。

第二步 设置计算机 TCP/IPv4。

计算机的网络连接可以从动态主机配置协议(DHCP)服务器或点对点协议(PPP)拨号网络访问服务器中动态地获取 IP 地址。另外,此网络连接可以使用手动指定的 IP 地址(也叫静态 IP 地址)。如果选中此单选按钮,则必须设置计算机的 IP 地址、子网掩码、默认网关以及首选 DNS 服务器。

禁用 TCP/IPv6 项目,启用 TCP/IPv4 项目,并设置计算机的 IP 地址、子网掩码、默认网关以及首选 DNS 服务器,其具体操作步骤如下。

执行"开始"→"控制面板"→"网络和共享中心"命令,打开如图 5-11 所示的"网络和共享中心"窗口,在该窗口中可以设置"管理网络连接"等选项。

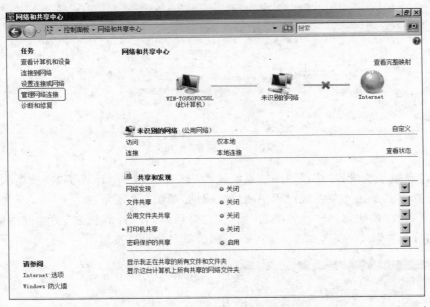

图 5-11 "网络和共享中心"窗口

单击"管理网络连接"按钮,打开如图 5-12 所示的"网络连接"窗口,在该窗口中只有"本地连接"选项,即该计算机上只连接有一块网卡。

右击"本地连接"选项,在弹出的菜单中选择"属性"选项,打开"本地连接 属性"对话框,如果不需要使用 TCP/IPv6,则取消选中"Internet 协议版本 6(TCP/IPv6)"复选框,如图 5-13 所示。

双击"Internet 协议版本 4(TCP/IPv4)"选项,打开"Internet 协议版本 4(TCP/IPv4) 属性"对话框,在该对话框中设置 IP 地址、子网掩码、默认网关以及首选 DNS 服务器,如图 5-14 所示,最后单击"确定"

图 5-12 "网络连接"窗口

146

按钮即可完成 IP 地址的设置。

图 5-13　禁用 TCP/IPv6 项目

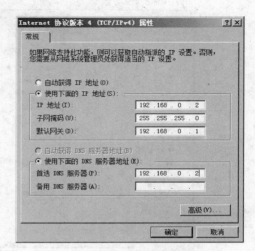

图 5-14　设置 TCP/IPv4 项目

第三步　查看系统信息。

系统信息主要由以下 4 个部分组成。

① 系统摘要：包含操作系统和基本的输入/输出系统（BIOS）的名称、版本以及其他相关信息，还包含处理器和可用内存的相关信息。

② 硬件资源：包含有关资源分配的信息以及直接内存访问（DMA）、强制硬件、输入/输出（I/O）、中断请求（IRQ）和内存资源之间可能存在的共享冲突信息。

③ 组件：包含计算机中每个组件的信息，以及正在使用的设备驱动程序的版本。

④ 软件环境：包含有关系统配置的信息，以及有关系统、设备驱动程序、环境变量和网络连接的详细信息。

查看计算机上系统信息的具体操作步骤如下。

执行"开始"→"所有程序"→"附件"→"系统工具"→"系统信息"命令，打开如图 5-15 所示的"系统信息"窗口，在该窗口中可以查看运行的操作系统、硬件资源、组件以及软件环境信息。

任务 2：共享资源（共享文件夹和映射网络驱动器）

教学目标

终极目标：共享资源的配置使用。

促成教学目标：掌握 Windows Server 2008 共享权限的区别；掌握共享文件夹和映射网络驱动器的方法；掌握共享资源的监视方法。

实训环境

（1）网络实训室。

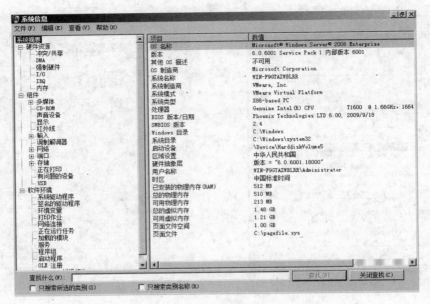

图 5-15 "系统信息"窗口

（2）安装了 Windows Server 2008 的服务器一台，工作站一台，并将两者联网为一组。

操作步骤

共享资源提供对应用程序、数据或用户个人数据的访问，用户可对每个共享资源分配或拒绝权限，可通过多种方法来控制对共享资源的访问；可以使用共享权限进行简单的应用和管理。或者，可以使用 NTFS 文件系统上的访问控制，这样可以对共享资源及其内容进行更详细的控制；也可以将这些方法结合起来使用。如果将方法结合起来使用，将应用更为严格的权限。例如，如果共享权限设置为"Everyone＝读取"（默认值），并且 NTFS 权限允许用户更改共享文件，则将应用共享权限，不允许用户更改文件。

通常，不必显示拒绝对共享资源的权限，只有在想要覆盖已分配的特定权限时，才有必要拒绝权限。

注意：在 Windows Server 2008 系统中，当创建新的共享资源时，自动分配 Everyone 组具有"读取"权限，这种权限是最受限制的权限。

共享权限仅应用于通过网络访问资源的用户，这些权限不会应用到在本地登录的用户（如登录到终端服务器的用户）。在这种情况下，可在 NTFS 上使用访问控制来设置权限。

共享权限应用于共享资源中所有的文件和文件夹。如果要为共享文件夹中的子文件夹或对象提供更详细的安全级别，可使用 NTFS 的访问控制。共享权限是保护 FAT 和 FAT32 卷上网络资源的唯一方法，因为 NTFS 权限在 FAT 或 FAT32 卷上不可用。

可对共享文件夹或驱动器分配下列类型的访问权限。

① 读者："读者"权限是分配给 Everyone 组的默认权限，它允许查看文件名和子文件夹名、文件中的数据以及运行程序文件。

② 参与者："参与者"权限不是任何组的默认权限,它除允许所有的"读者"权限外,还允许添加文件和子文件夹、更改文件中的数据以及删除子文件夹和文件。

③ 共有者："共有者"权限是分配给本地计算机上的 Administrators 组的默认权限,它除允许全部"读者"及"参与者"权限外,还允许更改权限(仅适用于 NTFS 文件和文件夹)。

下面对共享资源的方法进行介绍。

1. 共享文件夹

可以使用文件共享向导和"计算机"管理器两种方法对文件夹进行共享,并设置共享的权限。

(1) 使用文件共享向导共享文件夹

使用文件共享向导对文件夹"C:\PC"进行共享,并设置用户"NewUser"的共享权限为"读者",具体操作步骤如下。

第一步 在"计算机"管理器中右击需要共享的文件夹"C:\PC",在弹出的菜单中选择"共享"选项,打开"文件共享"对话框,在该对话框中输入允许访问共享文件夹的本地用户账户为"NewUser",如图 5-16 所示。

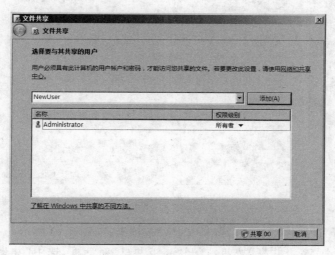

图 5-16 添加本地用户账户

第二步 单击"添加"按钮,将本地用户账户"NewUser"添加到"名称"列表中,然后在"权限级别"列表处设置共享权限为"读者",如图 5-17 所示。

第三步 单击"共享"按钮开始共享该文件夹,共享完毕之后出现如图 5-18 所示的对话框,显示文件夹已经共享,单击"完成"按钮即可。

(2) 使用"计算机"管理器共享文件夹

使用"计算机"管理器对文件夹"C:\it"进行共享,并设置用户"NewUser"的共享权限为"读者",具体操作步骤如下。

第一步 在"计算机"管理器中右击需要共享的文件夹"C:\it",在弹出的菜单中选择

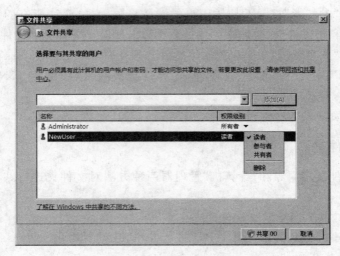

图 5-17　设置共享权限

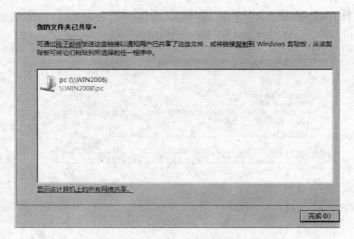

图 5-18　文件夹已共享

"属性"选项,打开"it 属性"对话框,选择"共享"选项卡,如图 5-19 所示。

　　第二步　单击"高级共享"按钮,打开"高级共享"对话框,选中"共享此文件夹"复选框,设置共享文件夹名称和允许同时访问共享文件夹的用户数及限制,如图 5-20 所示。

　　第三步　单击"权限"按钮,打开"it 的权限"对话框,在该对话框中设置用户访问共享文件夹的权限,如图 5-21 所示。

　　第四步　如果需要允许某个用户访问共享文件夹,则需要单击"添加"按钮,打开"选择用户或组"对话框,在"输入对象名称来选择"文本框中输入允许访问的本地用户账户为"NewUser",如图 5-22 所示,然后单击"确定"按钮即可。

　　第五步　返回如图 5-21 所示的"it 的权限"对话框,在"NewUser 的权限"选项区域中选择用户对该文件夹允许或拒绝的共享权限,最后单击"确定"按钮返回"高级共享"对话框后退出即可。

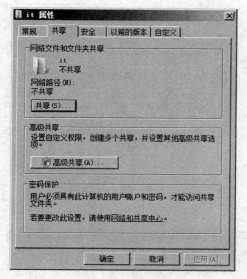

图 5-19 "共享"选项卡

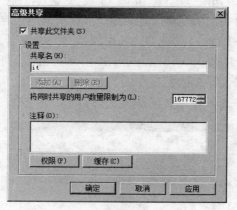

图 5-20 设置共享文件夹

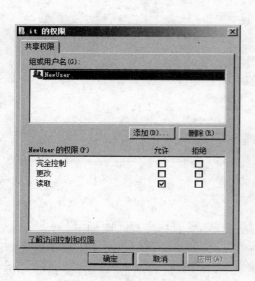

图 5-21 默认的共享权限

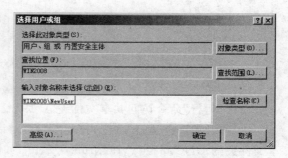

图 5-22 选择允许访问共享文件夹的用户

2. 在客户端访问共享文件夹

用户在客户端计算机上可以通过使用"网络"、"运行"命令以及映射网络驱动器访问共享文件夹。

（1）使用"网络"命令访问共享文件夹

使用"网络"命令访问计算机 WIN2008 上的共享文件夹"it"，具体操作步骤如下。

第一步 执行"开始"→"网络"命令，打开"网络"窗口，选择"网络发现和文件共享已关闭。网络计算机和设备不可见，单击以更改"选项，在弹出的菜单中选择"启用网络发现和文件共享"选项,接着打开"网络发现"对话框,选择"是,启用所有公用网络的网络发现"选项,如图 5-23 所示,开始启用网络发现。

第二步 启用网络发现之后,返回如图 5-24 所示的"网络"窗口,显示网络中存在的计算机。双击具有共享文件夹的计算机 WIN2008,打开如图 5-25 所示的界面,可以看到该计算机上存在的共享文件夹,双击共享文件夹 it 即可访问该文件夹。

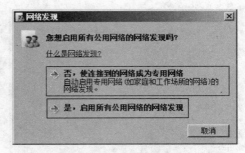

图 5-23　启用网络发现

图 5-24　"网络"窗口

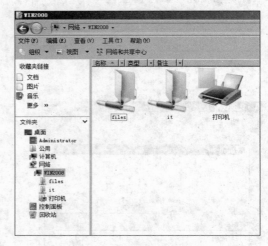

图 5-25　访问共享文件夹

(2) 使用"运行"命令访问共享文件夹

使用"运行"命令访问共享文件夹"\\192.168.0.2\it",具体操作步骤如下。

执行"开始"→"运行"命令,打开"运行"对话框,在该对话框的"打开"文本框中输入共享文件夹的 UNC 路径"\\192.168.0.2\it",如图 5-26 所示,最后单击"确定"按钮即可访问该共享文件夹。

(3) 映射网络驱动器

将共享文件夹"\\192.168.0.2\it"映射到本地驱动器,驱动器号为"Z：",具体操作步骤如下。

第一步 执行"开始"→"计算机"命令,在弹出的菜单中选择"映射网络驱动器"选项,打开"映射网络驱动器"对话框,如图 5-27 所示。

第二步 在该对话框中指定驱动器号和共享文件夹的 UNC 路径。在"驱动器"下拉列表中选择"Z："选项,在"文件夹"文本框中输入"\\192.168.0.2\it",选中"登录时重新连接"复选框表示每次用户登录时都映射网络驱动器,如图 5-28 所示。

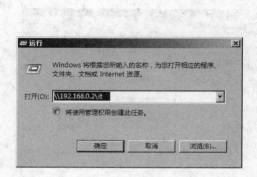

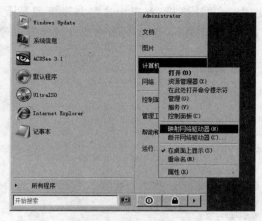

图 5-26　使用"运行"命令访问共享文件夹　　　　图 5-27　映射网络驱动器

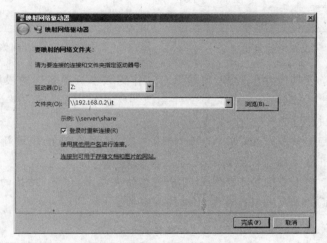

图 5-28　"映射网络驱动器"对话框

　　第三步　默认情况下将以 Administrator 身份连接共享文件夹，如果要使用其他用户连接共享文件夹，则单击"其他用户名"链接按钮，打开"连接身份"对话框，在该对话框中输入用户名和密码，如图 5-29 所示，最后单击"确定"按钮即可完成网络驱动器的映射。

　　第四步　打开如图 5-30 所示的"计算机"窗口，从中可以看到将共享文件夹映射过来的网络驱动器是"it (\\192.168.0.2) (Z:)"，此时用户只要双击该驱动器即可访问共享文件夹了。

3. 监视共享文件夹

　　监视共享文件夹主要涉及查看共享资源、关闭连接会话以及关闭打开的共享文件等内容。

　　（1）特殊共享资源简介

　　根据计算机的配置，系统会自动创建部分或所有的特殊共享文件夹，以便管理和系统使用。在"计算机"窗口中这些共享资源是不可见的,但通过使用"共享文件夹"可查看它们。多数情况下,建议不删除或修改特殊共享资源。

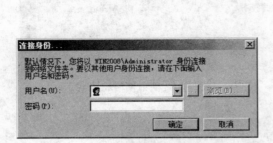

图 5-29 设置连接身份

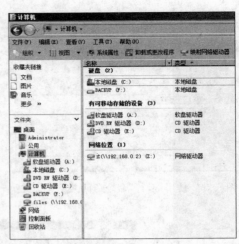

图 5-30 查看网络驱动器

若要对用户隐藏其他共享资源,可输入"＄"作为共享资源名称的最后一位字符(＄也将成为资源名称的一部分)。这些共享文件夹像特殊共享资源一样在"计算机"窗口中不可见,否则就不是特殊的。

如果要更改特定共享资源(如 ADMIN＄)的权限,可在终止并重新启动服务器服务或重新启动计算机恢复默认设置后进行。

注意:这种情况并不适用于那些由用户创建的共享名以"＄"结尾的共享资源。

表 5-1 显示了在计算机中存在的特殊共享资源。

表 5-1 特殊共享资源描述

特殊共享资源	描 述
驱动器盘符＄	允许管理员连接到驱动器根目录下的共享资源
ADMIN＄	计算机远程管理期间使用的资源,该资源的路径总是系统根目录路径(安装操作系统的目录,如 C:\Windows)
IPC＄	共享命名管道的资源,在程序之间的通信过程中该命名管道起着至关重要的作用。在计算机的远程管理期间,以及在查看计算机的共享资源时使用 IPC＄,不能删除该资源
NETLOGON	域控制器上使用的所需资源。删除该共享资源会导致域控制器所服务的所有客户端计算机的功能丢失
SYSVOL	域控制器上使用的所需资源。删除该共享资源会导致域控制器所服务的所有客户端计算机的功能丢失
PRINT＄	远程管理打印机过程中使用的资源
FAX＄	传真客户端在发送传真的过程中所使用的服务器上的共享文件夹。该共享文件用于临时缓存文件及访问存储在服务器上的封面页

（2）查看共享资源

查看计算机上所有的共享资源，包括特殊共享资源，具体操作步骤如下。

执行"开始"→"管理工具"→"计算机管理"命令，打开"计算机管理"窗口，依次展开"系统工具"和"共享文件夹"结点，选择"共享"选项，在窗口的中部将显示所有共享的资源信息，这些信息包括共享资源名称、文件夹路径、类型、客户端连接以及描述等，如图 5-31 所示。

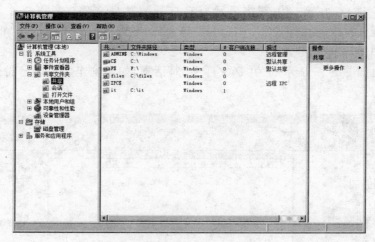

图 5-31 查看共享资源

（3）关闭连接会话

关闭用户连接会话的具体步骤如下。

执行"开始"→"管理工具"→"计算机管理"命令，打开"计算机管理"窗口，依次展开"系统工具"和"共享文件夹"结点，选择"会话"选项，在窗口中部将显示所有连接的会话信息。可以看到用户"NewUser"已经连接到该计算机的共享文件夹上，右击该会话，在弹出的菜单中选择"关闭会话"选项，如图 5-32 所示。

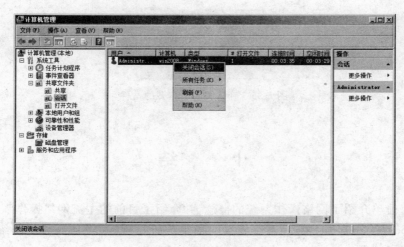

图 5-32 关闭会话

接着弹出如图 5-33 所示的"共享文件夹"对话框,如果确定要关闭会话,则单击"是"按钮。

(4) 关闭打开的共享文件

将打开的共享文件关闭,其具体操作步骤如下。

执行"开始"→"管理工具"→"计算机管理"命令,打开"计算机管理"窗口,依次展开"系统工具"和"共享文件夹"结点,选择"打开文件"选项,在窗口中部将显示所有打开的共享文件

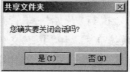

图 5-33　确认关闭会话

夹。可以看到被打开的文件是"C:\it",右击该文件,在弹出的菜单中选择"将打开的文件关闭"选项,如图 5-34 所示。

接着弹出如图 5-35 所示的"共享文件夹"对话框,如果确定要关闭已打开的文件,则单击"是"按钮。

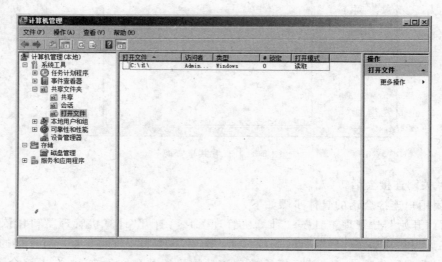

图 5-34　关闭打开的文件

图 5-35　确认关闭已打开的文件

小　　结

本项目简单介绍了网络操作系统的概念,并介绍了目前的主流网络操作系统,重点是 Windows Server 2008 的特点和系统安装与简单配置过程,本项目最后还介绍了共享文件夹的创建和管理。

习　题

一、选择题

1. 为高层网络用户提供共享资源管理与其他网络服务功能的局域网系统软件是什么？（　　）

  A. 浏览器软件   B. 局域网操作系统

  C. 办公软件   D. 网络管理软件

2. Windows Server 2008 可以在安装系统的磁盘分区上选择 3 种类型的文件系统，下列哪项不属于这 3 种类型？（　　）

  A. NTFS   B. FAT   C. FAT16   D. FAT32

3. 什么文件系统可以充分利用 Windows Server 2008 的安全性能？（　　）

  A. FAT   B. FAT32   C. HPFS   D. NTFS

4. 在安装 Windows Server 2008 时，如果服务器的网卡不在硬件兼容性列表中，而只能从网卡供应商处得到网卡的更新程序，当在服务器上继续安装时，将会发生什么情况？（　　）

  A. Windows Server 2008 的安装不能启动

  B. Windows Server 2008 在 GUI 模式下不能启动

  C. 在安装过程中会提示更换网卡

  D. 可以在安装 Windows Server 2008 后再安装更新的驱动程序

5. 在一台已装有 Windows Server 2003 的计算机上安装 Windows Server 2008，并想使计算机成为双启动系统，下列哪个选项最适合？假设该计算机的硬盘为 40GB，有两个分区：C 盘 14GB，FAT 文件系统；D 盘 26GB，NTFS 文件系统。（　　）

  A. 安装时选择升级安装，选择 D 盘作为安装盘

  B. 安装时选择全新安装，选择 C 盘的 Winnt 目录作为安装目录

  C. 安装时选择升级安装，选择 C 盘的 Winnt 目录作为安装目录

  D. 安装时选择全新安装，选择 D 盘作为安装盘

二、简答题

1. 简述网络操作系统的基本任务。

2. 简述 Windows Server 2008 系统的安装过程。

3. 如何查看系统信息？

4. 如何创建共享文件夹？

5. 如何查看共享资源？

项目6 网站服务器的搭建

项目目标

(1) 熟悉网络服务器的分类和特点
(2) 理解客户机/服务器模型及原理
(3) 知道 DNS 和 DHCP 的基本功能及原理
(4) 掌握常用服务器(DNS、DHCP、Web 和 FTP)的安装与配置

项目背景

(1) 网络机房
(2) 校园网站

6.1 用户需求与分析

随着各企业网络的发展,企业网站服务器越来越多,网站服务器的搭建就显得非常重要。用户常用的网站服务器主要有以下几种。

(1) 文件和打印服务器。
(2) Web 服务器和 FTP 服务器。
(3) 域名系统（DNS）。
(4) 动态主机配置协议（DHCP）服务器。
(5) 邮件服务器等。

例如,某职业技术学院校园网络有计算机 700 余台,现需要动态管理全院 IP 地址,并实现 DNS 的 IP 地址、默认网关的 IP 地址等自动分配;还要提供校内文件下载和域名解析服务;另外,学院本身有网站和精品课程网站需要在 Internet 上发布。此校园网站至少需要搭建 DHCP 服务器、DNS 服务器、Web 服务器和 FTP 服务器等。

6.2 相 关 知 识

6.2.1 网络服务器

服务器(Server)专指某些高性能计算机,其安装不同的服务软件能够通过网络对外

提供服务,如文件服务器、数据库服务器和应用程序服务器。相对于普通 PC 来说,服务器在稳定性、安全性、性能等方面都要高,因此其 CPU、芯片组、内存、磁盘系统、网卡等硬件和普通 PC 有所不同。

现在经常看到的服务器,从外观类型可以分成 3 种,分别是塔式服务器、机架服务器和刀片服务器。由于企业机房空间有限等因素,刀片服务器和机架服务器越来越受用户的欢迎,那么它们到底有什么特点,刀片服务器和机架服务器到底哪个更好呢?

1. 机架服务器及其特点

机架服务器指可以直接安装到标准 19 英寸机柜当中的服务器,这样的服务器通常从大小来看类似于交换机,因此机架服务器实际上是工业标准化下的产品,其外观按照统一标准来设计,配合机柜统一使用,以满足企业服务器密集部署的需求。机架服务器的主要特点是节省空间,由于能够将多台服务器装到一个机柜上,不仅可以占用更小的空间,而且也便于统一管理。一个普通机柜的高度是 42U(1U=1.75 英寸或 4.4 厘米),机架服务器的宽度为 19 英寸,而大多数机架服务器是 1～4U 高。

机架服务器的优点是占用空间小、便于统一管理,但由于内部空间的限制,其扩充性受限制,如 1U 的服务器大都只有 1～2 个 PCI 扩充槽;此外,散热性能也是一个需要注意的问题;另外,还需要有机柜等设备。因此,这种服务器多用于服务器数量较多的大型企业使用,也有不少企业采用这种类型的服务器,但将服务器交付给专门的服务器托管机构来托管,尤其是很多网站的服务器目前都采用这种方式。

2. 刀片服务器及其特点

刀片服务器是一种高可用高密度的低成本服务器平台,是专门为特殊应用行业和高密度计算机环境设计的,其主要结构为一大型主体机箱,内部可插上许多"刀片",其中每一块刀片实际上就是一块系统母板,类似于一个个独立的服务器,它们可以通过本地硬盘启动自己的操作系统。每一块刀片可以运行自己的系统,服务于指定的不同用户群,相互之间没有关联。而且,也可以用系统软件将这些主板集合成一个服务器集群。在集群模式下,所有的刀片可以连接起来提供高速的网络环境、共享资源、为相同的用户群服务。在集群中插入新的刀片就可以提高整体性能。而由于每块刀片都是热插拔的,所以,系统可以轻松地进行替换,并且将维护时间减到最小。

根据所需要承担的服务器功能,刀片服务器被分成服务器刀片、网络刀片、存储刀片、管理刀片、光纤通道 SAN 刀片、扩展 I/O 刀片等不同功能的刀片服务器。刀片服务器公认的特点有两个:一是克服了芯片服务器集群的缺点,被称为集群的终结者;另一个是实现了机柜优化。

6.2.2　客户机/服务器模型

1. 什么是客户机/服务器模式

应用程序之间为了能顺利地进行通信,一方通常需要处于守候状态,等待另一方请求的到来。在分布式计算中,一个应用程序被动地等待,而另一个应用程序通过请求启动通信的模式就是客户机/服务器模式。

2. 客户机/服务器模型的特性

一台主机上通常可以运行多个服务器程序,每个服务器程序需要并发地处理客户的请求,并将处理的结果返回给客户。因此,服务器程序通常比较复杂,对主机的硬件资源(如 CPU 的处理速度、内存的大小等)及软件资源(如分时、多线程网络操作系统等)都有一定的要求。

而客户程序由于功能相对简单,通常不需要特殊的硬件和高级的网络操作系统。

3. C/S 模型

C/S 模型即 Client/Server 模型,又称为客户机/服务器模型。C/S 模型是由客户机、服务器构成的一种网络计算环境,它把应用程序分成两部分,一部分运行在客户机上,另一部分运行在服务器上,两者各司其职,共同完成任务。

C/S 模型的运作过程如下。

(1) 服务器监听相应窗口的输入。

(2) 客户机发出请求。

(3) 服务器接收到此请求。

(4) 服务器处理此请求,并将结果返回给客户机。

(5) 重复上述过程,直至完成一次会话任务。

4. B/S 模型

Web 三层体系结构即客户端浏览器/ Web 服务器/数据库服务器(B/W/D)结构,该体系结构就是所谓的 B/S 模型。当客户机有请求时,向 Web 服务器提出请求服务,当需要查询服务时,Web 服务器某种机制请求数据库服务器的数据服务,然后 Web 服务器把查询结果转变为 HTML 的网页返回到浏览器显示出来。

6.2.3 域名系统

DNS(Domain Name System)即域名系统,是管理域的命名、管理主机域名、实现主机域名与 IP 地址解析的系统。域名系统允许用户使用友好的名字而不是难以记忆的数字(IP 地址)来访问 Internet 上的主机,它使各种互联网应用成为可能,因此它是互联网所有应用层协议的基础。图 6-1 较详细地列出了 DNS 服务器与 HTTP 协议的 Web 服务器的关系。

1. 域名系统的基本功能

(1) 名字空间定义:系统必须提供一个所有可能出现的结点命名的名字空间。

(2) 名字注册:系统必须为每台主机分配一个在全网具有唯一性的名字。

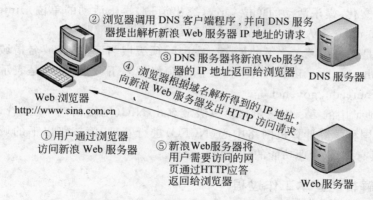

图 6-1　DNS 服务器与 Web 服务器的关系

（3）名字解析：系统要为用户提供一种有效地完成主机名与网络 IP 地址转换的机制。

2. DNS 域名空间树状结构

DNS 域名空间树状结构如图 6-2 所示。

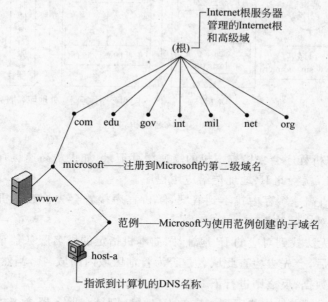

图 6-2　域名空间树状结构

目前所使用的域名是一种层次型命名法，可分为一级域名、二级域名及 n 级域名。

一级域名又称为顶级域名，包括国家顶级域名和国际顶级域名。国家顶级域名主要表示国家名称，如 cn（中国）、us（美国）、jp（日本）；国际顶级域名主要表示网站性质，如 com（工商企业）、net（网络提供商）、org（非营利组织）、edu（教育机构）、gov（政府部门）、mil（军事部门）、firm（公司企业）、store（销售公司或企业）、Web（突出 WWW 活动的单位)、arts(突出文化、娱乐活动的单位)、rec(突出消遣、娱乐活动的单位)、info(提供信息服务的单位)和 nom(个人)。

二级域名是指一级域名之下的域名。在国际顶级域名下,二级域名指域名注册人的网上名称,如 ibm、yahoo、microsoft 等;在国家顶级域名下,二级域名是表示注册企业类别的符号,如 com、edu、gov、net 等。

Internet 地址中的第一级域名和第二级域名由 NIC(网络信息中心)管理,我国的国家级域名由中国科学院计算机网络中心(NCFC)进行管理,第三级以下的域名由各个子网的 NIC 或具有 NIC 管理功能的结点负责管理。

3. 域名解析的基本工作过程

DNS 的作用主要是进行域名解析,域名解析就是将用户提出的名字变换成网络地址的方法和过程。域名解析采用客户机/服务器模式。

当用户使用浏览器上网时,在地址栏输入一个网站的域名(如 www. sina. com. cn)即可,域名解析的过程如图 6-3 所示。

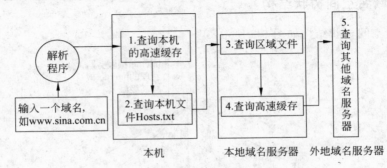

图 6-3 域名解析过程

(1) 首先,解析程序会去检查本机的高速缓存记录,如果从高速缓存内可得知该域名所对应的 IP 地址,就将此 IP 地址传给应用程序。

(2) 若在本机高速缓存中找不到答案,解析程序接着会去检查本机文件 Hosts. txt,看是否能找到相对应的数据。

(3) 若还是无法找到对应的 IP 地址,则向本机指定的域名服务器请求查询。域名服务器在收到请求后,会先去检查此域名是否为管辖区域内的域名。当然会检查区域文件,看是否有相符的数据;反之则进行下一步。

(4) 如果在区域文件内找不到对应的 IP 地址,则域名服务器会去检查本身所存放的高速缓存,看是否能找到相符合的数据。

(5) 如果还是无法找到对应的数据,就需要借助外部的域名服务器,这时就会开始进行域名服务器与域名服务器之间的查询操作。

上述 5 个步骤可分为两种查询模式,即客户端对域名服务器的查询(第(3)、(4)步)及域名服务器和域名服务器之间的查询(第(5)步)。

DNS 还可以完成反向查询操作,即客户机利用 IP 地址查询其主机完整域名。

6.2.4　DHCP 的概念

DHCP(Dynamic Host Configuration Protocol)是动态主机配置协议的缩写,是一个简化主机 IP 地址分配管理的 TCP/IP 标准协议。它能够动态地向网络中的每台设备分配独一无二的 IP 地址,并提供安全、可靠、简单的 TCP/IP 网络配置,确保不发生地址冲突,帮助维护 IP 地址的使用。

要使用 DHCP 方式动态分配 IP 地址,整个网络必须至少有一台安装了 DHCP 服务的服务器。其他使用 DHCP 功能的客户端也必须支持自动向 DHCP 服务器索取 IP 地址的功能。当 DHCP 客户机第一次启动时,它就会自动与 DHCP 服务器通信,并由 DHCP 服务器分配给 DHCP 客户机一个 IP 地址,直到租约到期(并非每次关机释放),这个地址就会由 DHCP 服务器收回,并将其提供给其他的 DHCP 客户机使用。

动态分配 IP 地址的一个好处就是可以解决了 IP 地址不够用的问题。因为 IP 地址是动态分配的,而不是固定给某个客户机使用的,所以,只要有空闲的 IP 地址可用,DHCP 客户机就可以从 DHCP 服务器取得 IP 地址。当客户机不需要使用此地址时,就由 DHCP 服务器收回,并提供给其他的 DHCP 客户机使用。

动态分配 IP 地址的另一个好处是用户不必自己设置 IP 地址、DNS 服务器地址、网关地址等网络属性,甚至绑定 IP 地址与 MAC 地址,不存在盗用 IP 地址的问题,因此,可以减少管理员的维护工作量,用户也不必关心网络地址的概念和配置。

表 6-1 列出了 DHCP 中的一些常见术语。

表 6-1　DHCP 中的常见术语及其描述

术　语	描　　述
作用域	作用域是网络上可能的 IP 地址的完整连续范围,通常定义为接受 DHCP 服务的网络上的单个物理子网。作用域还为网络上的客户端提供服务器对 IP 地址及任何相关配置参数的分发和指派进行管理的主要方法
超级作用域	超级作用域是作用域的管理组合,它可用于支持同一物理子网上的多个逻辑 IP 子网。超级作用域仅包含可同时激活的成员作用域和子作用域列表
排除范围	排除范围是作用域内从 DHCP 服务中排除的有限 IP 地址序列。排除范围确保服务器不会将这些范围中的任何地址提供给网络上的 DHCP 客户端
地址池	在定义了 DHCP 作用域并应用排除范围之后,剩余的地址在作用域内形成可用的地址池。服务器可将池内地址动态地指派给网络上的 DHCP 客户端
租约	租约是由 DHCP 服务器指定的一段时间,在此时间内客户端计算机可以使用指派的 IP 地址
保留	可以使用保留创建 DHCP 服务器指派的永久地址租约。保留可确保子网上指定的硬件设备始终可以使用相同的 IP 地址
选项类型	选项类型是 DHCP 服务器在向 DHCP 客户端提供租约时可指派的其他客户端配置参数。例如,一些常用选项包含用于默认网关(路由器)、WINS 服务器和 DNS 服务器的 IP 地址
选项类别	选项类别是一种可供服务器进一步管理提供给客户端的选项类型的方式。当选项类别添加到服务器时,可为该类客户端提供用于其配置的类别特定选项类型。选项类别分为供应商类别和用户类别

6.2.5 信息服务

Windows Server 2008 是一个集互联网信息服务（IIS 7.0）、ASP. NET、Windows Communication Foundation 以及微软 Windows SharePoint® Services 于一身的平台。IIS 7.0 是对现有的 IIS Web 服务器的重大改进，并在集成网络平台技术方面发挥着重要作用。IIS 7.0 的主要特征包括更加有效的管理工具、提高的安全性能以及减少的支持费用。这些特征使集成式的平台能够为网络解决方案提供集中式的、连贯性的开发与管理模型。

Windows Server 2008 的 IIS 7.0 的模块化功能和详细的管理模型便于服务器管理员创建满足自己需要的服务器，并只允许对站点和内容管理器进行所需级别的访问，有效地帮助管理员和应用程序开发人员。

1. HTTP 协议和 Web 服务器

万维网（World Wide Web，WWW）服务又称 Web 服务。WWW 服务采用客户机/服务器工作模式，客户机即浏览器，服务器即 Web 服务器，它以超文本标记语言（HTML）和超文本传输协议（HTTP）为基础，为用户提供界面一致的信息浏览系统。

（1）Web 服务器的概念

Web 服务器是指驻留于 Internet 上某种类型计算机的程序。信息资源以网页的形式存储在 Web 服务器（站点）上，这些网页采用超文本方式对信息进行组织，页面之间通过超链接连接起来。这些通过超链接连接的页面信息既可以放置在同一主机上，也可放置在不同的主机上，而超链接采用统一资源定位符（URL）的形式。当 Web 浏览器（客户端）连到服务器上并请求文件时，服务器将处理该请求并将文件发送到该浏览器上，附带的信息会告诉浏览器如何查看该文件（即文件类型）。服务器使用 HTTP（超文本传输协议）进行信息交流，这就是人们常把它们称为 HTTP 服务器的原因。

Web 服务器不仅能够存储信息，还能在用户通过 Web 浏览器提供的信息的基础上运行脚本和程序。

（2）HTTP 协议

HTTP 协议即超文本传输协议，是英文 Hyper Text Transfer Protocol 的简写，是客户端（浏览器）和 Web 服务器交互所必须遵守的格式和规则。HTTP 协议是世界上使用最广泛的互联网通信协议，使用 HTTP 协议可以让用户简单地获得需要的信息。

图 6-4 所示为客户端和 Web 服务器通过 HTTP 协议的会话过程。

① 连接：客户端和 Web 服务器建立物理网络连接。

② 请求：客户端发送 HTTP 请求。

③ 应答：服务器接收 HTTP 请求，产生对应 HTTP 响应反馈至客户端。

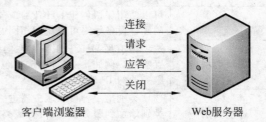

连接

请求

应答

关闭

客户端浏览器 　　　　　　　　Web服务器

图 6-4　通过 HTTP 协议的会话过程

④ 关闭：服务器关闭连接,客户端解析反馈 HTTP 响应信息。

还有一个 HTTP 的安全版本称为 HTTPS,HTTPS 支持能被页面双方所理解的加密算法。

2. FTP 协议和 FTP 服务器

FTP 称为文件传输协议,它可以在网络中传输文档、图像、音频、视频以及应用程序等多种类型的文件。如果用户需要将文件从自己的计算机发送给另一台计算机,可以使用 FTP 进行上传操作,而在更多情况下,则是用户使用 FTP 从服务器上下载文件。

一个完整的 FTP 文件传输需要建立两种类型的连接,一种为控制文件传输的命令,称为控制连接;另一种实现真正的文件传输,称为数据连接。

(1) 控制连接

客户端希望与 FTP 服务器建立上传下载的数据传输时,它首先向服务器的 TCP 21 端口发起一个建立连接的请求,FTP 服务器接受来自客户端的请求,完成连接的建立,这样的连接就称为 FTP 控制连接。

(2) 数据连接

FTP 控制连接建立之后,即可开始传输文件,传输文件的连接称为 FTP 数据连接。FTP 数据连接就是 FTP 传输数据的过程。

(3) FTP 数据传输的原理

用户在使用 FTP 传输数据时,整个 FTP 建立连接的过程如下。

① FTP 服务器会自动对默认端口(21)进行监听,当某个客户端向这个端口请求建立连接时,便激活了 FTP 服务器上的控制进程。通过这个控制进程,FTP 服务器对连接用户名、密码以及连接权限进行身份验证。

② 当 FTP 服务器身份验证完成以后,FTP 服务器和客户端之间还会建立一条传输数据的专有连接。

③ FTP 服务器在传输数据的过程中控制进程将一直工作,并不断发出指令控制整个 FTP 传输数据,传输完毕后控制进程给客户端发送结束指令。

以上就是 FTP 建立连接的整个过程,在建立数据传输的连接时一般有两种方法,即主动模式和被动模式。

主动模式的数据传输专有连接是在建立控制连接(用户身份验证完成)后,首先由 FTP 服务器使用 20 端口主动向客户端进行连接的,建立专用于传输数据的连接,这种方式在网络管理上比较好控制。FTP 服务器上的端口 21 用于用户验证,端口 20 用于数据传输,只要将这两个端口开放就可以使用 FTP 功能了,此时客户端只是处于接收状态。

被动模式与主动模式不同,数据传输专有连接是在建立控制连接(用户身份验证完成)后由客户端向 FTP 服务器发起连接的。客户端使用的端口、连接到 FTP 服务器的端口都是随机产生的。服务器并不参与数据的主动传输,只是被动接受。

6.3 案例分析：某高职学院校园网站服务器架构实例

随着数字化、智能化校园工作的不断推进,校园网站建设越来越复杂和重要。下面简要介绍某高职学院的校园网站建设情况,图 6-5 是某高职学院的校园网站服务器架构图。

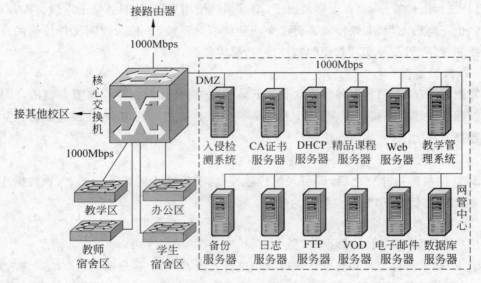

图 6-5　校园网站服务器架构图

为了完成最基本的网络访问、信息共享和文件存取等功能,该网站构建了各种服务器,如 DHCP 服务器、精品课程服务器、Web 服务器、教学管理服务器、电子邮件服务器、VOD 服务器(Video On Demand,视频点播)和 OA(Office Automation,办公自动化)服务器等。若要提供校内域名解析服务,则需要安装 DNS 服务器。

为了保证网站的安全,校园网站主要架设了防火墙系统和入侵检测系统,如 CA (Certification Authority,认证中心)证书服务器、备份服务器、日志服务器等。

6.4　项目实践

任务 1：DNS 服务器的安装与配置

教学目标

终极目标:熟悉 DNS 服务器的安装与配置。

促成教学目标：进一步熟悉 DNS 服务器的工作原理；掌握在 Windows Server 2008 下安装和配置 DNS 服务器的具体步骤与方法。

实训环境

（1）网络实训室。
（2）服务器一台，工作站若干，组成一个局域网。

操作步骤

（1）安装 DNS 服务器

第一步　首先，执行"开始"→"管理工具"→"服务器管理器"命令，打开"服务器管理器"窗口，选择"角色"选项，打开"角色"窗格，如图 6-6 所示，选择"添加角色"选项。

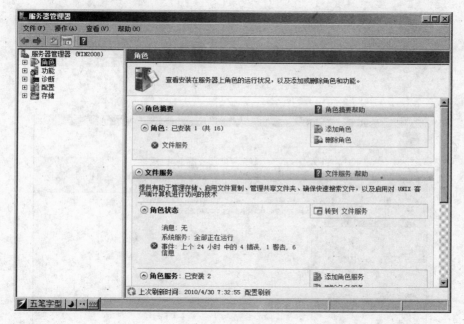

图 6-6　选择角色

在打开的"添加角色向导"对话框中出现"开始之前"页面，页面对"添加角色"的作用和使用注意事项作了简单说明，在此单击"下一步"按钮。

第二步　在出现的"服务器角色"页面中选择"DNS 服务器"选项，如图 6-7 所示，然后单击"下一步"按钮。在"DNS 服务器"页面中显示了 DNS 服务器简介和安装注意事项，在此单击"下一步"按钮。在"确认安装选择"页面中显示了要安装的服务器提示，单击"安装"按钮，安装成功后会在结果页面显示"安装成功信息"，如图 6-8 所示。

（2）配置 DNS 服务器

在安装好 DNS 之后，还需要对它进行基本的配置。

第一步　执行"开始"→"管理工具"→DNS 命令，打开"DNS 管理器"窗口。在"正向

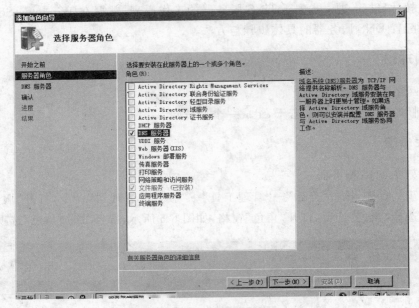

图 6-7　选择"DNS 服务器"选项

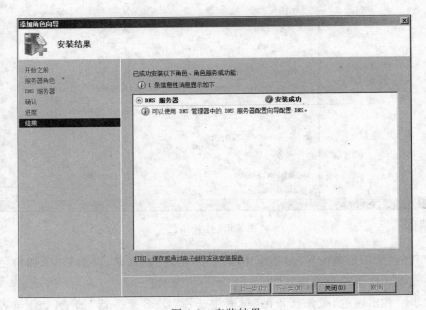

图 6-8　安装结果

查找区域"选项上单击,在弹出的菜单中选择"新建区域"选项,如图 6-9 所示。

　　说明:DNS 区域分为两大类,即正向查找区域和反向查找区域,其中,正向查找区域用于 FQDN 到 IP 地址的映射,当 DNS 客户端请求解析某个 FQDN 时,DNS 服务器在正向查找区域中进行查找,并返回给 DNS 客户端对应的 IP 地址;反向查找区域用于 IP 地址到 FQDN 的映射,当 DNS 客户端请求解析某个 IP 地址时,DNS 服务器在反向查找区

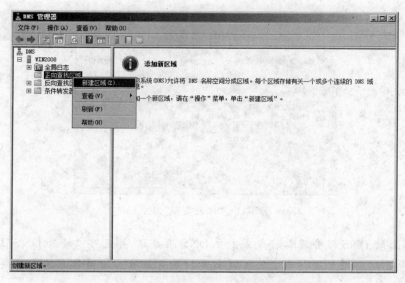

图 6-9 新建正向查找区域

域中进行查找,并返回给 DNS 客户端对应的 FQDN。

第二步 在出现的"新建区域向导"对话框中,如图 6-10 所示,单击"下一步"按钮。在出现的"区域类型"页面中,选中"主要区域"单选按钮,如图 6-11 所示,单击"下一步"按钮。

图 6-10 "新建区域向导"对话框

说明:

① 标准主要区域的区域数据存放在本地文件中,只有主要 DNS 服务器可以管理此 DNS 区域(单点更新)。这意味着当主要 DNS 服务器出现故障时,此主要区域不能再进行修改。但是,位于辅助服务器上的辅助服务器还可以答复 DNS 客户端的解析请求。标准主要区域只支持非安全的动态更新。

② 活动目录集成主要区域仅当在域控制器上部署 DNS 服务器时有效,此时,区域数据存放在活动目录中并且随着活动目录数据的复制而复制。在默认情况下,每一个运行

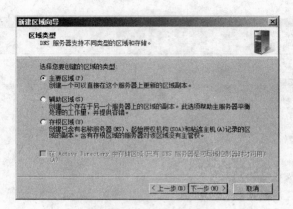

图 6-11 "区域类型"界面

在域控制器上的 DNS 服务器都将成为主要 DNS 服务器,并且可以修改 DNS 区域中的数据(多点更新),这样避免了标准主要区域出现的单点故障。活动目录集成主要区域支持安全的动态更新。

③ 辅助 DNS 服务器。在 DNS 服务设计中,针对每一个区域总是建议用户至少使用两台 DNS 服务器来进行管理。其中一台作为主要 DNS 服务器,另外一台作为辅助 DNS 服务器。

当 DNS 服务器管理辅助区域时,它将成为辅助 DNS 服务器。使用辅助 DNS 服务器的好处在于能实现负载均衡和避免单点故障。辅助 DNS 服务器用于获取区域数据的源 DNS 服务器称为主服务器,主服务器可以由主要 DNS 服务器或者其他辅助 DNS 服务器来担任。当创建辅助区域时,将要求用户指定主服务器。在辅助 DNS 服务器和主服务器之间存在着区域复制,用于从主服务器更新区域数据。

注意:这里的辅助 DNS 服务器是根据区域类型的不同而得出的概念,而在配置 DNS 客户端使用的 DNS 服务器时,管理辅助区域的 DNS 服务器可以配置为 DNS 客户端的主要 DNS 服务器,而管理主要区域的 DNS 服务器也可以配置为 DNS 客户端的辅助 DNS 服务器。

④ 存根 DNS 服务器。管理存根区域的 DNS 服务器称为存根 DNS 服务器。一般情况下,不需要单独部署存根 DNS 服务器,而是和其他 DNS 服务器类型合用。在存根 DNS 服务器和主服务器之间同样存在着区域复制。

第三步　输入区域名称,此处设为"scatc. net",如图 6-12 所示。单击"下一步"按钮,在出现的"区域文件"页面内的"创建新文件,文件名为"文本框中输入区域文件名,此处设为"scatc. net. dns",如图 6-13 所示。

第四步　单击"下一步"按钮,在出现的"动态更新"页面中选中"不允许动态更新"单选按钮,如图 6-14 所示。

如果 DNS 区域在企业内网使用,则允许动态更新。在 Active Directory 的环境下才可以使用活动目录集成区域和动态安全更新,如果用于 Internet,那么一般不需要动态更新。

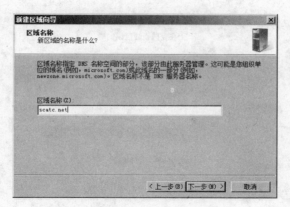

图 6-12 "区域名称"界面

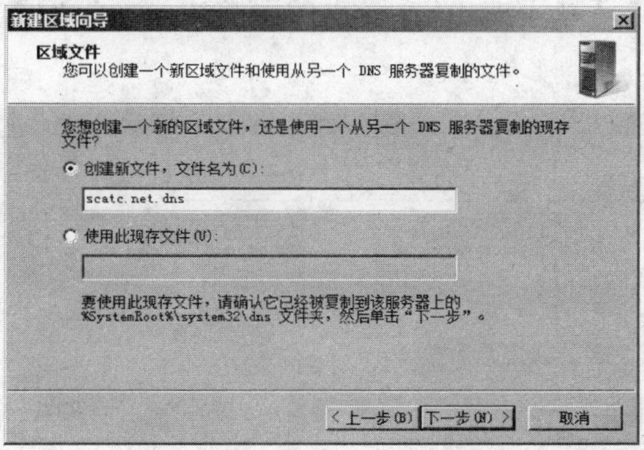

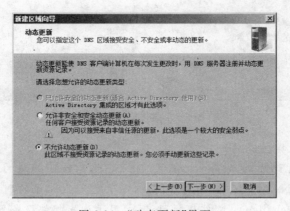

图 6-13 "区域文件"界面

图 6-14 "动态更新"界面

单击"下一步"按钮完成新建区域,单击"完成"按钮,新建区域就已经建好了,如图 6-15 所示。

第五步 下面要在区域中创建适当的 DNS 记录,首先创建 A 记录。

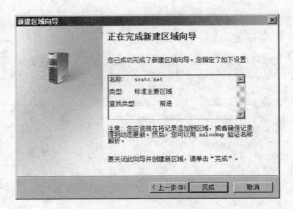

图 6-15　完成新建区域

　　在刚刚建好的正向区域中右击,在弹出的菜单中选择"新建主机"选项,如图 6-16 所示。

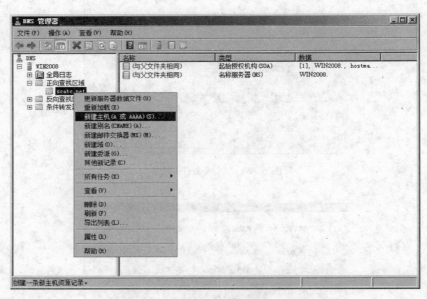

图 6-16　新建主机记录

　　说明:资源记录类型说明如下。

　　① A(Host)即 A 记录,也称为主机记录,是 DNS 名称到 IP 地址的映射,用于正向解析。

　　② CNAME:CNAME 记录,即别名记录,用于定义 A 记录的别名。

　　③ MX(Mail Exchange):邮件交换器记录,用于告知邮件服务器进程将邮件发送到指定的另一台邮件服务器(该服务器知道如何将邮件传送到最终目的地)。

　　④ NS:NS 记录用于标识区域的 DNS 服务器,即负责此 DNS 区域的权威名称服务器,指定用哪一台 DNS 服务器来解析该区域。一个区域可能有多条 ns 记录,如 zz.com 可能有一个主服务器和多个辅助服务器。

⑤ PTR：是 IP 地址到 DNS 名称的映射，用于反向解析。

⑥ SOA：用于一个区域的开始，SOA 记录后的所有信息均是用于控制这个区域的，每个区域数据库文件都必须包含一个 SOA 记录，并且必须是其中的第一个资源记录，用以标识 DNS 服务器管理的起始位置，SOA 说明能解析这个区域的 DNS 服务器中哪个是主服务器。

第六步　在弹出的对话框中输入主机名称和对应的 IP 地址，如图 6-17 所示，在 A 记录中说明了域名 web. scatc. net 对应的 IP 是 192.168.0.2。

单击"添加主机"按钮，系统弹出"成功创建主机记录"的信息，如图 6-18 所示，单击"确定"按钮完成创建。

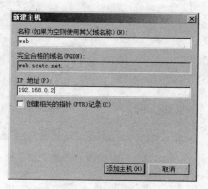

图 6-17　新建主机

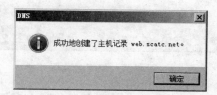

图 6-18　成功创建主机

第七步　接下来要对区域的 ns 记录进行配置。在区域上右击，在弹出的菜单中选择"属性"选项，打开如图 6-19 所示的"scatc. net 属性"对话框。

先对 ns 记录进行配置。选择"名称服务器"选项卡，如图 6-20 所示，单击"编辑"按钮，在弹出的对话框中输入由哪台服务器进行解析，在此设为"web. scatc. net"，如图 6-21 所示。注意要输入完全合格的域名"web. scatc. net"。单击"解析"按钮，下方解析出的 IP

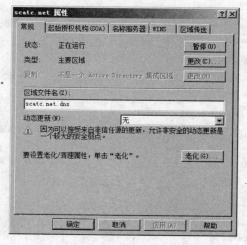

图 6-19　"scatc. net 属性"对话框

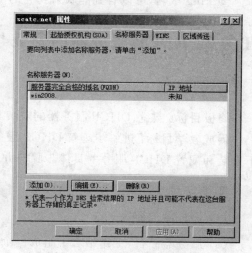

图 6-20　"名称服务器"选项卡

173

地址是 192.168.12.1,说明服务器 web. scatc. net 负责对 scatc. net 的域名解析。

第八步 接着对 SOA 记录进行配置,SOA 记录负责说明哪个 DNS 服务器是主服务器。选择"起始授权机构"选项卡,如图 6-22 所示,在此将"主服务器"改成"web. scatc. net",这里也要填完全合格的域名。如果有两台服务器对这个域名进行解析,可根据实际情况填写。

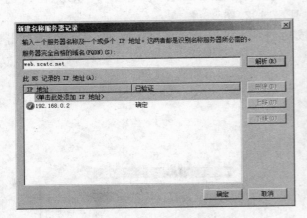

图 6-21 编辑名称服务器

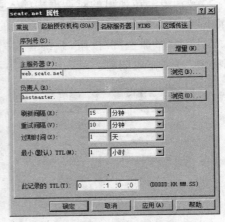

图 6-22 "起始授权机构"选项卡

至此完成了 DNS 服务器的基本配置,如需要了解 DNS 服务器进一步的配置,可参考相关书籍,此处不再详述。

(3) 验证 DNS 服务器

在客户机上的"Internet 协议(TCP/IP)/属性"窗口中,在"首选 DNS 服务器"文本框中输入上面已配置的 DNS 服务器的 IP 地址,然后用下面的地址测试。

① Nslookup IP 地址,可以看到 DNS 服务器和主机的域名解析情况。

② Ping 域名,可以看到能映射到它的 IP 地址。

任务 2:DHCP 服务器的安装与配置

教学目标

终极目标:熟悉 DHCP 服务器的安装与配置。

促成教学目标:进一步理解 DHCP 服务器的工作原理;掌握在 Windows Server 2008 下安装和配置 DHCP 服务的具体步骤与方法。

实训环境

(1) 网络实训室。

(2) 服务器一台,工作站若干组成一个局域网。

操作步骤

（1）安装 DHCP 服务器

第一步　首先打开"服务器管理器"窗口，执行"开始"→"管理工具"→"服务器管理器"命令，在打开的"服务器管理器"窗口中，选择左侧面板中的"角色"选项，如图 6-23 所示，然后单击右侧面板中的"添加角色"按钮。

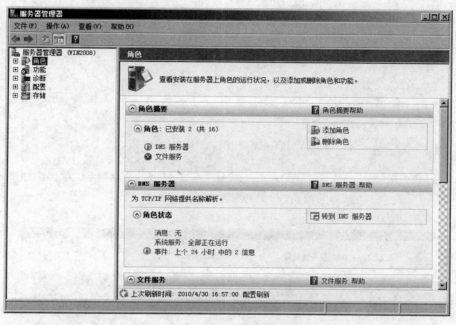

图 6-23　开始添加角色

在打开的"添加角色向导"对话框中有相关说明和注意事项，在此处单击"下一步"按钮。在"角色"列表中选择要安装的"DHCP 服务器"角色，如图 6-24 所示。

单击"下一步"按钮，出现"DHCP 服务器"说明和注意事项界面。单击"下一步"按钮，进入选择"网络连接绑定"界面，安装程序将检查用户的服务器是否具有静态 IP 地址，如果检测到会显示出来。

第二步　输入域名和 DNS 服务器的 IP 地址，通过将 DHCP 与 DNS 集成，当 DHCP 更新 IP 地址信息的时候，相应的 DNS 更新会将计算机的名称到 IP 地址的关联进行同步，如图 6-25 所示。

输入地址后单击"下一步"按钮，接下来指定 IPv4 WINS 服务器设置。对于某些企业来说，企业网络中包含使用 NetBIOS 名称的计算机和使用域名的计算机，则需要同时包含 WINS 服务器和 DNS 服务器。当然，如果用不到它，则选择第一个选项，然后单击"下一步"按钮。

第三步　添加或编辑 DHCP 作用域。作用域是为了便于管理而对子网上使用 DHCP 服务的计算机 IP 地址进行的分组。管理员首先为每个物理子网创建一个作用

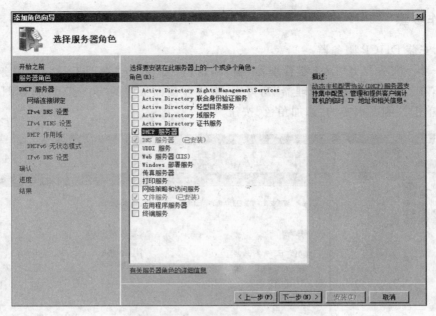

图 6-24　选择安装 DHCP 服务器

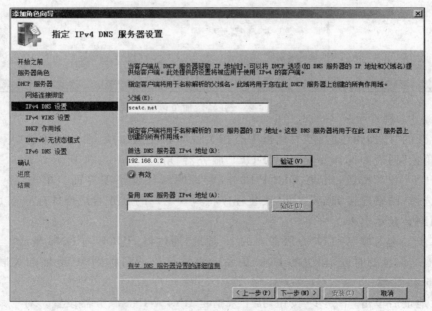

图 6-25　指定"IPv4 DNS 服务器设置"界面

域,然后使用此作用域定义客户端所用的参数,如图 6-26 所示。

　　说明:在授权 DHCP 服务器之后,首要任务便是创建作用域及配置作用域。作用域实际就是一段 IP 地址的范围,当 DHCP 客户机请求 IP 地址时,DHCP 服务器将从此段范围中选取一个尚未出租的 IP 地址,将其分配给 DHCP 客户机。

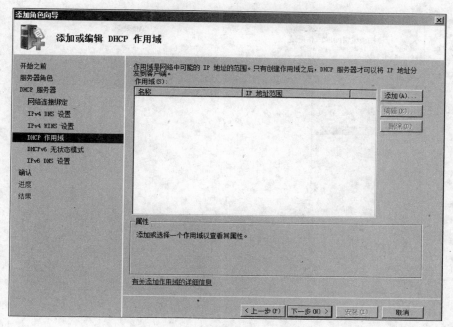

图 6-26 添加作用域(一)

每一个 DHCP 服务器中至少应有一个作用域为一个网段分配 IP 地址,如果要为多个网段分配 IP 地址,就需要在 DHCP 服务器上创建多个作用域,如图 6-27 所示。

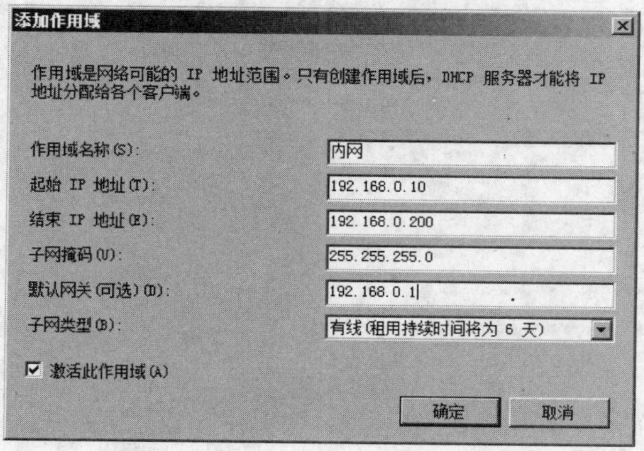

图 6-27 添加作用域(二)

单击"确定"按钮完成作用域的创建,如图 6-28 所示。

Windows Server 2008 默认支持下一代 IP 地址规范 IPv6,不过就目前的网络现状来说,IPv6 很少用到,因此可以选择对此服务器禁用 DHCPv6 无状态模式,如图 6-29 所示。

第四步 确认安装选择,如果没有问题则单击"安装"按钮开始安装,如果发现设置有问题可以单击"上一步"按钮重新设置。单击"安装"按钮后,开始自动安装。最后提示安

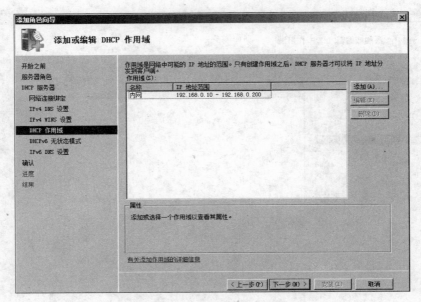

图 6-28 添加后的作用域

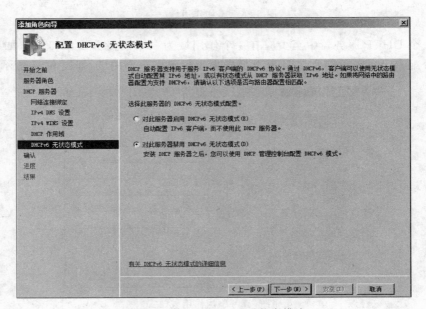

图 6-29 禁用 DHCPv6 无状态模式

装成功与否,如图 6-30 所示。

下面从"服务器管理器"窗口中确认 DHCP 服务器是否已经成功安装,如图 6-31 所示。

至此,已经成功地在 Windows Server 2008 中安装了 DHCP 服务器,那么如果在日后的工作中希望修改 DHCP 服务器的参数怎么办?下面一起看看如何对 DHCP 服务器进

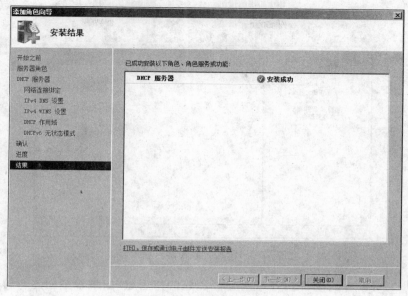

图 6-30 安装结果

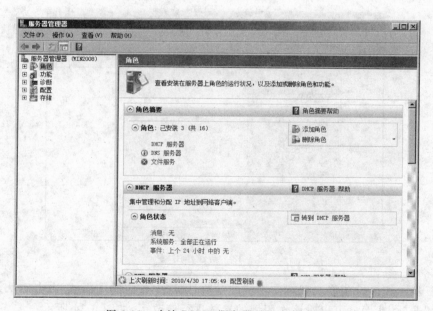

图 6-31 确认 DHCP 服务器是否安装成功

行配置。

(2) 配置 DHCP 服务器

第一步 Windows Server 2008 提供了一个 DHCP 服务器管理器,成功安装 DHCP 服务器后,执行"开始"→"管理工具"→DHCP 命令,可以启动 DHCP 管理工具,如图 6-32 所示。

图 6-32　DHCP 服务器管理界面

第二步　可以看到在 IPv4 下面有已经创建的作用域,如果希望创建新的作用域,只需右击 IPv4 选项,然后选择"新建作用域"选项即可,如图 6-33 所示。

图 6-33　新建作用域

第三步　如果希望修改现有作用域的参数,则选中相应的作用域,右击后从菜单中选择"属性"选项,然后就可以对该作用域的参数进行修改了,如图 6-34 所示。

第四步　如果希望为特定的计算机或其他设备保留 IP 地址,以便它们总是具有相同的 IP 地址,可以针对这个作用域新建保留。选中作用域中的保留,然后从右键菜单中选择"新建保留"选项,如图 6-35 所示。

然后在弹出的窗口中输入相应的 IP 地址和 MAC 地址,如图 6-36 所示。

单击"添加"按钮就可完成建立保留操作,结果可在 DHCP 服务器中的"保留"界面查看,如图 6-37 所示。

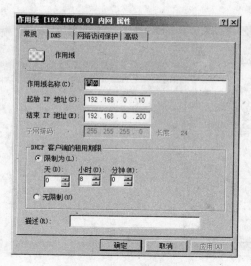

图 6-34 修改作用域参数

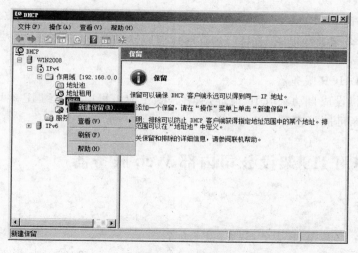

图 6-35 新建保留

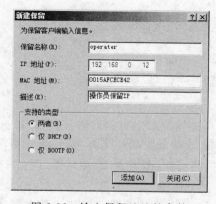

图 6-36 输入保留地址的参数

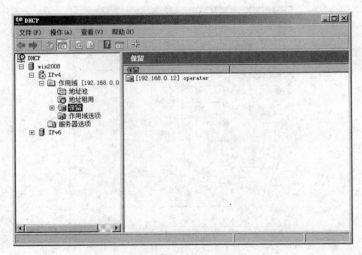

图 6-37　保留建立完成

总体来说,相比 Windows Server 2000/2003 来说,在 Windows Server 2008 中安装配置 DHCP 服务器要轻松很多,通过一个智能化的向导可以轻松地在一个界面中完成安装配置。

（3）验证 DHCP 服务器

如果客户机设成自动获取 IP 地址,从客户机上应该可以获取到 IP 地址,在客户机上用 ipconfig 命令可进行查看。

任务3：利用 IIS 架设公司内部 Web 服务器

教学目标

终极目标：熟悉 Web 服务器的安装与配置。

促成教学目标：熟悉 IIS 的安装方法;理解 Web 服务器的原理;掌握在 IIS 下创建 Web 站点的具体步骤和方法。

实训环境

（1）网络实训室。

（2）服务器一台,工作站若干组成一个局域网。

操作步骤

在部署 Web 服务前需满足以下要求：设置 Web 服务器的 TCP/IP 属性,手动指定 IP 地址、子网掩码、默认网关和 DNS 服务器 IP 地址等。

（1）安装 Web 服务器（IIS）角色

在计算机 WIN2008 上通过服务器管理器安装 Web 服务器（IIS）角色,具体步骤如下。

第一步 以域管理员账户登录到需要安装 Web 服务器(IIS)角色的计算机上,在"服务器管理器"窗口中,展开"角色"结点,然后单击窗口右侧的"添加角色"按钮,打开"添加角色向导"页面。在打开的"选择服务器角色"对话框中选中"Web 服务器 (IIS)"复选框,如图 6-38 所示。单击"下一步"按钮,出现"Web 服务器(IIS)"对话框,在该对话框中显示 Web 服务器(IIS)的简介和注意事项。单击"下一步"按钮,出现"选择角色服务"对话框,在此选择除 FTP 发布服务之外的所有角色服务。

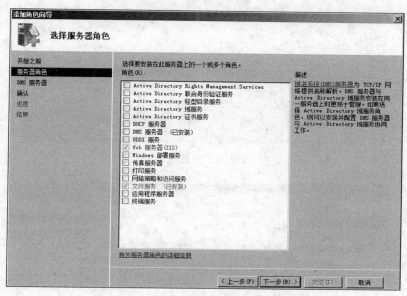

图 6-38 选择"Web 服务器(IIS)"角色服务

第二步 单击"下一步"按钮,出现"确认安装选择"界面,显示 Web 服务器(IIS)角色的信息。单击"安装"按钮开始安装 Web 服务器(IIS)角色,安装完毕出现如图 6-39 所示的"安装结果"界面。最后单击"关闭"按钮即可完成 Web 服务器(IIS)角色的安装。

(2) IIS 服务的停止和启动

要启动或停止 IIS 服务,可以使用 net 命令、"Internet 信息服务(IIS)管理器"窗口或"服务"窗口,具体步骤如下。

方法一 使用"Internet 信息服务(IIS)管理器"窗口

执行"开始"→"管理工具"→"Internet 信息服务(IIS)管理器"命令,打开"Internet 信息服务(IIS)管理器"窗口,单击服务器,然后在"操作"界面中单击"停止"或"启动"按钮即可停止或启动万维网服务,如图 6-40 所示。

方法二 使用 net 命令

以域管理员账户登录到 Web 服务器上,在命令行提示符界面中输入命令"net stop w3svc"停止万维网服务,输入命令"net start w3svc"启动万维网服务,如图 6-41 所示。

方法三 使用"服务"窗口

执行"开始"→"管理工具"→"服务"命令,打开"服务"窗口,选择 World Wide Web Publishing Service 选项并单击"启动"或"停止"按钮即可启动或停止万维网服务,如图 6-42 所示。

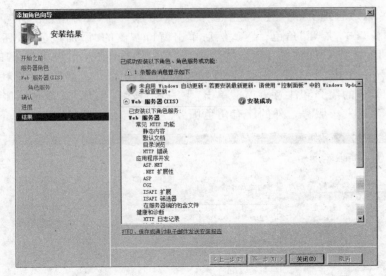

图 6-39　安装结果

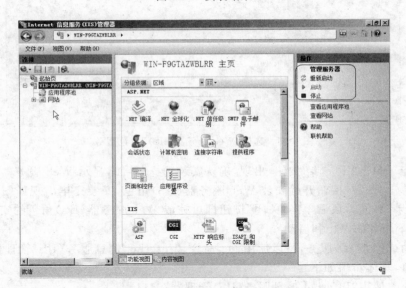

图 6-40　IIS 管理器停止或启动万维网服务

图 6-41　net 命令停止或启动万维网服务

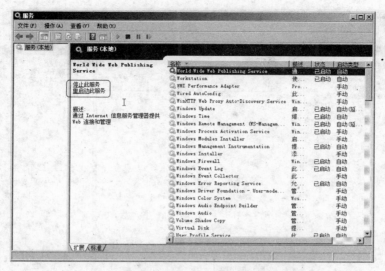

图 6-42　使用"服务"窗口启动或停止万维网服务

（3）创建 Web 网站

在 Web 服务器上创建一个新网站"web"，使用户在客户端计算机上能通过 IP 地址进行访问，具体步骤如下。

第一步　停止默认网站（Default Web Site）。

以域管理员账户登录到 Web 服务器上，打开"Internet 信息服务（IIS）管理器"窗口。依次展开服务器和"网站"结点。在安装完 Web 服务器（IIS）角色之后会在 Web 服务器上自动创建一个默认网站。右击网站"Default Web Site"，在弹出的菜单中执行"管理网站"→"停止"命令，如图 6-43 所示，即可停止正在运行的默认网站，停止后的效果如图 6-44 所示，其状态为"已停止"。

图 6-43　停止默认网站

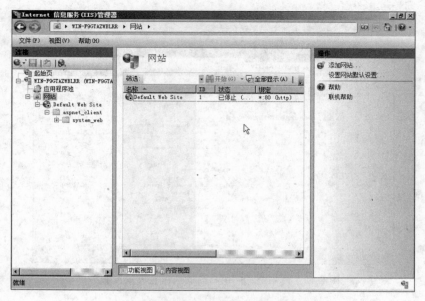

图 6-44　默认网站已经停止的状态

第二步　准备 Web 网站内容。

在 C 盘目录下创建文件夹"C:\web"作为网站的主目录,并在此文件夹内存放网页"index.htm"作为网站的首页,网页文件可以使用记事本或 Dreamweaver 等软件编写。

第三步　创建 Web 网站。

在"Internet 信息服务(IIS)管理器"窗口中展开服务器结点,右击"网站"选项,在弹出的菜单中选择"添加网站"选项,如图 6-45 所示,打开"添加网站"对话框。在该对话框中

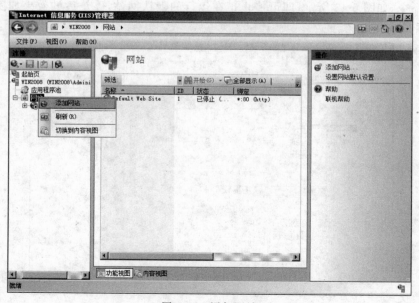

图 6-45　添加网站

可以指定网站名称、应用程序池、网站内容目录、传递身份验证、网站类型、IP 地址、端口号、主机名以及是否启动网站。在此设置网站名称为"web",物理路径为"C:\web",类型为"http",IP 地址为"192.168.0.2",端口默认为 80,如图 6-46 所示,单击"确定"按钮完成Web 网站的创建。

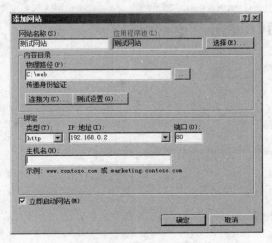

图 6-46　设置网站参数

返回如图 6-47 所示的"Internet 信息服务(IIS)管理器"窗口,可以看到刚才所创建的网站已经启动,用户在客户端计算机上可以访问该网站。

图 6-47　Web 网站效果图

第四步　在客户端计算机上访问网站。

以域管理员账户登录到 Web 客户端计算机上,打开 IE 浏览器,在"地址"文本框中输入 Web 网站的 URL 路径"http://192.168.0.2",即可访问该 Web 网站,如图 6-48 所示。可以正常访问,表明 Web 网站创建成功。

图 6-48　在客户端计算机上访问 Web 网站

（4）虚拟目录简介

Web 网站主目录位置一旦改变,所有用户的请求都将被转移到这个新的目录位置,IIS 也将把这个目录作为一个单独的站点来对待,并完成与各组件的关联。不过,有时 IIS 也可以把用户的请求指向主目录以外的目录,这种目录就称为虚拟目录。

Web 网站管理人员必须为建立的每个站点都指定一个主目录。主目录是一个默认位置,当用户的请求没有指定特定文件时,IIS 6.0 将把用户的请求指向这个默认位置。代表站点的主目录一旦建立,IIS 6.0 就会默认地使这一目录结构全部都能由网络远程用户访问,也就是说,该站点的根目录(即主目录)及其所有子目录都包含在站点结构(即主目录结构)中,并全部能由网络上的用户所访问。

一般说来,Web 站点的内容都应当维持在一个单独的目录结构内,以免引起访问请求混乱的问题。特殊情况下,网络管理人员可能因为某种需要而使用除实际站点目录(即主目录)以外的其他目录,或者使用其他计算机上的目录,来让用户作为站点访问。这时,就可以使用虚拟目录,即将想使用的目录设为虚拟目录,而让用户访问。

处理虚拟目录时,IIS 把它作为主目录的一个子目录来对待,而对于用户来说,访问时感觉不到虚拟目录与站点中其他目录之间有什么区别,可以像访问其他目录一样来访问这一虚拟目录。设置虚拟目录时必须指定它的位置,虚拟目录可以存在于本地服务器上,也可以存在于远程服务器上。多数情况下虚拟目录都存在于远程服务器上,此时,用户访问这一虚拟目录时,IIS 服务器将充当一个代理的角色,它将通过与远程计算机联系并检索用户所请求的文件来实现信息服务的支持。

表 6-2 显示了文件的物理位置与访问这些文件的 URL 之间的映射关系。

表 6-2　文件物理位置与 URL 之间的映射关系

物理位置	别　　名	URL
C：\web	主目录（无）	http：//192.168.0.2
C：\xuni	xuni	http：//192.168.0.2/xuni

（5）创建 Web 网站虚拟目录

为 Web 网站创建虚拟目录"虚拟"，其主目录为"C：\xuni"，使用户可以在客户端计算机上进行访问，具体步骤如下。

第一步　准备虚拟目录网页。

以域管理员账户登录到 Web 服务器上，在创建虚拟目录之前需要准备好虚拟目录主目录，创建文件夹"C：\xuni"作为虚拟目录的主目录，在该文件夹下创建文件"index.htm"作为虚拟目录的首页，该网页内容如图 6-49 所示。

第二步　创建虚拟目录。

打开"Internet 信息服务（IIS）管理器"窗口，依次展开服务器和"网站"结点，右击需要创建虚拟目录的网站"web"，在弹出的菜单中选择"添加虚拟目录"选项，打开"添加虚拟目录"对话框。在该对话框中指定虚拟目录的别名和物理路径，在"别名"文本框中输入"xuni"，在"物理路径"文本框中输入"C：\xuni"，如图 6-50 所示，单击"确定"按钮即可完成虚拟目录的创建。

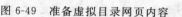

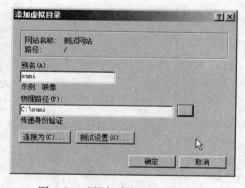

图 6-49　准备虚拟目录网页内容　　　　　图 6-50　"添加虚拟目录"对话框

返回如图 6-51 所示的"Internet 信息服务（IIS）管理器"窗口，可以看到在网站"web"下存在刚才所创建的虚拟目录。

第三步　在客户端计算机上访问虚拟目录。

以域管理员账户登录到 Web 客户端计算机上，在 IE 浏览器的"地址"文本框中输入虚拟目录路径"http：//192.168.0.2/xuni"即可访问 Web 网站虚拟目录，如图 6-52 所示。

图 6-51 创建虚拟目录后的效果

图 6-52 在客户端计算机上访问虚拟目录

任务 4：利用 IIS 架设公司内部 FTP 服务器

教学目标

终极目标：熟悉 FTP 服务器的安装与配置。

促成教学目标：熟悉 IIS 的安装方法；理解 FTP 服务器的原理；掌握在 IIS 下创建 FTP 站点的具体步骤和方法。

实训环境

（1）网络实训室。
（2）服务器一台，工作站若干组成一个局域网。

操作步骤

在当前企业网络环境中，文件传输使用的最主要方式是 FTP 协议，该方式将文件存储在 FTP 服务器上的主目录中以便用户可以建立 FTP 连接，然后通过 FTP 客户端进行文件传输。

在部署 FTP 服务前，需设置 FTP 服务器的 TCP/IP 属性，手动指定 IP 地址、子网掩码、默认网关和 DNS 服务器 IP 地址等。

（1）添加 FTP 服务

在计算机 Windows 2008 操作系统上通过"服务器管理器"安装 FTP 发布服务角色服务，具体步骤如下。

第一步　以域管理员账户登录到需要安装 FTP 发布服务角色服务的计算机上，在"服务器管理器"窗口，展开"角色"结点，由于在前面已经安装了 Web 服务器，所以，此处单击"角色"列表中的"Web 服务器"选项，在弹出的菜单中选择"添加角色服务"选项，如图 6-53 所示。

图 6-53　添加角色服务

第二步　在"选择角色服务"对话框选中"FTP 发布服务"复选框即可。

　　"FTP 发布服务"选项组包含"FTP 服务器"以及"FTP 管理控制台"选项,如图 6-54 所示。单击"下一步"按钮,出现"确认安装选择"对话框,显示要安装的角色服务信息。单击"安装"按钮开始安装 FTP 发布服务角色服务,安装完毕出现如图 6-55 所示的"安装结果"界面。最后单击"关闭"按钮即可完成 FTP 发布服务角色服务的安装。

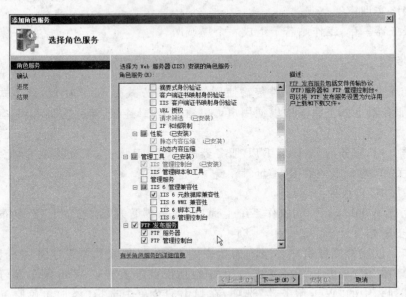

图 6-54　"添加角色服务"界面

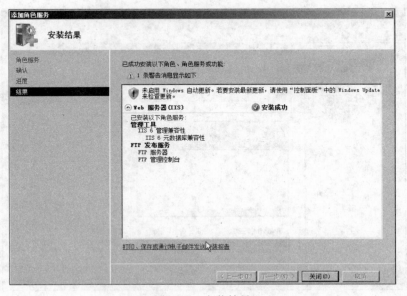

图 6-55　安装结果

　　(2) 创建和访问 FTP 站点

　　"Internet 信息服务(IIS)6.0 管理器"窗口可以在单台 FTP 服务器上创建多个 FTP

站点。要将站点添加到 FTP 服务器，必须准备该服务器及与其关联的网络服务，然后为该站点创建唯一的标识。

在 FTP 服务器上创建一个站点"ftp"，使用户在客户端计算机上能使用 IP 地址访问该站点，具体步骤如下。

第一步　准备 FTP 主目录。

以域管理员账户登录到 FTP 服务器上，在创建 FTP 站点之前，需要准备 FTP 站点的主目录以便用户上传/下载文件使用。本实例将文件夹"C:\ftp"作为 FTP 站点的主目录，并在该文件夹内存入了一个文档供用户在客户端计算机上下载和上传测试使用，如图 6-56 所示。

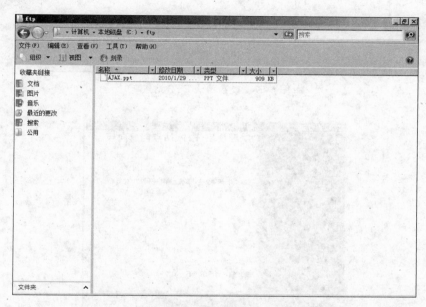

图 6-56　准备 FTP 主目录

第二步　查看默认 FTP 站点。

打开"Internet 信息服务（IIS）6.0 管理器"窗口，依次展开服务器和"FTP 站点"结点，可以看到存在一个默认的站点"Default FTP Site"，其状态为"已停止"，用户不能访问，如图 6-57 所示。

第三步　打开"FTP 站点创建向导"界面。

接着就可以创建一个新的 FTP 站点了，右击"FTP 站点"选项，在弹出的菜单中执行"新建"→"FTP 站点"命令，将打开如图 6-58 所示的"FTP 站点创建向导"界面。

第四步　设置 FTP 站点描述。

单击"下一步"按钮，出现"FTP 站点描述"界面，在"描述"文本框中输入 FTP 站点的相关描述信息"ftp test site"，如图 6-59 所示。站点描述有助于管理员识别各个 FTP 站点。

第五步　设置 IP 地址和端口。

单击"下一步"按钮，出现"IP地址和端口设置"界面，在该界面中输入访问FTP站点

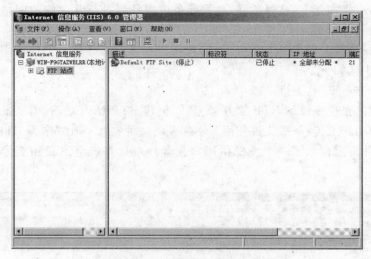

图 6-57　查看默认 FTP 站点

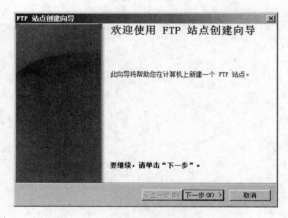

图 6-58　"FTP 站点创建向导"界面

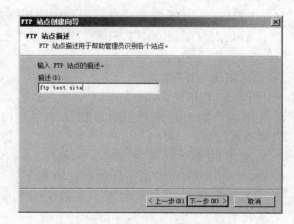

图 6-59　设置 FTP 站点的描述

所使用的 IP 地址和端口号。在本实例中,该 FTP 站点所使用的 IP 地址设置为"192.168.0.2",默认端口号 21 不用更改,如图 6-60 所示。

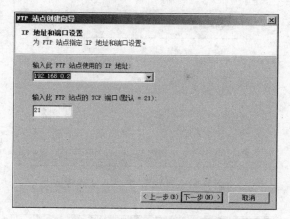

图 6-60　设置 FTP 站点的 IP 地址和端口

第六步　设置 FTP 用户隔离。

单击"下一步"按钮,出现"FTP 用户隔离"界面,在该界面中可以设置 FTP 用户隔离的选项。在此选中"不隔离用户"单选按钮,那么用户就可以访问其他用户的 FTP 主目录,如图 6-61 所示。

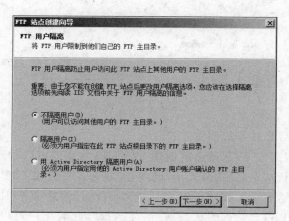

图 6-61　设置 FTP 用户隔离

第七步　设置 FTP 站点主目录。

单击"下一步"按钮,出现"FTP 站点主目录"界面,在该界面中可以设置 FTP 站点的主目录,在此输入前面准备好的主目录路径"C:\ftp",如图 6-62 所示。

第八步　设置 FTP 站点访问权限。

单击"下一步"按钮,出现"FTP 站点访问权限"界面,在该界面中可以设置 FTP 站点的访问权限,如果选中"读取"复选框,则用户可以下载 FTP 资源;如果选中"写入"复选框,则用户可以上传 FTP 资源。在此使用默认设置,如图 6-63 所示。

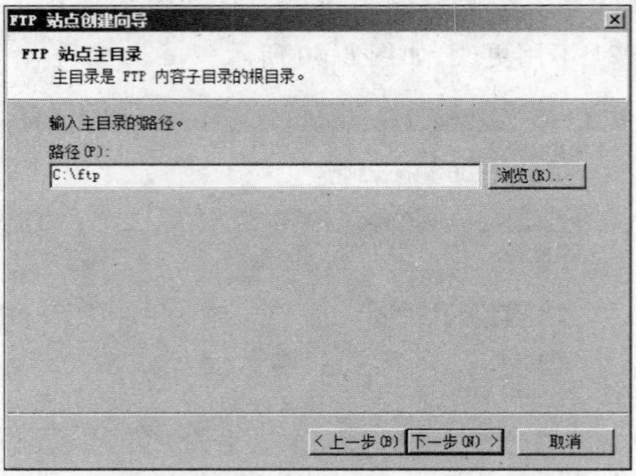

图 6-62　设置 FTP 站点主目录

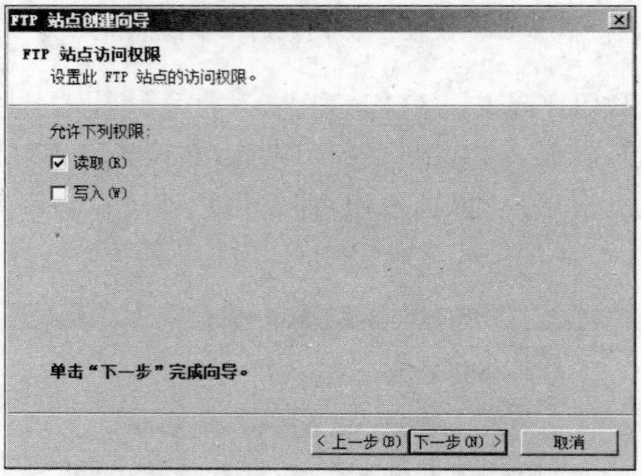

图 6-63　设置 FTP 站点访问权限

　　第九步　完成 FTP 站点的创建。

　　单击"完成"按钮完成 FTP 站点的创建,返回 IIS 管理器可以看到刚才创建好的 FTP 站点。创建完该 FTP 站点之后,其处于"已停止"状态。右击该 FTP 站点,在弹出的菜单中选择"启动"选项,然后返回如图 6-64 所示的"Internet 信息服务(IIS)6.0 管理器"窗口,可以看到刚才创建的 FTP 站点的状态是"正在运行",此时用户可以在 FTP 客户端计算机上通过 IP 地址访问该站点,如图 6-65 所示。

　　(3) FTP 虚拟目录概述及创建

　　虚拟目录是 FTP 服务器硬盘上通常不位于 FTP 站点主目录下的物理目录的友好名称或别名。别名使用户不知道文件在服务器上相对于 FTP 站点主目录的物理位置,所以便无法使用这些信息来修改文件。使用别名无须更改目录的 URL 路径,而只需更改别名与目录物理位置之间的映射。

　　使用别名的另一个好处在于可以发布多个目录下的内容以供所有用户访问,单独控制每个虚拟目录的读/写权限。即使启用用户隔离模式,也可以通过创建所有用户均具有访问权限的虚拟目录来共享公共内容。

196

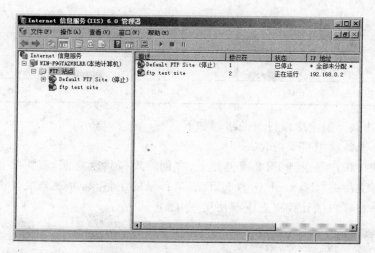

图 6-64 FTP 站点创建后的效果

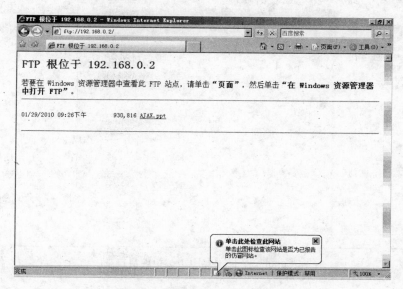

图 6-65 用客户机访问 FTP 站点

虚拟目录能够极大地拓展 FTP 服务器的存储能力。FTP 虚拟目录分为本地和远程两种,本地虚拟目录既可以位于与 FTP 站点主目录相同的磁盘分区上,也可以位于本地的其他磁盘上;远程虚拟目录则位于网络中的其他计算机上(必须与 FTP 站点所在的计算机处于同一域中)。

如果 FTP 站点包含的文件位于主目录以外的某个目录或在其他计算机上,则必须创建虚拟目录将这些文件包含到 FTP 站点中。要创建指向另一台计算机上的物理目录的虚拟目录,则必须指定该目录的完整 UNC 路径,并为用户权限提供用户名和密码。

表 6-3 显示了如何在文件的物理位置与访问这些文件的 URL 之间建立映射关系的示例。

表 6-3　URL 与物理位置之间的映射关系

URL	物理位置	别　　名
ftp://192.168.0.2	C:\ftp	主目录
ftp://192.168.0.2/xuni	C:\xuni	xuni

在 FTP 站点上创建虚拟目录的步骤如下。

第一步　准备虚拟目录内容。

以域管理员账户登录到 FTP 服务器上,在创建虚拟目录之前,需要准备虚拟目录内容。本实例将文件夹"C:\xuni"作为 FTP 虚拟目录的主目录,并在该文件夹内存入了一个程序供用户在客户端计算机上下载使用,如图 6-66 所示。

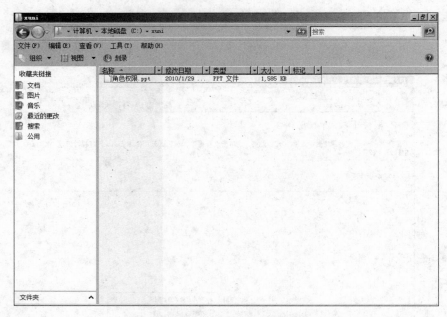

图 6-66　在 FTP 站点上创建虚拟目录

第二步　打开"虚拟目录创建向导"界面。

在"Internet 信息服务(IIS)6.0 管理器"窗口中,依次展开 FTP 服务器和"FTP 站点",右击刚才创建的站点"ftp",在弹出的菜单中执行"新建"→"虚拟目录"命令,打开如图 6-67 所示的"虚拟目录创建向导"界面。

第三步　设置虚拟目录别名。

单击"下一步"按钮,出现"虚拟目录别名"界面,在"别名"文本框中输入虚拟目录别名为"xuni",如图 6-68 所示。

第四步　设置虚拟目录路径。

单击"下一步"按钮,出现"FTP 站点内容目录"对话框,在"路径"文本框中输入虚拟目录内容的主目录路径"C:\xuni",如图 6-69 所示。

第五步　设置虚拟目录访问权限。

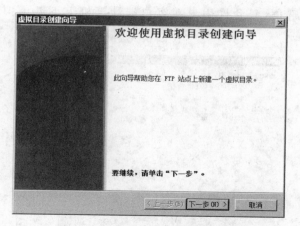

图 6-67　"虚拟目录创建向导"页面

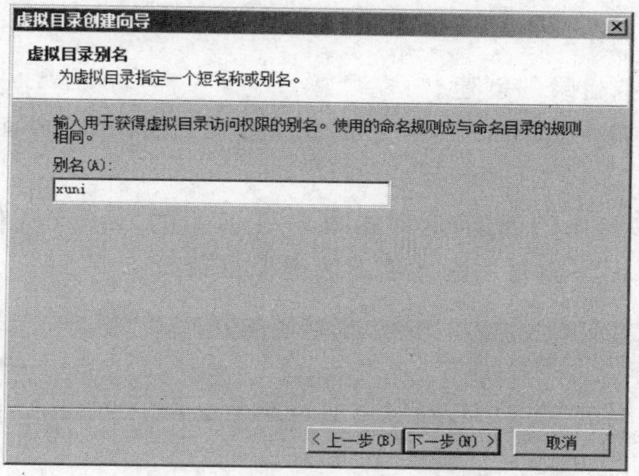

图 6-68　设置虚拟目录别名

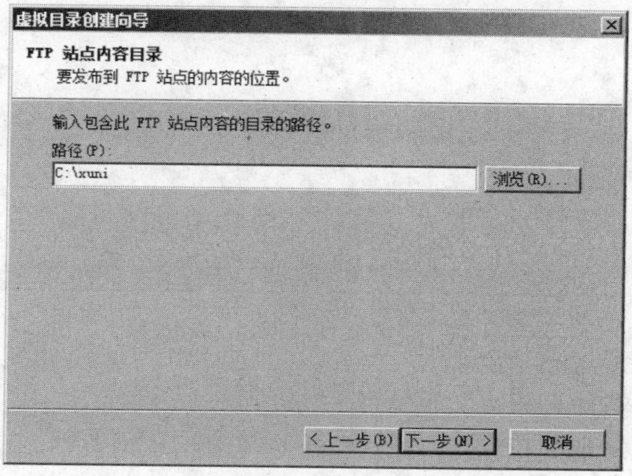

图 6-69　设置虚拟目录路径

单击"下一步"按钮,出现"虚拟目录访问权限"对话框,在"允许下列权限"选项区域中默认选中"读取"复选框,只允许用户在客户端计算机上下载虚拟目录中的资源,如图 6-70 所示。

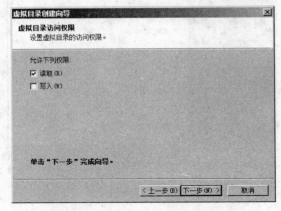

图 6-70　设置虚拟目录访问权限

第六步　完成虚拟目录的创建。

单击"下一步"按钮,出现"已成功完成虚拟目录创建向导"界面,单击"完成"按钮结束虚拟目录的创建。

完成了 FTP 虚拟目录的创建,返回如图 6-71 所示的"Internet 信息服务(IIS)6.0 管理器"窗口,在站点"ftp"下面存在刚才创建的虚拟目录。

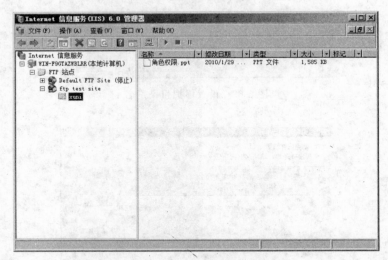

图 6-71　虚拟目录创建后的效果

第七步　在客户端计算机上访问虚拟目录。

以管理员账户登录到 FTP 客户端计算机上,打开 IE 浏览器,在"地址"文本框中输入"ftp://192.168.0.2/xuni",就可以打开 FTP 站点上的虚拟目录进行访问,如图 6-72 所示。

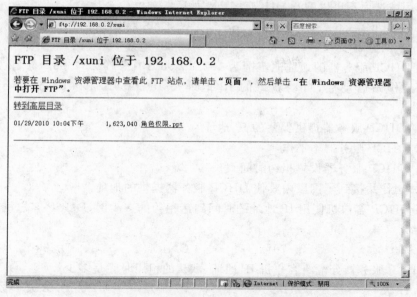

图 6-72 在客户端计算机上访问虚拟目录

小　　结

　　本项目首先分析了用户对网络服务器的基本需求；其次，介绍了网络服务器、客户机/服务器模型、常用网络服务（如 DNS、DHCP 及 IIS 等）的基本知识和相关概念，简单介绍了校园网站服务器的架构实例；最后，详细说明了 DHCP、DNS、Web、FTP 网络服务器的安装和基本配置方法。

习　　题

一、选择题

1. FQDN 是什么的简称？（　　）

　　A. 相对域名　　　　B. 绝对域名　　　　C. 基本域名　　　　D. 完全域名

2. 对于域名 test.com，DNS 服务器的查找顺序是以下哪一项？（　　）

　　A. 先查找 test 主机，再查找.com 域　　B. 先查找.com 域，再查找 test 主机

　　C. 随机查找　　　　　　　　　　　　D. 以上答案皆是

3. 什么命令可以手动释放 DHCP 客户端的 IP 地址？（　　）

　　A. ipconfig　　　　　　　　　　　　B. ipconfig /renew

　　C. ipconfig /all　　　　　　　　　　D. ipconfig /release

4. 作用域选项不可以配置 DHCP 客户端的哪一项？（　　）

    A. 默认网关   B. DNS 服务器地址

    C. 子网掩码   D. IP 地址

5. 某 DHCP 服务器的地址池范围为 192.36.96.101～192.36.96.150，该网段下某 Windows 工作站启动后，自动获得的 IP 地址是 169.254.220.167，这是什么原因？（　　）

    A. DHCP 服务器提供保留的 IP 地址

    B. DHCP 服务器不工作

    C. DHCP 服务器设置租约时间太长

    D. 工作站接到了网段内其他 DHCP 服务器提供的地址

6. 当 DHCP 客户机使用 IP 地址的时间到达租约的多少时，DHCP 客户机会自动尝试续订租约。（　　）

    A. 50%   B. 70%   C. 40%   D. 90%

7. DHCP 服务器分配给客户机 IP 地址，默认的租用时间是多少？（　　）

    A. 1 天   B. 3 天   C. 5 天   D. 8 天

8. 在配置 IIS 时，如果想禁止某些 IP 地址访问 Web 服务器，应在"默认 Web 站点"的属性对话框中的什么选项卡中进行配置？（　　）

    A. 目录安全性   B. 文档   C. 主目录   D. ISAPI 筛选器

9. IIS 的发布目录可以在什么地方？（　　）

    A. 只能够配置在 c:\inetpub\wwwroot 上

    B. 只能够配置在本地磁盘上

    C. 只能够配置在联网的其他计算机上

    D. 既能够配置在本地的磁盘，也能配置在联网的其他计算机上

10. FTP 站点的默认 TCP 端口号是多少？（　　）

    A. 20   B. 21   C. 41   D. 2121

二、简答题

1. 简述 DNS 服务的概念及基本功能。

2. 简述 DHCP 的概念。

3. 简述 DHCP 服务器的工作原理。

4. 简述 HTTP 协议的概念。

5. 什么是 Web 服务器？

学习情境 **4**

无线网络的组建

项目 7　组建无线网络

项目目标

(1) 了解常用的无线传输介质
(2) 熟悉 IEEE 802.11 标准
(3) 熟悉无线网络接入设备
(4) 了解无线局域网的组网模式

项目背景

(1) 网络机房
(2) 校园网络
(3) 家庭网络

7.1　用户需求与分析

如今,网络已经成为大多数企业日常办公的必备工具,不少企业对网络的要求和依赖也逐渐增强。目前,一些企业要求在办公室、会议室及会客室等办公场所可以非常方便地接入互联网,而这只能由无线网络实现。

企业对于网络的要求除了实用之外,更注重稳定和安全,这也是企业无线网络与家用无线网络的本质差别。

如同组建企业有线网络一样,组建企业无线网络时也要以企业的需求为原则,因为组建无线网络的目的就是让网络更好地为企业办公服务。无线网络与有线网络虽然都是网络,但企业对其需求却不尽相同。归纳起来,企业对无线网络的需求主要有以下几点。

1. 安全稳定

众所周知,无线网络的性能要受到障碍物、传输距离等因素的影响,而企业对于网络的最基本要求就是稳定。目前,无线网络的主流传输速率为 54Mbps,与有线网络相比有一定的差距,加上无线网络易受综合环境的影响,企业组建无线网络时,稳定成为企业必须考虑的问题。

另外,无线网络具有很强的开放性,任何一台拥有无线网卡的 PC 都可以登录到企业的无线网络,这对于企业来说是一种威胁。为此,企业无线网络必须要安全。

2. 覆盖范围

一般来说,一个企业会拥有多个公众办公区域、多个会议室,以及公共会客室。既然企业要搭建无线网络,必须要让员工在办公区内的任何地方都可以接入互联网。由于无线网络的覆盖范围有限,组建企业无线网络时,必须考虑到无线网络的覆盖范围,让无线网络信号覆盖企业的每一个地方,实现无缝覆盖。

3. 可扩充性

对于发展中的企业而言,经营过程中有可能会扩充办公区域,其网络也必须预留出扩充的空间。虽然部署无线网络不需要铺设双绞线,但如果没有预留扩充位置,无线网络依然无法扩充。为了企业发展的需要,组建企业无线网络时,可扩充性也是企业的一个需求。

7.2 相 关 知 识

7.2.1 无线网络的基础知识

除了有线网络之外,还有各种不需要线缆即可在主机之间传输信息的技术,即无线技术。

无线技术使用电磁波在设备之间传送信息。电磁波是通过空间传送无线电信号的一种介质。电磁波谱包括无线电和电视广播波段、可见光、X 射线和 γ 射线等。它们各有其特定的波长及相关能量的范围,如图 7-1 所示。其中,部分类型的电磁波不适合传送数据;部分波段受政府管制,由政府授权不同的组织用于特殊用途;有一些特定波段则供公众使用,无须专门申请许可。公共无线通信最常用的波长包括红外线和无线电射频(RF)波段部分。

红外线(IR)的能量非常低,无法穿透墙壁或其他障碍物。但它常用于连接个人数字助理(PDA)和 PC 等设备并传送数据。一种称为红外直接访问(IrDA)的专用通信端口便使用红外线在设备之间交换信息。IR 只支持一对一类型的连接,还可用于遥控设备、无线鼠标和无线键盘,但通常只适合视线范围内的近距离通信。

RF 波可以穿透墙壁及其他障碍物,传输距离比 IR 远得多。RF 波段的特定区域预留给没有许可证的设备使用,如无线局域网、无线电话、计算机外围设备等。这些频段包括 900MHz、2.4GHz 和 5GHz 的频率范围,被称为工业科学和医疗(ISM)波段,其使用受到较少限制。蓝牙是一种利用 2.4GHz 频带的技术,它仅限于低速、近距离的通信,其优势是可以同时与许多设备通信。在连接计算机外围设备(如鼠标、键盘和打印机)时,这种一对多的通信能力就体现出了蓝牙技术相对于 IR 的优势。另有一些利用 2.4GHz 和 5GHz 频带的现代无线局域网技术,它们符合 IEEE 802.11 标准。这些技术与蓝牙技术

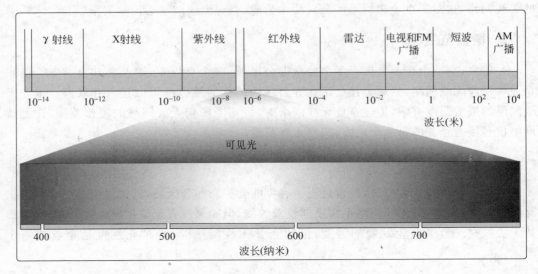

图 7-1　电磁波谱

的区别在于其发射功率更高,因此传输距离也更远。

与传统的有线网络相比,无线技术具有诸多优点。

其主要优点之一就是能够随时随地进行连接。广泛分布在公共场合当中的无线接入点(称为热点),使人们能够轻松地连接到 Internet 下载信息和交换电子邮件与文件。

无线网络的安装非常简单经济,而且家庭和企业无线设备的价格也在不断下降。随着这些设备价格的下降,其数据速率和功能却在提高,并能支持更快、更可靠的无线连接。

由于不受电缆连接的限制,网络可以利用无线技术轻易地扩展,新用户和来访者可以快速而轻松地加入网络。

无线技术非常灵活,有很多优点,但也有一定的局限性和风险。

首先,无线 LAN(WLAN)技术使用 RF 频谱中无须许可证的频段,由于这些频段不受管制,因此被许多不同的设备使用。结果,这些频段非常拥挤,来自不同设备的信号经常相互干扰。此外,微波炉和无线电话等设备也使用这些频率,因而可能会干扰 WLAN通信。

其次,无线的主要问题是安全。无线提供了便捷的访问途径,其广播的方式让任何人都能访问数据,这种功能也削弱了无线技术对数据的保护能力。因为任何人(包括非预定的接收者)都可以截取到通信流。为解决这些安全问题,人们开发了许多保护无线通信的技术,如加密和身份验证等。

7.2.2　无线局域网标准

为确保无线设备之间能互相通信,已经产生了许多标准,这些标准规定了使用的 RF频谱、数据速率、信息传输方式等。负责创建无线技术标准的主要组织是 IEEE。IEEE802.11 标准用于管理 WLAN 环境。目前可用的附录有 802.11a、802.11b、802.11g 和

802.11n。这些技术统称为无线保真(Wireless Fidelity,Wi-Fi)。表 7-1 简要地比较了当前的 WLAN 标准及其使用的技术。

表 7-1　WLAN 标准及其技术特征

标　　准	特　　征
802.11a	使用 5GHz RF 频谱 最大数据率为 54Mbps 与 2.4GHz 频谱(即 802.11b/g/n 设备)不兼容 范围大约是 802.11 b/g 的 33% 与其他技术相比,实施此技术非常昂贵 802.11a 标准的设备越来越少
802.11b	首次采用 2.4 GHz 的技术 最大数据速率为 11Mbps 范围大约是室内 46m/室外 96m
802.11g	2.4GHz 技术 最大数据速率为 54Mbps 范围与 802.11b 相同 与 802.11b 向下兼容
802.11n	是 2009 年 9 月 11 日正式批准的最新标准 2.4 GHz 技术(草案标准规定了对 5 GHz 的支持) 扩大了范围和数据吞吐量 与现有的 802.11g 和 802.11b 设备向下兼容

7.2.3　无线局域网介质访问控制规范

在 WLAN 中,由于没有清晰的边界定义,因而无法检测到传输过程中是否发生冲突。因此,必须在无线网络中使用可避免发生冲突的访问方法。

无线技术使用的访问方法称为载波侦听多路访问/冲突避免(Carrier Sense Multiple Access with Collision Avoidance,CSMA/CA)。CSMA/CA 可以预约供特定通信使用的通道,在预约之后,其他设备就无法使用该通道传输,从而避免冲突。

这种预约过程是如何运作的呢? 如果一台设备需要使用 BSS 中的特定通信通道,就必须向 AP 申请权限,这称为请求发送(Request to Send,RTS)。如果通道可用,AP 将使用允许发送(Clear to Send,CTS)报文响应该设备,表示设备可以使用该通道传输。CTS 将广播到 BSS 中的所有设备。因此,BSS 中所有设备都知道所申请的通道正在使用中。

通信完成之后,请求该通道的设备将给 AP 发送另一条消息,称为确认(Acknowledgement,ACK)。ACK 告知 AP 可以释放该通道,此消息也会广播到 WLAN 中的所有设备。BSS 中所有设备都会收到 ACK,并知道该通道重新可用。

7.2.4　无线网络的硬件设备

采用某种标准后,WLAN 中的所有组件都必须遵循该标准或与该标准兼容。需要考虑的组件主要包括无线客户端、接入点、无线网桥和天线,如图 7-2 所示。

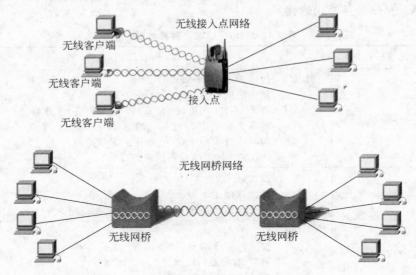

图 7-2 无线网络的组件

无线客户端也被称为 STA,STA 是无线网络中任何可编址的主机。和以太网一样,无线网卡也使用 MAC 地址来标识终端设备,STA 是实际终端设备,如笔记本电脑或 PDA。客户端软件运行在 STA 中,让 STA 能够连接到无线网络。无线 STA 可以是固定的,也可以是移动的。

接入点(AP)是将无线网络和有线 LAN 相连的设备。大多数家庭和小型企业环境都使用多功能设备,这种设备包含 AP、交换机和路由器等,它们通常被称为无线路由器。这种设备充当传统的网桥,将帧在无线网络使用的 802.11 格式和以太网使用的 802.3 格式之间转换。AP 还跟踪所有关联的无线客户端,并负责传输前往或来自无线客户端的帧。

无线网桥用于提供远距离的点到点或点到多点的连接,它们很少用于连接 STA,而使用无线技术将两个有线 LAN 网段连接起来。使用无须许可的 RF 频率时,桥接技术可连接相隔 40km 甚至更远的网络。

天线用于 AP、STA 和无线网桥中,以提高无线设备输出的信号强度。发射功率的提高被称为增益。一般而言,发射信号越强,覆盖范围就越大,传输距离越远。根据发射信号的方式可将天线分为定向天线和全向天线。定向天线将信号强度集中到一个方向发射,可实现远距离传输,如常用于实现点到点的桥接,即将两个相隔遥远的场点连接起来;而全向天线则朝所有方向均匀地发射信号,如 AP 通常使用全向天线,以便在较大的区域内提供连接。

7.2.5 无线网络的组网模式

WLAN 有两种基本形式:对等模式和基础架构模式。

1. 对等模式

最简单的无线网络是以对等方式将多个无线客户端连接在一起的。以这种方式组建的无线网络被称为对等网络,其中没有 AP。对等网络中的所有客户端都是平等的,如图 7-3 所示,这种网络覆盖的区域称为独立基本服务集(IBSS)。简单的对等网络可用于在设备之间交换文件和信息,而免除了购买和配置 AP 的成本和麻烦。

2. 基础架构模式

对等模式适用于小型网络,但大型网络需要一台设备来控制无线蜂窝中的通信。如果存在 AP,AP 将承担角色,负责控制可通信的用户及通信时间。当 AP 负责控制蜂窝内的通信时,被称为基础架构模式,它是家庭和企业环境中最常用的无线通信模式,如图 7-4 所示。在这种 WLAN 中,STA 之间不能直接通信,要进行通信,每台设备都必须获得 AP 的许可。AP 控制所有通信,确保所有 STA 都能平等地访问媒体。单个 AP 覆盖的区域称为基本服务集(BSS)或蜂窝。

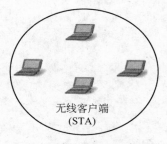

图 7-3　独立基本服务集

图 7-4　基本服务集

BSS 是最小的 WLAN 的组成部分。由于单个 AP 覆盖的区域有限,经常将多个 BSS 连接起来构成一个扩展服务集(ESS)。ESS 由多个通过分布系统连接在一起的 BSS 组成。ESS 使用多个 AP,其中每个 AP 都位于一个独立的 BSS 中,如图 7-5 所示。虽然包含独立的 BSS,但整个 ESS 使用的服务集标识符(SSID)相同。

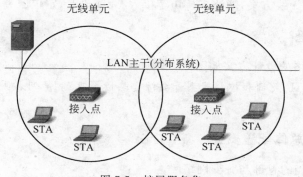

图 7-5　扩展服务集

209

7.2.6　服务区域认证 ID

服务集标识符(SSID)用于标识无线设备所属的 WLAN 以及能与其相互通信的设备。无论是哪种类型的 WLAN,同一个 WLAN 中的所有设备必须使用相同的 SSID 配置才能进行通信。

在构建无线网络时,需要将无线组件连接到适当的 WLAN,这可以通过使用 SSID 来选择适当的 WLAN。

SSID 是一个区分大小写的字母数字字符串,最多可以包含 32 个字符。它包含在所有帧的报头中,并通过 WLAN 传输。

7.3　案例分析：典型小型无线网络的组建实例

1. 用户需求分析

(1) 客户规模

① 客户有一个总部,约有 100 名员工。

② 一个分支机构,约有 20 名员工。

(2) 客户需求

① 组建安全可靠的总部和分支机构无线局域网。

② 总部和分支机构的无线 AP 能够统一管理,统一配置。

③ 方便、图形化的无线网络管理。

④ 整体方案将来要能够支持访客接入、语音、定位等服务,以利于投资保护。

(3) 设计方案

① 部署集中式无线局域网,构建安全的无线网络。

② 部署无线控制器,实现统一的图形化管理和配置。

③ 部署统一的无线方案,能够支持访客接入、无线语音、定位服务。

2. 设计方案图

该小型无线网络的设计方案如图 7-6 所示。

注意：具体的 AP 数目和控制器型号要综合实际情况选择,可按照每个 AP 覆盖半径 25m 来计算。

3. 设计方案总体配置概述

(1) 安全和智能的总部与分支网络

① LAN：总部局域网提供约 100 个用户的接入;同时提供 AP 接入的端口,建议使用以太网供电交换机。

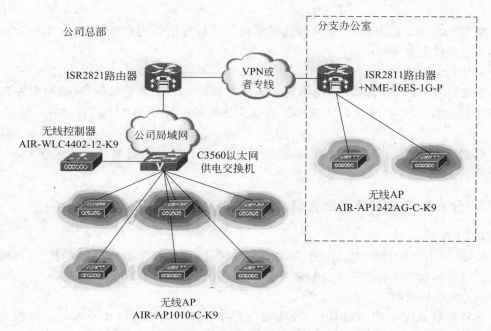

图 7-6　某小型无线网络解决方案

② WAN：广域网要求延时小于 100ms，否则影响控制器和分支办公室 AP 之间的通信。

（2）总部和分支用户的无线服务

① 总部可能有几个楼面，要为整个办公区域提供无线接入服务，一般按照每个无线 AP 覆盖半径 25m 来计算需要 AP 的数量。

② 除了无线数据接入外，也可以在无线基础上提供无线 IP 电话服务、访客接入服务。

③ 如果增加定位服务器 2710 和无线网络管理软件 WCS，还能够提供无线定位服务。

（3）网络管理

① 所有 AP 都集中在无线控制器上进行管理。

② 无线控制器提供基于网页的图形化管理界面；每个 AP 所在的 Channel 和发射功率都由无线控制器自动管理。

③ 不需要对每个 AP 单独配置，所有的软件同步和配置同步都由无线控制器来完成。

4. 总部方案产品配置详述

（1）LAN

采用思科 C3560 或者思科 CE500 为无线 AP 提供以太网供电及交换端口。

211

（2）WAN

采用 ISR2821 路由器,广域网链路需要提供比较好的带宽和延时,和分支办公室之间的延时不能大于 100ms。

（3）无线局域网

配置思科 AIR-AP1010-C-K9 办公室无线覆盖接入 AP,根据实际情况,可以在某些区域单独放置 AP,如会议室。也可以选择其他型号的无线 AP,如 1131AG、1242AG、1020 等。

根据 AP 的数量来选择无线控制器的型号,如思科的控制器型号为 AIR-WLC4402-12-K9,可实现对 12 个 AP 的控制。

5. 分支机构方案产品配置描述

（1）LAN

LAN 采用思科 ISR2811,配置 NME-16ES-1G-P,提供用户 100Mbps 的接入,同时提供 AP 所需的电源供应。分支办公室与总部的连接延时不大于 100ms。

（2）无线局域网

选择思科 AIR-AP1242AG-C-K9 作为分支办公室的无线 AP,由总部的无线控制器进行管理和配置。当广域网链路中断时,AP1242 仍然能够转发本地数据。

7.4 项 目 实 践

任务 1：配置无线接入点

教学目标

终极目标：配置多功能设备的无线接入点（AP）部分以使无线客户端能访问。

促成教学目标：熟悉 IEEE 802.11 标准（ 802.11a、802.11b、802.11g 和 802.11n）；掌握 SSID 的作用。

实训环境

（1）网络实训室。

（2）多功能设备 Linksys WRT300N 一台（ 包含一个集成的 4 端口交换机、一个路由器和一个无线接入点）,装有 Windows XP 的计算机一台。

操作步骤

第一步 将计算机连接到 Linksys WRT300N 的一个交换机端口,将该机的 IP 地址设为 192.168.1.2,子网掩码必须为 255.255.255.0。

第二步 打开 Web 浏览器,在地址行中输入"http://ip_address",其中 ip_address

是无线路由器的 IP 地址(默认地址为 192.168.1.1)。在提示对话框中将"用户名"文本框空出,输入为路由器指定的密码,默认密码是 admin,单击"确定"按钮,出现如图 7-7 所示的配置界面。

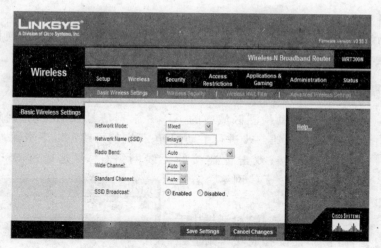

图 7-7   AP 配置界面

第三步   在主菜单中选择 Wireless 选项,Basic Wireless Settings 界面中各参数的介绍如下。

(1) Network Mode 默认显示 Mixed,因为 AP 支持 802.11b/g/n 等类型的无线设备。用户可以使用其中任何一个标准连接 AP。如果多功能设备的无线部分未使用,则网络模式应设置为 Disabled。保留所选的 Mixed 默认值。

(2) 删除 Network Name(SSID)文本框中的默认 SSID(linksys),将其设为 myvtc(注意记录以便在无线客户端使用,注意该值区分大小写)。

(3) 对于可以使用 802.11b/g/n 客户端设备的无线网络,Radio Band 的默认值为 Auto。选择 Auto 选项后,便可选择 Wide Channel 选项以提供最高性能。如果使用 802.11b/g 或者同时使用 b 和 g 无线客户端设备,将使用 Standard Channel 选项;如果只使用 802.11n 客户端设备,则使用 Wide Channel 选项。保留所选的 Auto 默认值。

(4) SSID Broadcast 的默认设置为 Enabled,即 AP 定期通过无线天线发送 SSID。区域中的所有无线设备都可以检测到此广播,这就是客户端检测附近无线网络的方式。

(5) 单击 Save Settings 按钮。当设置成功保存之后,单击 Continue 按钮可作其他配置。

注意:为保护无线通信安全,通常在 Security 界面启用加密和身份验证、设置网络验证和加密方式及接入密钥。

任务 2:配置无线客户端

教学目标

终极目标:配置无线客户端以使其通过 AP 接入局域网。

促成教学目标：熟悉无线客户端的配置方法。

实训环境

(1) 网络实训室。

(2) 多功能设备 Linksys WRT300N 一台(包含一个集成的 4 端口交换机、一个路由器和一个无线接入点)，装有 Windows XP(装有无线网卡)的计算机一台。

操作步骤

第一步　无线客户端自动检测区域内的 AP，并根据信号强弱自动选择 AP 进行连接。若未能自动连接，则应从第二步进行手动配置；否则均可跳过以下步骤。

第二步　查看网络连接，双击欲连接的无线网络(主要是通过 SSID 来识别)，Windows XP 将尝试连接到该无线网络。若连接成功可跳过下一步。

第三步　如果"无线网络连接"对话框中无线网络的消息是"身份验证没有成功"，则应当在"相关任务"列表中单击"更改首选网络的顺序"按钮打开"无线网络 属性"对话框，选择"无线网络配置"选项卡，在"首选网络"列表中单击无线网络名称，然后单击"属性"按钮，显示如图 7-8 所示该无线连接的"属性"对话框。在"网络验证"下拉列表中选择"开放式"选项，在"数据加密"下拉列表中选择 WEP 选项，在"网络密钥"和"确认网络密钥"文本框中输入无线 AP 上配置的 WEP 加密密钥，在"密钥索引(高级)"文本框中选择对应于无线 AP 上配置的加

图 7-8　无线连接的"属性"对话框

密密钥内存位置的密钥索引。单击"确定"按钮后可通过验证无线连接状态来确认。

第四步　除了验证无线连接状态以外，还要验证数据是否能够实际传输。验证数据是否成功传输的最常见方法是 Ping 测试，如果 Ping 成功，则表示可以传输数据。

任务3：规划小型办公室网络

教学目标

终极目标：掌握小型无线网络的设计规划方法。

促成教学目标：掌握现有的 WLAN 标准；了解影响组建 WLAN 的因素。

实训环境

自选学院所在行政办公楼为设计对象。

操作步骤

在实施无线网络解决方案时,必须先进行规划,然后再执行任何安装。规划的具体内容如下。

第一步 确定无线标准。

在确定要使用的 WLAN 标准时,必须考虑多项因素。最常见的因素包括带宽要求、覆盖范围、现有部署和成本。

BSS 中可用的带宽须由该 BSS 内的所有用户共享。如果多个用户同时连接,则即使具体应用不需要高速连接,也可能需要一种速度较高的技术。

不同的标准支持不同的覆盖范围。802.11 b/g/n 技术中使用的 2.4GHz 信号传输范围比 802.11a 技术中使用的 5GHz 信号传输范围更大。因此 802.11 b/g/n 支持更大的 BSS,实施时所需的设备更少、成本更低。

现有网络还对实施新的 WLAN 标准有影响。例如,802.11n 标准与 802.11g 向下兼容,但 802.11b 与 802.11a 不兼容。如果现有网络基础架构和设备支持 802.11a,则新的实施还必须支持同一标准。

在考虑成本时,应考虑总拥有成本(TCO),包括设备购买成本以及安装和支持成本。在大中型企业环境中,TCO 对所选 WLAN 标准的影响比在家庭或小型企业环境中产生的影响更大。这是因为在大中型企业中,需要更多的设备和安装计划,因此会增加成本。

第二步 规划无线设备的安装。

在家庭或小型企业环境中,安装通常只涉及少量的设备,这些设备可以轻松地重新部署,以获取最佳的覆盖范围和吞吐量。

在大型企业环境中,设备无法轻松地重新部署,并且覆盖范围必须全面。确定 AP 的最佳数量和位置对于以最低成本提供适当覆盖范围非常重要。

为完成这一任务,通常需要进行现场勘测。现场勘测的负责人必须精通 WLAN 设置,并且配有可以测量信号强度和干扰的先进设备。根据 WLAN 的部署规模,此过程的成本可能非常高。如果规模小,通常只需使用无线 STA 以及大多数无线网卡随附的实用程序进行简单的现场勘测。

在确定 WLAN 设备的部署位置时,任何情况下都必须考虑已知的干扰源,如高压电线、电动机及其他无线设备。

任务 4:建设无线有线一体化的园区网

教学目标

终极目标:构建无线有线一体化的园区网。

促成教学目标:掌握无线有线一体化的园区网综合设计方法;掌握无线接入点的配置;熟悉无线客户端的配置方法。

实训环境

（1）网络实训室。

（2）装有 Windows XP 的计算机若干（装有思科 Packet Tracer 5.1 以上版本）。

操作步骤

说明：本任务在实训室仿真无线有线一体化校园网结构进行（实际设计时应按照任务 3 确定拓扑结构、无线设备选择与安装等），并以办公楼和教学楼代表校园其他楼群，其仿真设计如图 7-9 所示。

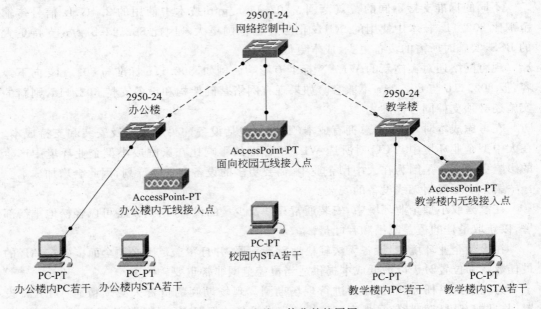

图 7-9　无线有线一体化的校园网

第一步　启动 Cisco Packet Tracer 5.21，制作如图 7-9 所示的无线有线一体化的校园网拓扑图。

第二步　参照任务 1 配置各 AP（BSS 的 SSID 要相同从而构成一个 ESS，如均可配置为 myvtc）。

第三步　参照任务 2 配置各 STA。

第四步　配置其余 PC 的 IP 地址，并进行连通性测试。

小　　结

本项目首先分析了用户对组建无线网络的需求。其次，介绍了无线网络常用的传输介质，并分析了组建无线网络的优缺点。并对无线局域网标准、无线局域网介质访问控制规范、无线网络硬件设备、无线网络的组网模式和服务区域认证 ID 做了讲解,对某小型无线网络的组建方案进行了简单介绍。最后,为了更好地熟悉和理解无线组网技术,本项目安排了无线接入点和无线客户端的配置实训、规划小型办公室无线网络设计能力实训和建设无线有线一体化的园区网的综合实训,为今后的学习和应用打下基础。

习　题

1. 为什么安全性在无线网络中如此重要?(　　)
   A. 无线网络的速度通常比有线网络慢
   B. 电视及其他设备可能干扰无线信号
   C. 无线网络采用了非常易于接入的介质来广播数据
   D. 雷暴等环境因素可能影响无线网络

2. 与有线 LAN 相比,无线技术有哪三大优势?(　　)
   A. 维护成本更低　　　　　B. 传输距离更长　　　　　C. 易于安装
   D. 易于扩展　　　　　　　E. 安全性更高　　　　　　F. 主机适配器更便宜

3. 什么标准的无线局域网传输速率为 11Mbps?(　　)
   A. 802.11　　　B. 802.11b　　　C. 802.11a　　　D. 802.11g

4. 哪种无线技术标准与旧无线标准的兼容性最强,且性能更高?(　　)
   A. 802.11　　　B. 802.11b　　　C. 802.11a　　　D. 802.11g

5. 什么是网络中的 CSMA/CA?(　　)
   A. 无线技术为避免 SSID 重复而使用的方法
   B. 任何技术都可使用的、缓解过多冲突的访问方法
   C. 有线以太网技术为避免冲突而使用的访问方法
   D. 无线技术为避免冲突而使用的访问方法

6. 哪个 WLAN 组件通常被称为 STA?(　　)
   A. 移动电话　　　B. 天线　　　　　C. 接入点　　　　　D. 无线网桥
   E. 无线客户端

7. 下列关于无线网桥的陈述,哪一项是正确的?(　　)
   A. 通过无线链路连接两个网络
   B. 连接无线局域网的固定设备
   C. 允许无线客户端连接到有线网络
   D. 增强无线信号的强度

8. 下列关于无线对等网络的陈述,哪一项是正确的?(　　)
   A. 由点对点网络的无线客户端互联组成
   B. 由无线客户端与一个中央接入点互联组成
   C. 由多个无线基本服务集通过分布系统互联组成

D. 由无线客户端通过 ISR 与有线网络互联组成

9. 下列关于服务集标识符（SSID）的陈述中,哪两项是正确的?(　　)

A. 标识无线设备所属的 WLAN

B. 是一个包含 32 个字符的字符串,不区分大小写

C. 负责确定信号强度

D. 同一 WLAN 中的所有无线设备必须具有相同的 SSID

E. 用于加密通过无线网络发送的数据

学习情境 **5**

中小型网络接入 Internet

项目 8 通过 ISP 接入 Internet

项目目标

（1）熟悉 Internet 的基础知识
（2）理解接入网技术
（3）掌握接入 Internet 的技术和方法

项目背景

（1）家庭网络
（2）校园网络
（3）机房网络

8.1 用户需求与分析

在当今社会，计算机网络的长足发展已经把整个地球通过网络有机地联系在了一起，而 Internet 在这个过程中扮演着举足轻重的角色。

（1）收发 E-mail，这是 Internet 最早也是最广泛的网络应用。不论身在何方，只要有 Internet，通信就是分秒的事情。

（2）网络的广泛应用会创造一种叫做 SOHO 的小型家庭办公的数字化的生活与工作方式。

（3）上网浏览或网上冲浪。用户可以根据兴趣在网上畅游，能足不出户尽知天下事。

（4）查询信息。可以利用搜索引擎和一些网页查询自己空白的知识和查询相关的信息（如考试、旅游信息等）。

（5）通过网络可以享受"网络购物"带来的乐趣，可以不用逛商场就能在网上商城中购买到称心如意、价廉物美的商品。

（6）网络可以丰富人们的闲暇生活。人们可以通过网络欣赏音乐、看电影、看电视、跳舞等，还可以通过网络在线学习、在线交流知识、参加社会活动、从事艺术创造和科学发明活动等。

（7）可以通过网络结识世界各地的朋友，相互交流思想、相互学习，真正实现"海内存知己，天涯若比邻"。

　　要接入 Internet,需要向当地的相关部门提出申请,由这些机构向用户提供 Internet 接入的服务。把提供 Internet 服务的机构称为因特网服务供应商(Internet Service Provider,ISP)。ISP 的服务主要是指因特网接入服务,即通过网络连接把用户的计算机或其他终端设备连入 Internet,如中国电信、网通、联通等数据业务部门。因此,接入 Internet 的方式和技术在不断发展,许多用户也很想知道采用什么技术、怎样接入 Internet。

　　随着 Internet 在各领域的广泛应用,其作用越来越重要。因此,我国许多家庭、企业、学校、医院、政府等通过 ISP 接入 Internet 的数量还在不断增长。

8.2　相 关 知 识

8.2.1　Internet 的基础知识

1. 因特网

　　因特网即 Internet,是全球最大的、开放的、由众多网络互联而成的国际型计算机网络。狭义的 Internet 指上述网中所采用 IP 协议的网络互联而成的网络,即 IP 网;广义的 Internet 指 IP 网加上所有能通过路由选择至目的地的网络,包括使用诸如电子邮件之类应用层网关的网络、各种存储转发的网络以及采用非 IP 协议的网络。

2. 万维网

　　WWW 是 World Wide Web 的缩写,通常简写为 3W,称为万维网。WWW 集文字、图形、声音、动态图像等表达形式于一体,结合超链接技术,使用户可以轻松获得 Internet 上各种各样的资源。WWW 的主要目的是建立一个统一管理各种资源、文件及多媒体的系统,使用户能够迅速取得不同的资源。

3. IP 地址

　　IP 地址就是连接在 Internet 上的每台主机都需要分配的一个 32b 的地址。Internet 上的每台主机都需要有一个唯一的 IP 地址。IP 地址就好比邮寄住址一样,当要传递信件时,就需要知道目的地的地址,这样邮递员才能把信送到。计算机传递数据就好比是邮递员传送信件,必须知道唯一的 IP 地址才能把数据传送到目的地,只不过邮寄地址使用是用文字表示的,计算机的"邮寄地址"用十进制数字表示。

4. 域名系统(DNS)

　　DNS 是域名系统(Domain Name System)的缩写,指在 Internet 中使用的分配名字和地址的机制。域名系统允许用户使用友好的名字而不是难以记忆的数字——IP 地址来访问 Internet 上的主机。

5. 电子邮件

电子邮件又叫电子邮箱,英文名称为 E-mail,即俗称的"伊妹儿"。电子邮件是一种利用计算机的存储、转发原理等电子手段,克服时间和地理上的差距,通过计算机终端和通信网络进行文字、语音、图像等信息的传递,提供信息交换的通信方式。

用户通过 E-mail,可以用非常低廉的价格,与世界上任何一个角落的网络用户保持书信来往,只是此时的书信来往已经由早期的"纸式"变成如今的"电子式",同时,这些电子邮件可以是文字、图像、语音等各种形式。

用户可以在提供电子邮箱的网站上申请自己的邮箱地址,电子邮件地址格式为:用户名@域名,即 USER@SERVER.COM。其中:USER 代表用户信箱的账号,对于同一个邮件接收服务器来说,这个账号必须是唯一的;@是分隔符;SERVER.COM 是用户信箱的邮件接收服务器域名,用以标识其所在的位置。如 wangluo@sina.com。

6. 网络新闻与公告板服务

网络新闻又称为电子新闻或新闻组。网络新闻突破了传统的新闻传播,在视觉、听觉、感受方面给人们全新的体验。它将无序化的新闻进行有序的整合,让人们在最短的时间内获得最有效的新闻信息。

公告板服务(Bulletin Board System,BBS),又称电子布告栏系统或电子公告板系统。BBS 是一项受广大用户欢迎的服务项目,用户可以在 BBS 上留言、发表文章、阅读文章等。

8.2.2 接入网技术

接入网(Access Network,AN)又称为用户环路,是指骨干网络到用户终端之间的所有通信设备,主要用于完成用户接入核心网的任务。根据国际电联 G.902 标准,接入网由业务结点接口(Service Node Interface,SNI)和相关用户网络接口(User to Network Interface,UNI)构成,具有传输、复用、交叉连接等功能,可以被看做是与业务和应用无关的传送网,同时可作为传送电信业务提供所需承载能力的系统,如图 8-1 所示。

图 8-1 核心网与用户接入网示意图

Internet 接入网分为主干系统、配线系统和引入线 3 个部分,如图 8-2 所示。其中主干系统一般为传统电缆和光缆,目前逐步用光缆代替传统电缆;配线系统也可能是电缆或光缆,长度一般为几百米;而引入线多采用铜线,通常为几米到几十米。

接入网根据使用的媒质可以分为有线接入网和无线接入网两大类,其中有线接入网又可分为铜线接入网、光纤接入网和光纤同轴电缆混合接入网等;无线接入网又可分为固定接入网和移动接入网。

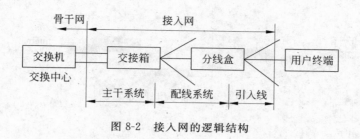

图 8-2　接入网的逻辑结构

8.2.3　接入 ISP 的方法

下面介绍几种常用的接入 Internet 的技术。

1. 通过 ADSL 接入 Internet

ADSL(Asymmetrical Digital Subscriber Line,非对称数字用户线路)是 xDSL(HDSL、SDSL、VDSL、ADSL 和 RADSL)家族中的一种宽带技术,是目前应用最广泛的一种宽带接入技术。它利用现有的双绞电话铜线提供独享"非对称速率"的下行速率(从端局到用户)和上行速率(从用户到端局)的通信宽带。ADSL 上行速率达到 640Kbps～1Mbps,下行速率达到 6～8Mbps,有效传输距离在 3～5km 范围以内,从而克服了传统用户在"最后一英里"的瓶颈问题,实现真正意义上的高速接入。

（1）ADSL 的工作原理

传统的电话系统使用的是铜线的低频部分(4kHz 以下频段),而 ADSL 采用 DMT(离散多音频)技术,将原先电话线路 0Hz～1.1MHz 频段划分成 256 个频宽为 4.3kHz 的子频带。其中,4kHz 以下的频段仍用于传送 PSTN(传统电话业务),20～138kHz 的频段用来传送上行信号,138kHz～1.1MHz 的频段用来传送下行信号。

ADSL2+(G.992.5)标准在 ADSL2(G.992.3)的基础上进行了扩展,将工作频段频谱范围从 1.1MHz 扩展至 2.2MHz,相应的,最大子载波数目也由 256 个增加至 512 个;使用的频谱作了扩展,传输性能比 ADSL1/2 有明显提高(下行最大传输速率可达25Mbps)。

下面以用户接收信号时的情况为例,介绍 ADSL 的工作过程(用户发送信号时的工作过程与之相反),如图 8-3 所示。

① Internet 发送端用户的网络主机数据经光纤传输到电信局。

② 电信局的访问多路复用器调制并编码用户数据,然后整合来自普通电话线路的语音信号。

③ 被整合后的语音和数据信号经普通电话线传输到 Internet 接收的网络用户端。

④ 由该用户端的 ADSL Modem 分离出数字信号和语音信号,然后数字信号通过解调和解码后传送到用户的计算机中,而语音信号则传送到电话机上,两者互不干扰。

（2）ADSL 的优缺点

ADSL 有以下优点:

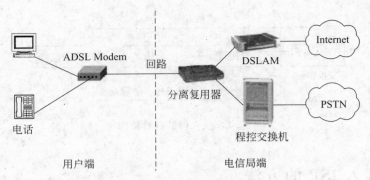

图 8-3　ADSL 系统构成

① 充分利用现有的电话线,保护了现有的投资。

② 传输速率高。其下行速率为 2～25Mbps,上行速率为 640kbps～1Mbps,可以满足绝大多数用户的带宽需求。

③ 技术成熟,标准化程度高,ADSL 安装、连接简单。

④ 采用频分多路复用技术。ADSL 数据信号和电话音频信号以频分复用原理调制于各自频段,互不干扰。

⑤ 由于每根线路由每个 ADSL 用户独有,因而带宽也由每个 ADSL 用户独占,不同 ADSL 用户之间不会共享带宽,可获得更佳的通信效果。

ADSL 有以下缺点:

① 传输距离较近。目前 ADSL 的传输距离还比较短,通常要求在 5km 以内,也就是说,用户端到电信公司的 ADSL 局端距离在 5km 以内。

② 传输速度不够快。前面提到的 ADSL 的上行和下行速率都是理论值,实际上要受到许多因素的制约,远不如这个值。因此 ADSL 仅适用于家庭用户和中小型商业用户。

(3) ADSL 通信协议

PPPoE(PPP over Ethernet)是在以太网上建立 PPP 连接,由于以太网技术十分成熟且使用广泛,而 PPP 协议在传统的拨号上网应用中显示出良好的可扩展性和优质的管理控制机制,二者结合而成的 PPPoE 协议得到了宽带接入运营商的认可并广为采用。

PPPoE 不仅有以太网快速简便的特点,还有 PPP 的强大功能,任何能被 PPP 封装的协议都可以通过 PPPoE 传输。此外,PPPoE 还有如下特点。

① PPPoE 很容易检查到用户下线,可通过一个 PPP 会话的建立和释放对用户进行基于时长或流量的统计,计费方式灵活方便。

② PPPoE 可以提供动态 IP 地址的分配方式,用户无须任何配置,网管维护简单,无须添加设备就可解决 IP 地址短缺的问题。同时,根据分配的 IP 地址,可以很好地定位用户在本网内的活动。

③ 用户通过免费的 PPPoE 客户端软件(如 EnterNet),输入用户名和密码就可以上网,跟传统的拨号上网差不多,最大限度地延续了用户的习惯。从运营商的角度来看,PPPoE 对其现存的网络结构进行的变更也很小。

（4）ADSL 接入类型

① 单用户 ADSL Modem 直接连接。

② 多用户 ADSL Modem 连接。

a. 小型网络用户 ADSL 路由器直接连接几台计算机。

b. 较多用户 ADSL 路由器连接交换机。

ADSL 技术的主要特点是充分利用了现有的电话网络，只需在线路两端加装 ADSL 设备，即可为用户提供高速接入 Internet 的服务。

2. 通过宽带 Cable 接入 Internet

为了解决终端用户通过普通电话线入网速率低的问题，人们一方面通过 xDSL 技术提高电话线路的传输速率，另一方面尝试利用目前覆盖范围广、最具潜力、具有很高带宽的有线电视（CATV）网络。有线电视网络拥有庞大的用户群，同时它可以提供极快的接入速度和相对低的接入费用。目前在全球已形成 ADSL 和 Cable Modem 两大主流家庭宽带接入技术。

（1）HFC 简介

光纤同轴电缆混合网（Hybrid Fiber Coaxial，HFC）是以现有的 CATV 网络为基础，采用光纤到服务区，而在用户的"最后 1km"采用同轴电缆的新型有线电视网。HFC 的高带宽为数据提供了传输空间。还有一种更为实用的方式，光纤到楼宇单元的光纤 ADSL Modem，再经光纤 Modem 接到各户。HFC 的逻辑连接如图 8-4 所示。

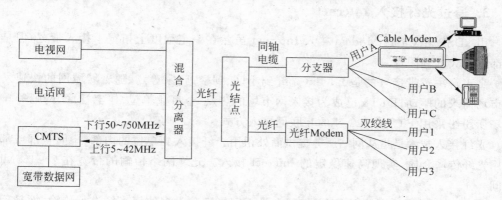

图 8-4   HFC 的逻辑连接图

在 HFC 网络中，前端设备通过路由器与数据网相连，并通过局用数据端机与公用电话网（PSTN）相连。有线电视台的电视信号、公用电话网来的语音信号和数据网的数据信号送入合路器形成混合信号后，由这里通过光缆线路送至各个小区结点，再经过同轴分配网络送至用户本地综合服务单元，或经光纤 ADSL Modem 接到各户。

HFC 接入系统为树状结构，同轴的带宽是由所有用户公用的，而且还有一部分带宽要用于传送电视节目，因此用于数据通信的带宽受到限制，目前，一般一个同轴网络内至多连接 500 个用户。

（2）Cable Modem 的种类

① 从传输方式的角度，可分为双向对称式传输和非对称式传输。对称式传输速率为 2～4Mbps、最高能达到 10Mbps；非对称式传输的下行速率为 36Mbps，上行速率为 500kbps～10Mbps。

② 从接口角度，可分为外置式、内置式、通用串行总线 USB 式和交互式机顶盒。

（3）HFC 接入的主要特点

① Cable Modem 是通过有线电视网来接入互联网的宽带接入设备，它不用电话线，但需要有线电视电缆。

② Cable Modem 是集 Modem、调谐器、加/解密设备、桥接器、网络接口卡、虚拟专网代理和以太网集线器的功能于一身的专用设备。

③ 始终在线连接，用户不用拨号，打开计算机即可以与互联网连接，就像打开电视机就可以收看电视节目一样。

④ Cable Modem 的传输距离可达 100km 以上，连接速度高。

⑤ Cable Modem 采用总线型的网络结构，是一种带宽共享上网方式，具有一定的广播风暴风险。

⑥ 服务内容丰富，不仅可以连接互联网，而且可以直接连接到有线电视网，如在线电影、在线游戏、视频点播等。

通过 Cable Modem 上网，不用拨号、不占用电话线、也不影响收看电视，并且网络连接稳定、速率较快，与电话拨号占用电话线路、常掉线、速率慢等相比具有明显的优势。

3. 通过光纤接入 Internet

用 xDSL 和 Cable Modem 接入 Internet 虽然在一定程度上拓宽了接入带宽，但是它们都有很大的局限性。

真正解决宽带接入的是 FTTx（光纤到小区、到楼、到家等）。随着城域网的快速发展和市场需求的驱动，FTTx 已成为接入网市场的热点，企事业单位、住宅社区、网吧等单位和场所纷纷采用 FTTx＋LAN 的互联网接入方式。

光纤接入技术是指从网络服务提供商处租用光纤接入到单位的内部，中间全部或部分使用光纤传输介质，实现高速稳定的 Internet 接入。光纤网络传输的带宽在 2～155Mbps 之间。

目前由于建设成本等因素，宽带网在骨干网络部分大多使用光纤进行传输，而最后都使用双绞线的以太网接入到 PC。

使用光纤传输信息，一般在传送两端各使用一个光接收器，安装在交换机或者路由器设备上，更多的是交换机或路由器带光纤模块接口，发送方的光模块负责将数据转换为光信号，发送到光纤上，接收方的光模块负责接收光信号，并将光信号还原为数据。

光以太网接入技术适用于已做好综合布线及系统集成的小区住宅与商务楼宇等对象，需要的主要网络设备包括交换机、集线器、超 5 类线等。由于原来的局域网技术相通，所有光纤以太网接入方式不需要重新布线。

光纤以太网接入有如下特点。

（1）可靠性好、安全性高、扩展性强。

（2）网络结构简单，可以和现有网络无缝连接。

（3）采用频分复用技术，具备高接入带宽。

（4）接入距离长、维护管理方便。

4. 通过代理服务器接入 Internet

家庭网络、办公网络等，绝大多数都要与互联网相连。由于上网费用高、通信线路资源有限、IPv4 网络地址资源有限、网络安全等原因，同一局域网中的用户一般都要共享同一账号、同一线路、同一 IP 地址等。

共享上网的方式主要分为代理服务器和路由器两种入网方式。

代理服务器(Proxy Server)是建立在 TCP/IP 协议应用层上的一种服务软件，是把局域网内的所有需要访问网络的需求，统一提交给局域网出口的代理服务器，由代理服务器与 Internet 上的 ISP 设备互联，然后将信息传递给提出需求的设备。

（1）代理服务器的主要功能

① 共享上网。代理服务器是局域网与外部网络连接的出口，起到网关的作用。

② 作为防火墙。代理服务器可以保护局域网的安全，起到了防火墙的作用。

③ 提高访问速度。代理服务器将远程服务器提供的数据保存在自己的缓存中，可供多个用户共享，可以节约带宽、提高访问速度。

（2）代理服务器的工作过程

使用代理服务器浏览 WWW 网络信息时，IE 浏览不是直接到 Web 服务器去取回网页，而是向代理服务器发出请求，由代理服务器取回 IE 浏览器所需要的信息，再反馈给申请信息的计算机。图 8-5 所示为代理服务器的工作过程。

Cloud-PT　　　　Server-PT　　　　PC-PT
Internet　　　　代理服务器　　　　PC机

图 8-5　代理服务器的工作过程

由于代理服务器是介于计算机和网络服务器之间的一台中间设备，需要满足局域网内部所有计算机访问 Internet 服务的请求，因此大部分代理服务器都是一台高性能的计算机，具有高速运转的 CPU（甚至是双 CPU），具有高速缓冲存储器(Cache)，Cache 容量也较大，用于存放最近从 Internet 上取回的信息。用户浏览某一曾经浏览过的网页时，不重新从网络服务器上取数据，而直接将 Cache 上的数据传送给用户的浏览器，这样就能显著提高浏览的速度，如图 8-6 所示。

（3）代理服务器软件的种类

① 第 1 种代理服务器软件是操作系统自带的。Windows 操作系统自带有 Internet 连接共享(Internet Connection Sharing, ICS)软件。

② 第 2 种是第三方代理服务器软件。第三方代理服务器软件又分为两类：一种是通

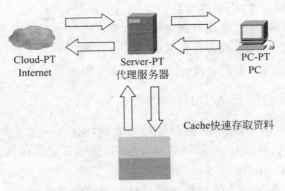

图 8-6　代理服务器(添加了 Cache)的工作过程

常意义上的代理服务器软件,如 Wingate、Winproxy 等;另一种是网关代理软件,该方式是在代理服务器上设置一个软网关,利用软网关来完成上网数据的转换和中继的任务,而客户机通过这个网关上网,如 Sygate、WinRoute 等。

8.3　案例分析：接入 Internet 方案实例

计算机只有接入 Internet 才能充分发挥其强大的通信作用,享受网络中无穷无尽的共享资源。对一般家庭来说,使用电话线通过 ADSL Modem 接入 Internet 是最适合的上网方式,因为选择这样的方式上网可以直接架构在电话线路上,不需要做太多的线路改造,目前的带宽基本能满足普通用户的需求,且价格适中,适应大众消费者。

案例：小型家庭网络接入 Internet

王先生家里添置了 3 台计算机(两台台式机和一台笔记本电脑)和一台打印机,要将3 台计算机互联,组成简单的对等网络环境,可以共享打印机、刻录机以及程序文件等,3 台计算机还可以同时上网。王先生家有电话线。

1. 王先生家联网的主要应用需求

(1) 证券交易、财经资讯、网上购物等。

(2) 王先生是高职学院的老师,要进行多媒体课件的制作、课表查询、成绩录入、网上辅导答疑、技术咨询、技术合作、学术交流等。

(3) 图书查询、检索、在线阅读等。

(4) 家庭办公和娱乐。

2. 方案设计与实施

(1) 采用快速以太网 100BASE-T,并以星状结构联网,图 8-7 所示的是逻辑拓扑图。

ADSL Modem(电信部门提供)一端接电话线,一端接无线宽带路由器;无线宽带路由器有有线和无线两种连接,一台 PC 用有线连接,另两台用无线连接;打印机连接在 PC2 上,可实现共享。

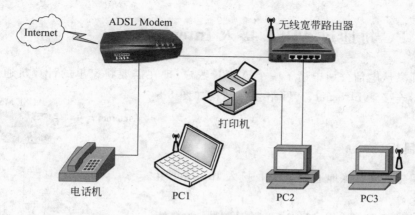

图 8-7　逻辑拓扑图

(2) 要安装 ADSL,需要到当地网络运营商(即用户电话运营商)申请 ADSL 业务。ADSL 目前提供两种接入方式:专线方式与虚拟拨号方式,可选择 2Mbps、4Mbps、8Mbps、16Mbps、25Mbps 等不同的接入速率,速率根据用户的通信数据量来确定。专线方式即用户 24 小时在线,网络运营商为用户提供静态 IP 地址,可将用户局域网接入,主要面对中小型公司用户和网吧用户,价格较贵;虚拟拨号方式主要面对上网时间短、数据量不大的用户,如个人用户及小型公司等,但与传统拨号不同,这里的"虚拟拨号"是指根据用户名与口令认证接入相应的网络,并没有真正的拨号,费用也与电话服务无关,这种方式较便宜。

(3) 无线宽带路由器实际是一种硬件和软件充分结合的共享上网方式,该类设备通常除具有共享上网的功能外,还具有集线器的功能。它们通过内置的硬件芯片来完成互联网和局域网之间数据包的交换管理,实质也就是在芯片中固化了共享上网软件,当然,功能强大的大型路由器不在此列。由于是硬件工作,不依赖于操作系统,因此该种方式的稳定性较好,但是可更新性相对软件显得差一些,并且需要另外购买共享上网路由器。

通常硬件共享上网也有两种方式:一种是通过 ADSL 调制解调器的路由功能共享上网;另一种是通过 SOHO 宽带路由器共享上网,本例属于后者。

(4) IP 地址的获取:宽带路由器固化了 DHCP 软件,可以给主机自动分配 IP 地址,一般 IP 地址为 192.168.1.0/24 这个私有网段。宽带路由器与外网连接的 IP 地址的设置参见宽带路由器的说明书,设置是不难完成的,只是外网连接的 IP 地址等由网络服务提供商提供。

值得说明的是,共享打印机及文件的配置和无线宽带路由器的配置将在后面的项目中详细介绍,这里仅关注 SOHO 网络的构建方法和技术。

网络连通性的验证方法同项目 2 中的案例。

8.4 项目实践

任务1：PC机通过ADSL接入Internet

王老师家从电信公司申请了一个ADSL账户，现在需要将家里的计算机通过ADSL调制解调器连接到Internet，其网络拓扑结构如图8-8所示。

图 8-8 PC 通过 ADSL 接入 Internet

教学目标

终极目标：能熟练地通过ADSL接入Internet组建小型网络。

促成教学目标：认识ADSL调制解调器；能熟练地进行网络设备的连接；熟悉ADSL调制解调器的设置；能进行TCP/IP属性的设置。

实训环境

（1）网络实训室。

（2）计算机一台，电话线路一条，ADSL宽带账号一个，ADSL Modem一台（带语音分离器），网线一根。

操作步骤

第一步 将Modem的Line口连进户电话线（电信宽带入口），Phone口接电话机，用双绞线连ADSL Modem（LAN口）和计算机网卡。打开ADSL Modem的电源，如果ADSL Modem上的LAN-Link指示绿灯亮，表明ADSL Modem与计算机硬件连接成功。

第二步 通过网上邻居建立一个"新连接"，如图8-9所示（Windows XP自带了ADSL的PPPoE拨号软件）。

第三步 单击"下一步"按钮，弹出如图8-10所示的对话框，默认选中"连接到Internet"单选按钮，单击"下一步"按钮。

第四步 选中"手动设置我的连接"单选按钮，如图8-11所示，然后单击"下一步"按钮。

第五步 选中"用要求用户名和密码的宽带连接来连接"单选按钮，如图8-12所示，单击"下一步"按钮。

第六步 根据提示输入ISP名称，如图8-13所示，单击"下一步"按钮。

第七步 输入相应的ADSL用户名和密码（注意大小写），根据提示进行安全设置，如图8-14所示，单击"下一步"按钮。

第八步 至此，ADSL虚拟拨号设置就完成了，如图8-15所示。

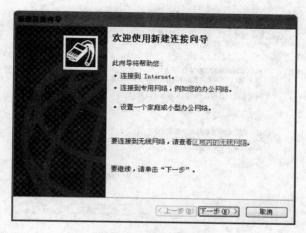

图 8-9 新建连接向导

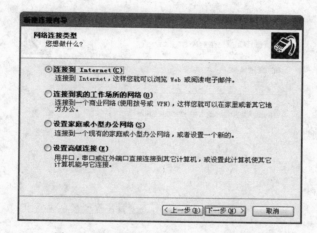

图 8-10 选中"连接到 Internet"单选按钮

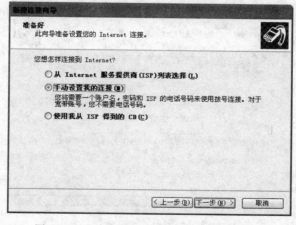

图 8-11 选中"手动设置我的连接"单选按钮

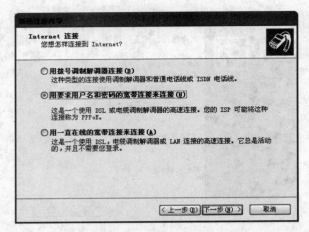

图 8-12、选中"用要求用户名和密码的宽带连接来连接"单选按钮

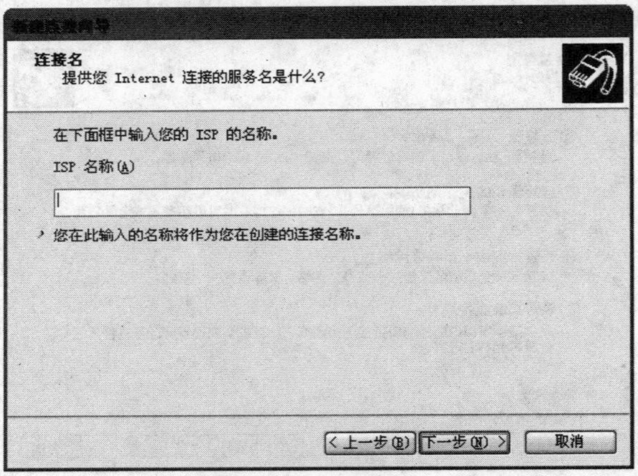

图 8-13 输入 ISP 名称

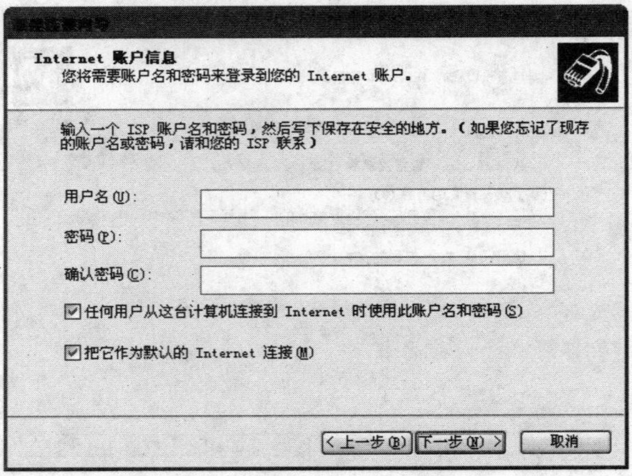

图 8-14 输入 ADSL 用户名和密码

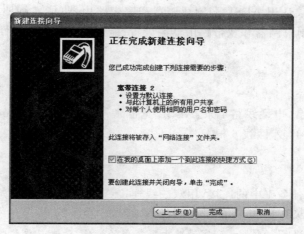

图 8-15　完成连接向导

　　第九步　单击"完成"按钮后,桌面上多了个名为"宽带连接"的连接图标,如图 8-16 所示。此时屏幕右下角任务栏中出现计算机连接的图标,如图 8-17 所示。

　　第十步　在如图 8-18 所示的窗口中,输入用户名和密码就可以通过 ADSL 上网了。

图 8-16　"宽带连接"图标

图 8-17　"计算机连接"图标

图 8-18　ADSL 连接到宽带网络

任务 2：局域网通过宽带接入 Internet

　　一家小公司内部兴建了一个局域网,由于业务的需要,从电信公司申请了一个 ADSL 账户,现在需要将公司的多台计算机通过宽带接入 Internet。其连接逻辑图参见案例"小型家庭网络接入 Internet"中的图 8-7。

教学目标

　　终极目标：掌握小型局域网通过宽带接入 Internet 的组网方法。

促成教学目标：认识 ADSL 调制解调器和宽带路由器；能熟练地进行网络设备的连接；熟悉 ADSL 调制解调器和宽带路由器的设置；能进行 TCP/IP 属性的设置。

实训环境

（1）网络实训室。

（2）计算机 4 台，电话线路 1 条，ADSL 宽带账号 1 个，ADSL Modem 1 台（带语音分离器），宽带路由器 1 台，网线 6 根。

操作步骤

第一步 参见任务 1 中的连接，用双绞线连接 ADSL Modem 和宽带路由器，再将 PC 与路由器连接。ADSL Modem 的设置同任务 1。

注意：现在有 ADSL Modem 和宽带路由器集成的设备，读者只要参照说明书即可连接。

第二步 利用 PC 配置路由器连接 Internet，在 IE 浏览器中的地址栏输入"http://192.168.1.1"，如图 8-19 所示。PC 的 IP 地址应与 192.168.1.1 设在同一个网段。

图 8-19 在 IE 浏览器的地址栏中输入 IP 地址

第三步 输入地址后，出现如图 8-20 所示的对话框，输入用户名和密码即可对路由器进行配置。

第四步 进入配置界面，选择"设置向导"选项，弹出如图 8-21 所示的窗口。

第五步 单击"下一步"按钮后，弹出如图 8-22 所示的界面，选中"ADSL 虚拟拨号（PPPoE）"单选按钮。

第六步 单击"下一步"按钮后，出现如图 8-23 所示的界面。

第七步 输入"上网账号"和"上网口令"后单击"下一步"按钮。弹出如图 8-24 所示的窗口，单击"完成"按钮即可通过路由器连接 Internet。

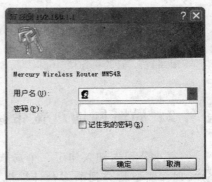

图 8-20 输入用户名及密码

第八步 如果有多个用户想通过此路由器连接 Internet，即可在 PC 与路由器之间添加一个交换机，用户连接到交换机，交换机连接到路由器即可连接 Internet。

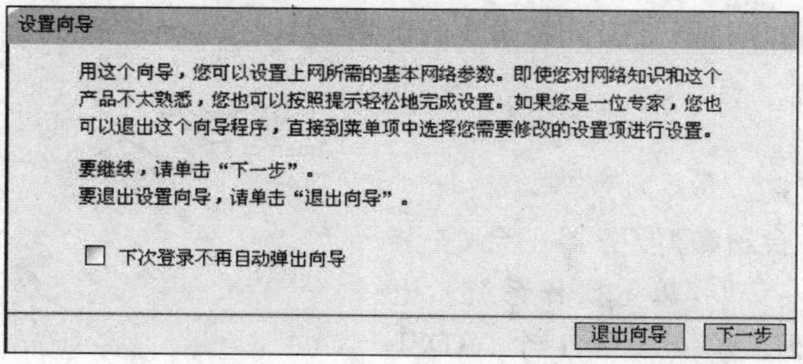

图 8-21　设置向导窗口

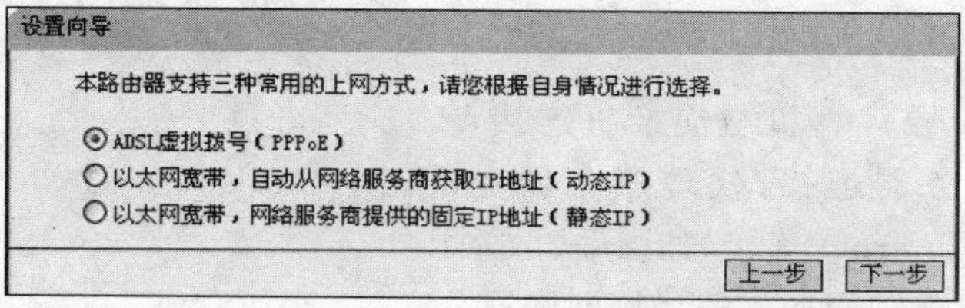

图 8-22　选中"ADSL 虚拟拨号(PPPoE)"单选按钮

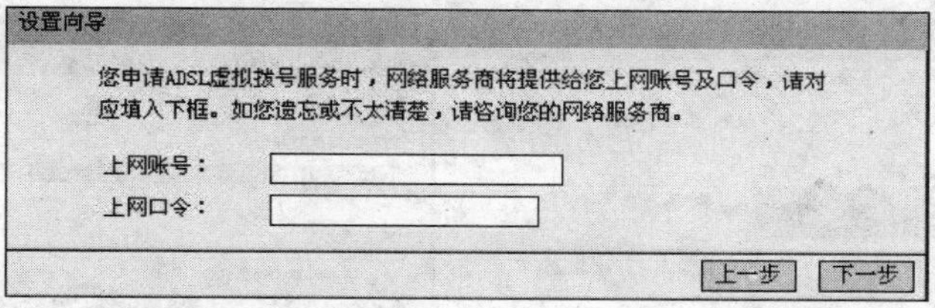

图 8-23　输入"上网账号"和"上网口令"

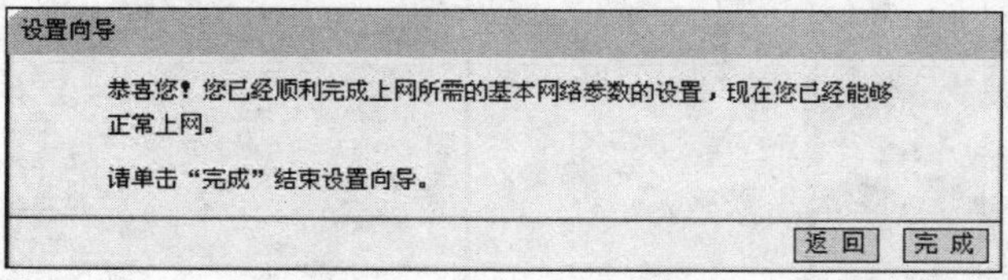

图 8-24　完成设置向导

任务 3：局域网通过代理服务器接入 Internet

一个小公司从电信部门申请了一个 ADSL 账户,现在需要将公司的 4 台计算机通过 Windows 操作系统自带的 Internet 连接共享(Internet Connection Sharing,ICS)软件连接到 Internet。

教学目标

终极目标：掌握小型局域网通过代理服务器接入 Internet 的组网方法。

促成教学目标：进一步认识 ADSL 调制解调器;能熟练地进行网络设备的连接;熟悉

代理服务器的设置；能进行 TCP/IP 属性的设置。

实训环境

（1）网络实训室。

（2）计算机 4 台，代理服务器 1 台（安装双网卡和 Windows 2000 以上操作系统），电话线路 1 条，ADSL 宽带账号 1 个，ADSL Modem 1 台（带语音分离器），网线 6 根。

操作步骤

第一步　将 4 台计算机与交换机连接，交换机与代理服务器连接，代理服务器经 ADSL Modem 与 Internet 连接，如图 8-25 所示。

第二步　配置代理服务器的局域网网段。

（1）代理服务器宽带部分的网络设置如图 8-26 所示。

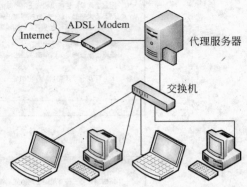

图 8-25　使用代理服务器接入 Internet 网络

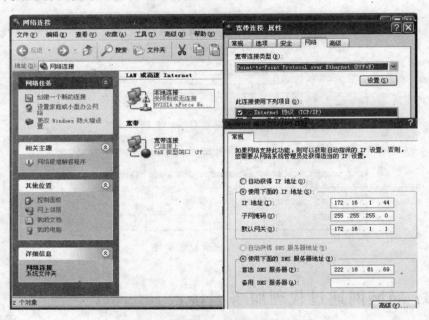

图 8-26　配置代理服务器的宽带网部分

（2）将代理服务器连接内部网络的网卡 TCP/IP 的属性配置为"自动获得 IP 地址"，如图 8-27 所示。

第三步　代理服务器 ICS 配置。

（1）打开代理服务器连接外部宽带网络的"网络连接"，选择"属性"窗口中的"高级"选项卡，在"Internet 连接共享"栏中选中"允许其他网络用户通过此计算机的 Internet 连接来连接"复选框，如图 8-28 所示。

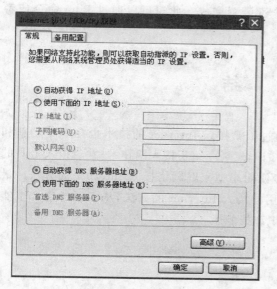

图 8-27　配置代理服务器的内部网络部分

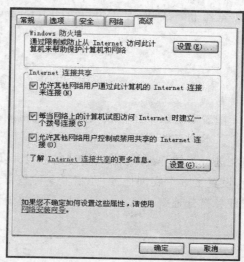

图 8-28　配置代理服务器的外部网络连接属性

（2）单击"确定"按钮,配置完成代理服务器的外部网络连接属性后,连接内网的网卡的 IP 地址被自动配置为 192.168.0.1,该地址不可以更改,如图 8-29 所示。

（3）客户端的配置。ICS 要求局域网中的其他 PC 的 IP 地址必须配置为 192.168.0.0,子网掩码为 255.255.255.0 的这个网段中的地址,如 192.168.0.6、192.168.0.9 等,如图 8-30 所示。

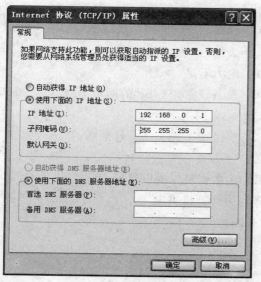

图 8-29　生成代理服务器局域网网卡的 IP 地址

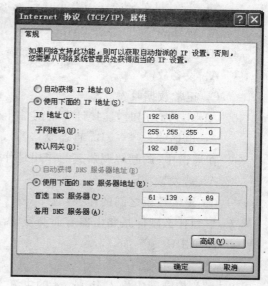

图 8-30　局域网内主机的 IP 地址配置

注意:192.168.0.1 是不可以用的地址,因为 PC 端的主机的网关需要配置为此 IP 地址,DNS 服务器配置就为 ISP 所提供的 DNS 地址,如 61.139.2.69。

237

（4）局域网通过代理服务器上网已经全部配置完成。此时可以通过 Ping 命令或者在浏览器上测试 PC 是否可以访问 Internet。

小　　结

随着 Internet 在各领域的广泛应用，通过 ISP 接入 Internet 的技术也在不断创新和进步。本项目首先介绍了 Internet 的基础知识，然后介绍了接入网技术，并对接入 ISP 的方法进行了较详细的介绍，通过实例进一步说明小型家庭网络接入 Internet 的方法。最后，设置了 3 个实训任务，介绍了 3 种较常用的接入 Internet 的方法，从而通过这 3 个实训任务充分理解接入 Internet 所需要的知识和技能。

习　　题

1. ADSL 调制解调器工作在 OSI 模型 7 层中的哪一层？（　　）
   A. 1　　　　　　　　B. 2　　　　　　　C. 3　　　　　　　　D. 4
2. ADSL 的中文意思是什么？（　　）
   A. 调制解调器　　　　　　　　　B. 交换机
   C. 路由器　　　　　　　　　　　D. 非对称数字用户线路
3. ADSL 的最大下行速率可以达到多少？（　　）
   A. 1Mbps　　　　B. 2Mbps　　　　C. 4Mbps　　　　D. 8Mbps
4. ADSL 在使用时，data 灯不断闪烁表示什么？（　　）
   A. 设备故障　　　　　　　　　　B. 电力不足
   C. 正常数据收发　　　　　　　　D. 设备正常，与 ISP 的网络不通
5. ADSL 在使用时，连接计算机的是什么线？（　　）
   A. 电话线　　　　B. 直连线　　　　C. 交叉线　　　　D. 任意线
6. 在通信中，调制解调器起的作用是什么？（　　）
   A. 转发数据　　　　　　　　　　B. 为数据转发提供寻址
   C. 提供数模之间的转换　　　　　D. 为计算机供电
7. 下面什么硬件是路由器有而交换机没有的？（　　）
   A. CPU　　　　　　　　　　　　B. NVRAM
   C. RAM　　　　　　　　　　　　D. ROM
8. 目前校园网中接入 Internet 的主流方式是什么？（　　）
   A. ADSL　　　　　　　　　　　B. 光纤以太网接入
   C. Frame-Relay　　　　　　　　D. Cable Modem

9. 利用 Sygate 代理服务器软件访问 Internet 时，下面哪一项不是必需的？（　　）

    A. 服务器至少要两块网卡

    B. 操作系统必须是 Windows 2003 Server

    C. 服务器必须有一块网卡可以连接到 Internet

    D. 服务器连接内网的网卡作为内网主机的网关

10. Windows 2003 Server 操作系统自带的代理服务器软件是什么？（　　）

    A. Proxy   B. ICS   C. Sygate   D. Wingate

11. 用户在浏览网页时，服务器端提供的是什么服务？（　　）

    A. HTTP   B. FTP   C. DHCP   D. DNS

学习情境 **6**

网络管理与网络安全

项目 9　构建中小型网络管理系统

项目目标

(1) 了解网络管理的基本功能
(2) 熟悉网络管理协议的种类及作用
(3) 掌握常用网络管理软件管理中小型网络的方法

项目背景

(1) 网络机房
(2) 校园网络

9.1　用户需求与分析

随着网络技术的不断发展,计算机网络的构成与应用都日益复杂,对网络管理的要求也是越来越高。网络管理软件是指能够完成网络管理功能的网络管理系统,简称网管系统。借助于网管系统,网络管理员不仅能使网络管理者与被管理系统中的代理交换网络信息,而且还能开发网络管理程序。但以往的网管系统往往是厂商在自己的网络系统中开发的专用系统,很难对其他厂商的网络系统、通信设备及软件等进行有效的管理,这种状况很不适应现在网络异构互联的发展。

可以这样说,在互联网时代,没有建立网管系统的企业是落伍的。然而在占我国企业总数 98% 以上的中小型企业中,这种落伍现象屡见不鲜。究其原因,许多中小型企业的决策者对网络管理的认识存在偏差,以及受到了现有企业条件和信息技术力量的局限,所以导致其在应用网络,尤其是在如何管理好企业的网络、为企业发展核心业务服务等方面,还存在许多不尽如人意的地方。中小型企业必须要搭建一个有效的网管系统,才能实现与国际接轨、实现网络化和信息化的目标。当然,这也是日渐激烈的市场竞争对中小型企业提出的时代要求。

网管系统是信息化的必要保障,是基础性的保证,网管系统相当于企业的加速器。所以在中小型的网络系统中,配置一个相应的网管系统是非常必要的。否则,一方面网络管理效率非常低;另一方面由于有些网络故障仅凭管理员的经验是难以发现的,最终未能及时发现和排除而给用户带来巨大的损失。

9.2 相 关 知 识

9.2.1 网络管理概述

网络管理是指对网络的运行状态进行监测和控制,使其能够有效、可靠、安全、经济地提供服务。网络管理包括对硬件、软件和人力的使用、综合与协调,以便对网络资源进行监视、测试、配置、分析、评价和控制,这样就能以合理的价格满足网络的一些需求,如实时运行性能、服务质量等。网络管理常简称为网管。它提供了监控、协调和测试各种网络资源及网络运行状况的手段。

从网络管理的定义可以确定,网络管理的任务就是收集、分析和检测网络中的各种设备、设施的工作参数和工作状态信息,将结果显示给网络管理员并进行处理,从而达到控制网络中的设备、设施的工作状态和工作参数,以实现对网络进行管理的目的。具体包含两个任务:一是对网络的运行状态进行监测;二是对网络的运行状态进行控制。通过监测可以了解当前状态是否正常,是否存在瓶颈和潜在的危险,通过控制则可以对网络状态进行合理的调节,以提高性能,保证服务的实现。监测是控制的前提,控制是监测的结果。

网络管理所涉及的内容包括数据通信网中的流量控制、路由选择的策略管理、网络的故障诊断与修复、网络的安全保护、网络用户的管理、网络状态检测、设备维护和网络资产管理等。

网络管理的功能是为网络管理员进行监视、控制和维护网络而开发设计的。ISO 在 OSI/IEC 7498-4 文档中定义了网络管理的五大功能,并被广泛采用。

1. 故障管理(Fault Management)

故障管理是网络管理的基本功能之一。用户都希望能有一个可靠的计算机网络,当网络中某个组成部分发生故障时,网络管理员必须迅速查找到故障并及时排除。故障管理的主要任务是发现和排除网络故障,包括障碍管理、故障恢复和预防保障。障碍管理的内容有告警、测试、诊断、业务恢复、故障设备更换等;预防保障为网络提供自愈能力,在系统可靠性下降、业务经常受到影响的准故障条件下实施。通常是不可能迅速隔离某个故障的,因为网络故障的产生原因往往相当复杂,特别是当故障是由多个网络组成部分共同引起的,在此情况下,一般应先将网络修复,然后再分析网络故障的原因。分析故障原因对于防止类似故障的再次发生相当重要。网络故障管理包括故障检测、隔离故障和纠正故障 3 个方面。

2. 配置管理(Configuration Management)

配置管理是最基本的网络管理功能,负责网络的建立、业务的展开以及配置数据的维护。配置管理功能主要包括资源清单管理、资源开通以及业务开通。资源清单的管理是所有配置管理的基本功能;资源开通是为满足新业务需求及时配备资源;业务开通是为端点用户分配业务和功能。配置管理建立资源管理信息库(MIB)和维护资源状态,为其他网络管理功能所利用。配置管理初始化网络并配置网络,以使其提供网络服务。配置管理是为了实现某个特定功能或使网络性能达到最优。

3. 计费管理(Accounting Management)

计费管理记录网络资源的使用,目的是控制和监测网络操作的费用和代价。它可以估算出用户使用网络资源可能需要的费用和代价。网络管理员还可以规定用户可使用的最大费用,从而控制用户过多地占用和使用网络资源,这也从另一方面提高了网络的效率。另外,当用户为了一个通信目的需要使用多个网络中的资源时,计费管理能计算总费用。计费管理根据业务及资源的使用记录制作用户收费报告,确定网络业务和资源的使用费用、计算成本。

4. 性能管理(Performance Management)

性能管理的目的是维护网络的服务质量(QoS)和运营效率。为此,性能管理要提供性能监测功能、性能分析功能以及性能管理控制功能。同时,还要提供性能数据库的维护以及在发现性能严重下降时启动故障管理系统的功能。

网络服务质量和网络运营效率有时是相互制约的。较高的服务质量通常需要较多的网络资源(如带宽、CPU 时间等),因此在制定性能目标时要在服务质量和运营效率之间进行权衡。在网络服务质量必须优先保证的场合,就要适当降低网络的运营效率指标;相反,在强调网络运营效率的场合,就要适当降低服务质量指标。但一般在性能管理中,维护服务质量是第一位的。

5. 安全管理(Security Management)

安全性一直是网络的薄弱环节之一,而用户对网络安全的要求又相当高,因此网络安全管理非常重要。网络中主要有以下几大安全问题:网络数据的私有性(保护网络数据不被侵入者非法获取);授权(防止侵入者在网络上发送错误信息);访问控制(控制对网络资源的访问)。

安全管理采用信息安全措施保护网络中的系统、数据以及业务。安全管理与其管理功能有着密切的关系。安全管理要调用配置管理中的系统服务对网络中的安全设施进行控制和维护。当网络发现安全方面的故障时,要向故障管理通报安全故障事件以便进行故障诊断和恢复。安全管理还要接收计费管理发来的与访问权限有关的计费数据和访问事件通报。安全管理的目的是提供信息的隐私、认证和完整性保护机制,使网络中的服务、数据以及系统免受侵扰和破坏。

计算机网络本身是一个开放的系统,每个网络都可以与遵循同一体系结构的不同设备进行连接。因此,这要求网络管理系统也要遵守被管理网络的体系结构,而且要能管理不同厂商的计算机软、硬件。要实现这些,就既要有一个在网络管理系统和被管理对象之间进行通信的并基于同一体系结构的网络管理协议,又要有记录被管理对象和状态的数据信息。

网络管理系统是用于实现对网络全面而有效的管理、实现网络管理目标的系统。在一个网络的运行管理中,网络管理员是通过网络管理系统对整个网络进行管理的。一个网络管理系统从逻辑功能上应包括管理对象、管理进程、管理信息库和管理协议 4 个部分。

9.2.2　网络管理协议

20 世纪 80 年代初期,Internet 的出现和快速发展使人们意识到网络管理的重要意义。研究和开发者们迅速展开了对网络管理的研究,并提出了多种网络管理方案,包括 HEMS、SGMP、CMIS/CMIP 等。其中,SGMP 是 1986 年 NSF 资助的纽约证券交易所网上开发应用的网络管理工具,而 CMIS/CMIP 是 20 世纪 80 年代中期国际标准化组织 (ISO)和 CCITT 联合制定的网络管理标准。同时,IAB 还分别成立了相应的工作组,对这些方案进行适当的修改,使它们更适于 Internet 的管理。这些工作组分别在 1988 年和 1989 年先后推出了 SNMP(Simple Network Management Protocol)和 CMOT(CMIP/CMIS Over TCP/IP)网络管理协议。SNMP 一经推出就得到了广泛的应用和支持,而 CMIS/CMIP 则由于其复杂性和实现代价太高而遇到了困难。下面就不同的网络管理协议进行简单的介绍。

1. SNMP

简单网络管理协议(SNMP)是较早提出的网络管理协议之一,它一经推出就得到了广泛的应用和支持,特别是很快得到了数百家厂商的支持,其中包括 IBM、HP、SUN 等大公司和厂商。目前,SNMP 已成为网络管理领域中事实上的工业标准,并被广泛支持和应用,大多数网络管理系统和平台都是基于 SNMP 的。

SNMP 的前身是简单网关监控协议(SGMP),用来对通信线路进行管理。随后,人们对 SGMP 进行了很大的修改,特别是加入了符合 Internet 定义的 SMI 和 MIB 体系结构,改进后的协议就是著名的 SNMP。SNMP 的目标是管理 Internet 上众多厂家生产的软、硬件平台,因此 SNMP 受 Internet 标准网络管理框架的影响也很大。现在,SNMP 已经出到第三个版本的协议,其功能较以前已经大大加强和改进了。

SNMP 的体系结构是围绕着以下 4 个概念和目标进行设计的:保持管理代理 (Agent)的软件成本尽可能低;最大限度地保持远程管理的功能,以便充分利用 Internet 的网络资源;体系结构必须有扩充的余地;保持 SNMP 的独立性,不依赖于具体的计算机、网关和网络传输协议。在最近的改进中,SNMP 体系又加入了保证本身安全性的目标。

另外,SNMP 中只提供简单的 4 类管理操作:get 操作用来提取特定的网络管理信息;get-next 操作通过遍历活动来提供强大的管理信息提取能力;set 操作用来对管理信息进行控制(修改、设置);trap 操作用来报告重要的事件。

最初,SNMP 是作为一种可提供最小网络管理功能的临时方法开发的,它具有两个优点:①与 SNMP 相关的管理信息结构(SMI)以及管理信息库(MIB)非常简单,从而能够迅速、简便地实现；②SNMP是建立在SGMP基础上的，而对于SGMP，人们积累了大量的操作经验。

SNMP经历了两次版本升级，现在的最新版本是SNMPv3。在前两个版本中，SNMP功能都得到了极大的增强，而在最新的版本中，SNMP在安全性方面有了很大的改善，SNMP缺乏安全性的弱点正逐渐得到克服。SNMP是一个应用层网络协议，有关SNMP的模型如图9-1所示。组成该模型的4个要素为：管理进程（Manager）、管理代理（Agent）、管理信息库（MIB）和网络管理协议（SNMP）。

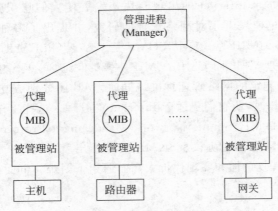

图9-1　SNMP模型

2. CMIS/CMIP

公共管理信息服务/公共管理信息协议（CMIS/CMIP）是OSI提供的网络管理协议集。CMIS定义了每个网络组成部分提供的网络管理服务，这些服务在本质上是很普通的；CMIP则是实现CMIS服务的协议。OSI网络协议旨在为所有设备在ISO参考模型的每一层提供一个公共网络结构，而CMIS/CMIP正是这样一个用于所有网络设备的完整网络管理协议集。出于通用性的考虑，CMIS/CMIP的功能与结构跟SNMP不同，SNMP是按照简单和易于实现的原则设计的，而CMIS/CMIP则能够提供支持一个完整网络管理方案所需的功能。

CMIS/CMIP的整体结构是建立在使用ISO网络参考模型的基础上的，网络管理应用进程使用ISO参考模型中的应用层。也是在这层上，公共管理信息服务单元（CMISE）提供了应用程序使用CMIP协议的接口。该层还同时包括了两个ISO应用协议：联系控制服务元素（ACSE）和远程操作服务元素（ROSE）。其中ACSE在应用程序之间建立和关闭联系，而ROSE则处理应用之间的请求/响应交互。另外，值得注意的是OSI没有在应用层之下特别为网络管理定义协议。CMIS/CMIP协议模型如图9-2所示。

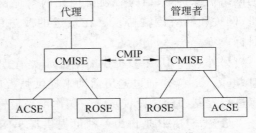

图9-2　CMIS/CMIP协议模型

3. CMOT

公共管理信息服务与协议(CMOT)是在 TCP/IP 协议集上实现 CMIS 服务的,这是一种过渡性的解决方案,直到 OSI 网络管理协议被广泛采用。CMIS 使用的应用协议并没有根据 CMOT 而修改,CMOT 仍然依赖于 CMISE、ACSE 和 ROSE 协议,这和 CMIS/CMIP 是一样的。但是,CMOT 并没有直接使用参考模型中的表示层来实现,而是要求在表示层中使用另外一个协议——轻量表示协议(LPP),该协议提供了目前最普通的两种传输层协议——TCP 和 UDP 的接口。CMOT 的一个致命弱点在于它是一个过渡性的方案,而没有人会把注意力集中在一个短期方案上。

4. LMMP

局域网个人管理协议(LMMP)试图为 LAN 环境提供一个网络管理方案。LMMP 以前被称为 IEEE 802 逻辑链路控制上的公共管理信息服务与协议(CMOL)。由于该协议直接位于 IEEE 802 逻辑链路层(LLC)上,它可以不依赖于任何特定的网络层协议进行网络传输。由于不要求任何网络层协议,LMMP 比 CMIS/CMIP 或 CMOT 都更易于实现,然而没有网络层提供路由信息,LMMP 信息不能跨越路由器,从而限制它只能在局域网中发展。但是,跨越局域网传输局限的 LMMP 信息转换代理可以克服这一问题。

9.2.3 常见的网络管理系统

网络管理系统提供了一组进行网络管理的工具,网络管理员对网络的管理水平在很大程度上依赖于这组工具的能力。网络管理软件可以位于主机上,也可以位于传输设备内(如交换机、路由器、防火墙等)。网络管理系统应具备 OSI 网络管理标准中定义的网络管理的五大功能,并能提供图形化的用户界面。

针对网络管理的需求,许多厂商都开发了自己的网络管理产品,并有一些产品形成了一定的规模,占有了相应的市场份额。它们采用标准的网络管理协议,提供通用的解决方案,形成了一个网络管理系统平台。网络设备生产厂商在这些平台的基础上又进一步提供了各种管理工具,下面简单介绍一些具有较高性能和市场占有率的典型网络管理系统。

1. CiscoWorks for Windows

CiscoWorks for Windows 是一个全面基于 Web 的网络管理解决方案,它主要应用于中小型的企业网络。它提供了一套功能强大、价格低廉且易于操作的监控和配置工具,用于管理 Cisco 的交换机、路由器、集线器、防火墙和访问服务器等设备。使用 Ipswitch 公司的 WhatsUp Gold 工具还可以管理网络打印机、工作站、服务器和其他重要的网络设备。

CiscoWorks for Windows 中包括以下组件。

(1) Cisco View

Cisco View 提供图形化的前后面板的视图,能够以各种颜色动态地显示设备的状态,并提供对某一特定设备组件的诊断和配置功能。

（2）WhatsUp Gold

WhatsUp Gold 是一种基于简单网络管理协议的图形化的网络管理工具,可以通过自动或手动创建网络拓扑结构图来管理整个企业内部网络,支持监视多个设备,具有网络搜索、拓扑发现、性能监测和警报追踪的功能。

（3）Threshold Manager

Threshold Manager 使网络用户能够在支持 RMON 的 Cisco 设备上设置极限值及获取事件信息,以降低网络管理费用,增强发现并解决网络故障的能力。在使用 Threshold Manager 之前,必须先建立 Threshold Manager 模板。Cisco 公司提供了一些预定义的模板,用户也可以自定义模板。

（4）Show Commands

Show Commands 使用户不必记住每个设备复杂的命令行语法,通过使用 Web 浏览器进行简单操作就可以获得有关设备详细的系统和协议信息。

2. HP Open View

HP Open View 是一个具有战略意义的产品,它集成了网络管理和系统管理双方的优点,并把它们有机地结合在一起,形成一个单一而完整的管理系统,从而使企业在急速发展的互联网时代取得辉煌的成功。在电子化服务的大主题下,Open View 系列产品包括了统一管理平台、全面的服务和资产管理、网络安全、服务质量保障、故障自动监测和处理、自动搜索、网络存储、智能代理等丰富的功能特性。

美国 HP 公司是最早开发网络管理产品的厂商。Open View 是 HP 公司的旗舰软件产品,已成为网络管理平台的典范,有很多第三方厂商在 Open View 的平台上开发网络管理的应用软件。Open View 网管工具采用开放式网络管理标准,不仅 Open View 内部各个 Open View 产品可以相互集成共同操作,而且目前有近百家网络和软件系统厂商提供在 Open View 上的集成产品,其具体功能如下。

（1）提供丰富的图形操作界面,能动态地反映网络的拓扑结构,包括网络各种资源变化的自动监测,方便操作人员的网络运行状况监控。Open View 网管系统中的各个产品都采用一致操作方式的图形界面,并且可以自动或根据用户的设置动态地反映网络拓扑结构和监测系统资源。

（2）提供用户灵活的设置功能,如阈值设定,以监测网络故障的发生。无论是故障和事件管理产品、数据库管理产品,还是资源和性能管理产品都能提供用户对希望监测系统参数的灵活阈值设置,以监测其运行状态。

（3）提供丰富的应用程序接口,方便用户开发自己的网络管理程序。

（4）Open View 提供多种用户二次开发根据,用户可以根据实际需要开发符合自己需求的网络管理软件。

（5）具有分发软件和数据的功能,数据能分发至各种机器上。

总体而言,网络管理是一项非常复杂的工作,虽然现在关于网络管理既制定了国际标准,又存在众多网络管理的平台与系统,但要真正做好网络管理的工作不是一件简单的事情。

9.3　案例分析：典型局域网管理系统的应用实例

目前用于局域网的网络管理系统软件有很多，网络管理员可以根据需要进行相应的选择，归纳起来，这些局域网管理软件具备的功能如下。

（1）监控整个网络。

（2）管理每台计算机。

（3）聊天监控。

（4）电子邮件监控。

（5）Web 页面监控。

（6）实时在线动态日志。

（7）禁止 Web 粘贴与邮件外发。

（8）封杀 BT、电驴等。

（9）远程控制管理。

（10）禁止文件上传下载。

（11）基于物理层进行控制管理。

（12）时间段管理。

（13）过滤网址库管理。

（14）基于关键词控制。

（15）上网信息统计查询。

（16）完美的统计查询系统。

（17）方便实用的日志导出功能。

局域网管理系统的应用增强了企业对互联网的访问、管理与控制力度，从而使企业科学、高效地访问互联网资源，阻止了对高风险、非法和不健康互联网内容的访问，也真正实现了企业网络的安全。

下面结合天易成网管 V1.15 的应用实例来说明局域网的网络管理。

某职业技术学院计科系组建了该系办公室网络。方案是采用高性能、全交换、全双工的快速以太网，并以星状结构联网，采用如图 9-3 所示的拓扑结构，系上的主机均用 100Mbps 的双绞线与系交换机相连，系交换机用 100Mbps 的双绞线与楼栋交换机相连，楼栋交换机用 1000Mbps 的光纤与校园网核心交换机相连。为了加强该办公网络的管理，保证网络系统稳定、高效和可靠的运行，同时使所有设备更好地为学院教学工作服务，选取系办公室一台 PC 上安装了成都天易成软件公司开发的天易成网管 V1.15。该网管系统软件的主要功能有流量监控、网页监控、下载监控、代理监控、游戏监控、股票监控、聊天监控、邮件监控、发帖监控和日志查询等。

其具体方案如下。

（1）在安装时采用引导模式（也称 arp 模式），无须改变网络结构，在局域网中在由系

249

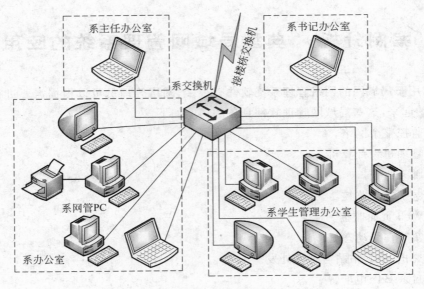

图 9-3　拓扑结构图

主任安排的兼职网管员所使用的计算机上进行安装，即可管理整个网络。

（2）网管员通过 IP 登录，并到天易成官方网站上注册。

（3）为了防止被监控主机随意更改 IP 地址，要做 IP-MAC 绑定。

（4）网管员根据学院工作时间的相关规定，做好"策略设置"中的"时间设置"，保证在工作时间禁止网络游戏、网上炒股等。

（5）对网络下载作限制，禁用 BT、电驴等下载工具，提高带宽利用率。

（6）进行流量监控与网页监控，保障工作时间网络通畅。

9.4　项目实践

任务1：使用局域网管理工具优化性能

为了方便管理员监视系统性能，Windows 系统提供了性能监视器，它能够提供现有性能的数据，并可方便地利用图表、报表、日志及警报等窗口监视形式形象地观察它们，还可以将有关内容记录下来，保存在文件中，作为日后分析的资料。当设置了激活的警报时，系统性能超过变化范围就能够报警，以便及时提醒管理员解决系统性能问题。

（1）对象

Windows 的性能监视器提供了 5 种类型对象：处理器（Processor）、内存（Memory）、磁盘（Disk）、网络（Network）和互联网（Internet）。性能监视器主要监视这些对象，每个对象内部又各含有若干个子对象。

（2）计数器

计数器是某对象中某一性能的具体反映和表示，常用"百分号（％）"或"每秒（/sec）"来表示，如在处理器对象下就有处理器时间（Processor Time）、用户时间（User Time）、中断时间（Interrupt Time）等多个计数器，每个计数器分别反映某一对象的某个细节。

教学目标

终极目标：能正确使用 Windows 系统提供的性能监视器优化性能。

促成教学目标：了解网络操作系统性能监视器软件的功能；能熟练使用性能监视器软件进行性能监视；熟悉局域网管理工具的相关知识。

实训环境

（1）网络实训室。

（2）一个小型局域网，装有 Microsoft Windows Server 2008 的服务器一台。

操作步骤

第一步　在域控制器设备上，执行"开始"→"设置"→"控制面板"→"管理工具"命令，打开"管理工具"窗口，如图 9-4 所示。

图 9-4　"管理工具"窗口

第二步　双击"服务"图标，双击 NetMeeting Remote Desktop Sharing 选项，将其设为"已禁用"状态，如图 9-5 所示。

第三步　同样，分别将 Messenger、Universal Plug and Play Device Host、Terminal Services、Remote Registry、Telnet、Performance Logs And Alerts、TCP/IP NetBIOS Helper 等项服务设置为"已禁用"状态，然后关闭"服务"窗口。

第四步　在"管理工具"窗口中双击"性能"图标，打开"性能"窗口，如图 9-6 所示，进行系统性能监视。在图中右边的按钮区，单击相应的按钮可切换系统监视器的 4 种信息

251

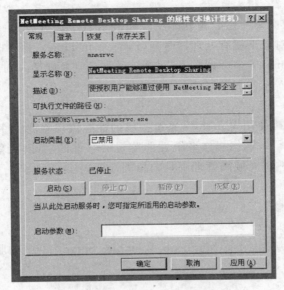

图 9-5　设置启动类型为"已禁用"

查看方式：图表、直方图、报表和日志数据，默认是以图表方式显示的。可以对多个不同的对象进行同时监视，并用不同颜色的曲线来表示，并在图像的下方显示相关数据。

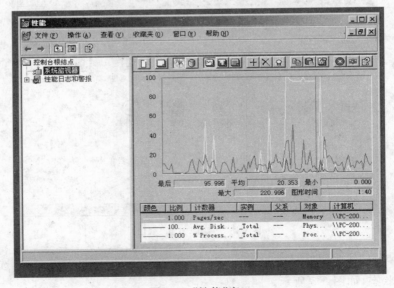

图 9-6　"性能"窗口

　　第五步　利用"性能日志和警报"选项配置性能数据计数器日志以及性能警报。例如，网络服务器的硬盘空间小于一定的数值时将可能造成服务器的崩溃，致使网络瘫痪。这时就可以设置警报检测服务器硬盘的使用空间，当它小于某一数值时便报警通知管理员，网络管理员收到报警信息后，便可采用相应的防范措施。

第六步　对上述项目结果进行观察与分析。

任务 2：使用局域网管理软件管理网络

教学目标

终极目标：能正确使用局域网管理软件进行网络管理。

促成教学目标：了解网络管理软件的功能；能熟练操作局域网管理软件；熟悉局域网管理的相关知识。

实训环境

(1) 网络实训室。

(2) 装有 Microsoft Windows XP、天易成网管软件的局域网环境。

操作步骤

第一步　运行天易成 V1.15，会弹出一个"登录"对话框，如图 9-7 所示。

登录
说明:127.0.0.1代表本机
通过IP登录
127 . 0 . 0 . 1
通过域名登录
天易成用户
myvtc-wl
天易成密码
保存密码
登录
注册用户
取消

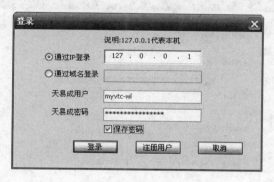

图 9-7　"登录"对话框

注意：采用"通过 IP 登录"的方式，天易成用户及天易成密码由指导教师提供，然后单击"登录"按钮。

第二步　登录成功后在程序的日志窗口会出现如图 9-8 所示的信息。

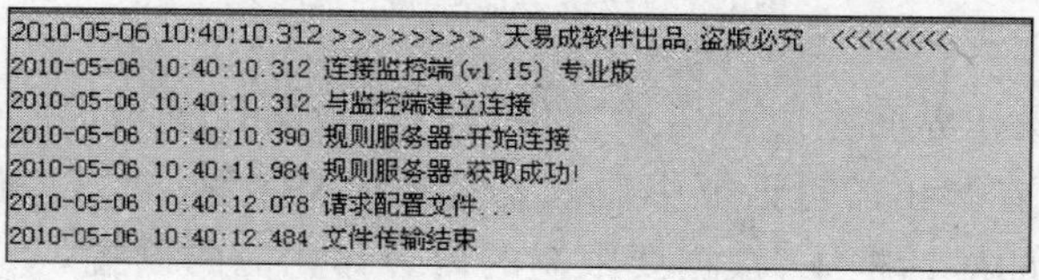

2010-05-06 10:40:10.312 >>>>>>>> 天易成软件出品，盗版必究 <<<<<<<<
2010-05-06 10:40:10.312 连接监控端(v1.15) 专业版
2010-05-06 10:40:10.312 与监控端建立连接
2010-05-06 10:40:10.390 规则服务器-开始连接
2010-05-06 10:40:11.984 规则服务器-获取成功!
2010-05-06 10:40:12.078 请求配置文件...
2010-05-06 10:40:12.484 文件传输结束

图 9-8　登录成功后显示的信息

接着会弹出"设置向导"对话框，也可以单击工具栏上的"设置向导"按钮，如图 9-9 所示，选中"引导模式"单选按钮后，单击"下一步"按钮。

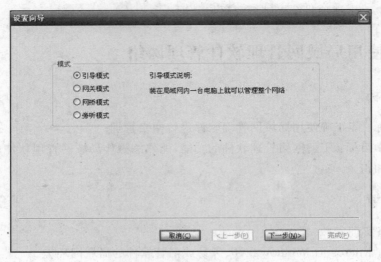

图 9-9 "设置向导"对话框 1

第三步 在弹出的如图 9-10 所示的对话框中,正确地完成相关配置。

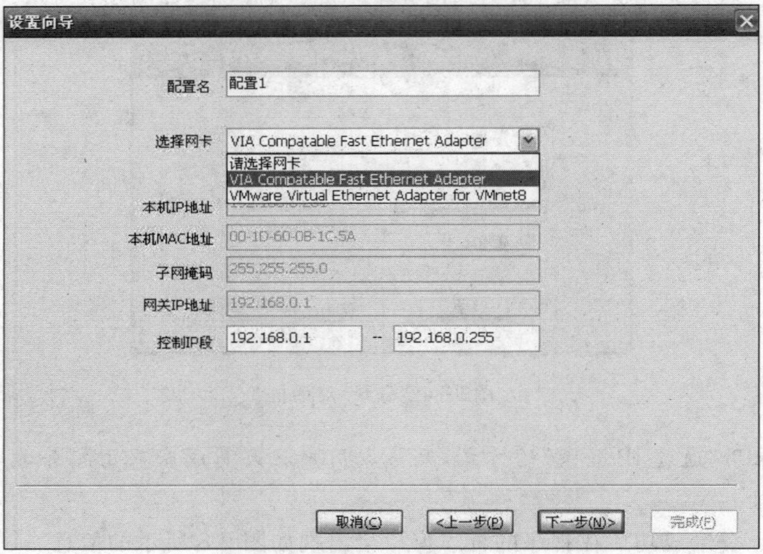

图 9-10 "设置向导"对话框 2

第四步 单击操作界面左边的树形控件,找到"策略设置"选项,如图 9-11 所示。单击"新建策略"按钮,在弹出的对话框中输入要建的策略名称,单击"确定"按钮,然后在弹出的如图 9-12 所示的对话框中,根据要限制的内容作相应的设置。

第五步 在"所有主机"列表中右击所要管理的计算机,会弹出如图 9-13 所示的界面,然后再选择弹出的"选择策略"选项,根据需要作相应的策略设置,这样就可以用选择的策略控制该主机了。

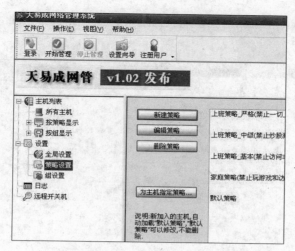

图 9-11 "策略设置"对话框 1

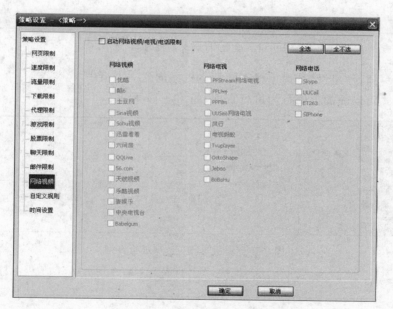

图 9-12 "策略设置"对话框 2

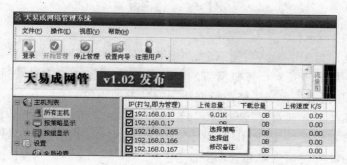

图 9-13 对"所有主机"列表中的设备进行管理

第六步 在加载多个策略前要按照不同的时间段设置多个策略,并注意时间段不能重叠,如图 9-14 所示。

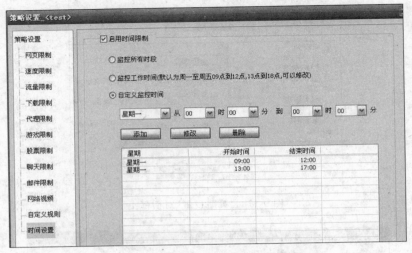

图 9-14 设置"自定义监控时间"选项

第七步 通过"组设置"选项将不同的主机添加到一个组中。

第八步 对以前的上网行为进行查询,如图 9-15 所示。

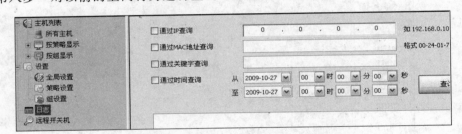

图 9-15 利用"日志"选项进行查询

第九步 对上述设置项目结果进行观察与分析。

小　　结

网络管理就是为保证网络系统稳定、高效和可靠运行,对网络的各种资源和人员进行的综合管理。网络管理是对计算机网络的配置、性能、故障、安全和计费进行的管理,它提供了监控、协调和测试各种网络资源及网络运行状况的手段。

网络管理系统由管理对象、管理进程、管理信息库和管理协议 4 部分构成。

简单网络管理协议是 TCP/IP 的应用层协议。SNMP 管理模型由 4 个要素构成:管理进程、管理代理、管理信息库和管理协议。

网络管理软件就是能够完成网络管理功能的网络管理系统,简称网管系统。网络管理员利用网管系统不仅可以使网络管理者与被管理系统中的代理交换网络信息,而且还可以开发网络管理应用程序,如典型的有 CiscoWorks for windows 和 HP Open View。

作为实践内容,本项目简要介绍了 Windows 系统提供的性能监视器和天易成网管 V1.15 的监视管理功能。

习　题

一、选择题

1. 一个全部由路由器组成的传统局域网中,必须在路由器上运行什么,管理工作站才能进行全网的管理?(　　)

　　A. 代理软件　　　　B. 内存驻留程序　　C. 网络操作系统　　　　D. 启动程序

2. 在局域网的网管工作站上做配置管理的设备时,发现一台路由器虽然被发现了,但是却取不到它的路由表,原因可能是什么?(　　)

　　A. 路由器硬件故障　　　　　　　　B. 路由器的 TCP/IP 协议配置有错误

　　C. 路由器未接电源　　　　　　　　D. 路由器没有提供 SNMP 代理服务

3. 在一个由多台路由器构成的网络中发现跨越路由器时 Ping 不通的情况,可用配置管理工具收集什么信息进行分析?(　　)

　　A. 路由器的流量统计　　　　　　　B. 路由器的路由表

　　C. 路由器的 MAC 地址　　　　　　D. 路由器的端口数目

4. 下列不属于网络管理系统安全管理部分的功能的是哪一项?(　　)

　　A. 找出访问点,保护访问点

　　B. 确定要保护的敏感信息

　　C. 对访问点定期进行攻击测试,在测试不通过后向网络管理员报警

　　D. 维护安全访问点

5. 在 SNMP 中,下面说法中正确的是哪一项?(　　)

　　A. SNMP 是一个对等的协议

　　B. SNMP 采用完全的轮询方式来实现其管理

　　C. SNMP 是一个同步的请求/应答协议

　　D. SNMP 依靠在代理和管理者之间保持连接来传输消息

6. 在某网络中,若想在网管工作站上对一些关键性服务器,如 DNS 服务器、电子邮件服务器等实施监控,以防止磁盘占满或系统死机造成网络服务的中断,需要进行的工作不包括下列哪一项?(　　)

　　A. 收集这些服务器上的用户信息存放于网管工作站上

　　B. 在每个服务器上运行 SNMP 的守护进程,以响应网管工作站的查询请求

　　C. 为服务器设置严重故障报警的 Trap,以便及时通知网管工作站

　　D. 网络配置管理工具中设置相应监控参数的 MIB

7. 在 SNMP 的管理模型中,下列关于管理信息库的说法中正确的是哪一项?
(   )

        A. 一个网络只有一个信息库

        B. 管理信息库是一个完整、单一的数据库

        C. 管理信息库是一个逻辑数据库,它由各个代理之上的本地信息库联合构成

        D. 以上三种说法都不对

8. 一个 SNMP 代理能发送什么报文?(   )

        A. Get-Request   B. Set-Request   C. Get-Next-Request   D. Trap

二、简答题

1. 网络管理的基本功能有哪些?

2. 网络管理的内容是什么?

3. 常用网络管理协议有哪些?

4. 网络管理系统由哪些部分构成?

项目 10　构建中小型网络安全系统

项目目标

（1）熟悉用户对网络的安全需求
（2）了解网络面临的威胁，熟悉入侵使用的攻击手段和方法
（3）掌握网络安全策略的架构
（4）掌握数据加密技术的方法及应用
（5）掌握防火墙的作用及技术分类

项目背景

（1）网络机房
（2）校园网络

10.1　用户需求与分析

目前的中小型企业由于人力和资金上的限制，网络安全产品不仅需要简单的安装，更要有针对复杂网络应用的一体化解决方案，其着眼点在于：国内外领先的厂商产品，具备处理突发事件的能力，能够实时监控并易于管理，能够提供安全策略配置定制，使用户能够很容易地完善自身安全因素。归结起来，网络应充分保证以下几点。

（1）网络可用性　网络是业务系统的载体，应防止如 DoS/DDoS 这样的网络攻击破坏网络的可用性。

（2）业务系统的可用性　中小型企业主机、数据库、应用服务器系统的安全运行十分关键，网络安全体系必须保证这些系统不会遭受来自网络的非法访问、恶意入侵和破坏。

（3）数据机密性　对于中小型企业网络，保密数据的泄密将直接带来企业商业利益的损失，网络安全系统应保证机密信息在存储与传输时的保密性。

（4）访问的可控性　对关键网络、系统和数据的访问必须得到有效的控制，这要求系统能够可靠确认访问者的身份，谨慎授权，并对任何访问进行跟踪记录。

（5）网络操作的可管理性　网络安全系统应具备审计和日志功能，对相关重要操作提供可靠而方便的管理、维护功能和易用的功能。

10.2 相 关 知 识

10.2.1 网络威胁

网络威胁是指对网络构成威胁的用户、事物、想法、程序等。网络威胁来自许多方面，从攻击对象来看，网络威胁可以分为人为威胁和非人为威胁。例如，来自世界各地的各种人为攻击（计算机犯罪、信息窃取、数据篡改、黑客攻击等），又如来自水灾、火灾、地震、电磁辐射等非人为威胁，还可能是内部人员使用不当、失误等造成的威胁。目前，网络存在的人为威胁主要表现在以下几个方面。

1. 非授权访问

没有预先经过同意就使用网络或计算机资源被看做非授权访问，如有意避开系统访问控制机制，对网络设备及资源进行非正常使用，或擅自扩大权限，越权访问信息。非授权访问主要形式有：假冒、身份攻击、非法用户进入网络系统进行违规操作、合法用户以未授权方式进行操作等。

2. 信息泄露或丢失

信息泄露或丢失是指敏感数据在有意或无意中被泄露或丢失，通常包括信息在传输中丢失或泄露（如黑客们利用电磁泄露或搭线窃听等方式可截获机密信息，或通过对信息流向、流量、通信频度和长度等参数的分析，推出有用信息，如用户口令、账号等），信息在存储介质中丢失或泄露，通过建立隐蔽隧道窃取敏感信息，等等。

3. 破坏数据完整性

以非法手段窃得对数据的使用权，删除、修改、插入或重发某些重要信息，以取得有益于攻击者的响应，干扰用户的正常使用。

4. 拒绝服务攻击

拒绝服务攻击不断对网络服务系统进行干扰，改变其正常的作业流程，执行无关程序使系统响应减慢甚至瘫痪，影响正常用户的使用，甚至使合法用户被排斥而不能进入计算机网络系统或不能得到相应的服务。

5. 网络传播病毒

计算机病毒是一种能破坏计算机系统资源的特殊计算机程序，具有隐蔽性、传播性、潜伏性、触发性和破坏性。它一旦发作，轻者会影响系统的工作效率，占用系统资源，重者会损坏系统的重要信息，甚至使整个网络系统陷于瘫痪。相对于通过移动存储设备传播的病毒而言，基于网络传播的病毒，其传播速度、范围和破坏性远大于单机系统，传播途径多样(如邮件、网页、局域网和网络下载等),令用户难以防范。

10.2.2　网络攻击方法

只有了解入侵者常用的攻击手段及其原理,才能采取相应措施来对付这些入侵,常见的攻击方法有如下几种。

1. 获取口令

获取口令又有 3 种方法:一是通过网络监听非法得到用户口令;二是在知道用户的账号后(如电子邮件@前面的部分)利用一些专门软件强行破解用户口令;三是在获得一个服务器上的用户口令文件后,用“暴力破解”程序破解用户口令。

2. 放置特洛伊木马程序

特洛伊木马程序可以直接侵入用户的计算机并进行破坏,它常被伪装成工具程序或者游戏等诱使用户打开带有特洛伊木马程序的邮件附件或从网上直接下载,一旦用户打开了这些邮件的附件或者执行了这些程序,它们就会像古特洛伊人在敌人城外留下的藏满士兵的木马一样留在自己的计算机中,并在自己的计算机系统中隐藏一个可以在Windows 启动时悄悄执行的程序。当中了木马病毒的计算机连接到因特网时,这个病毒程序就会通过邮件等方式向黑客传递主机的 IP 地址以及预先设定的端口。黑客在收到这些信息后,再利用这个潜伏在其中的程序,就可以任意修改该计算机的参数设定、复制文件、窥视整个硬盘中的内容等,从而达到控制对方计算机的目的。

3. WWW 的欺骗技术

用户可以利用 IE 等浏览器进行各种各样的 Web 站点的访问,如阅读新闻、咨询产品价格、订阅报纸、电子商务等。然而一般的用户恐怕不会想到,正在访问的网页可能已经被黑客篡改过,网页上的信息是虚假的。如黑客将用户要浏览的网页的 URL 改写为指向黑客自己的服务器,当用户浏览目标网页的时候,实际上是向黑客服务器发出请求,那么黑客就可以达到欺骗的目的了。

4. 电子邮件攻击

电子邮件攻击主要表现为两种方式:一是电子邮件轰炸和电子邮件“滚雪球”,也就是通常所说的邮件炸弹,指的是用伪造的 IP 地址和电子邮件地址向同一信箱发送数以千计、万计甚至无穷多次的内容相同的垃圾邮件,致使受害人邮箱被“炸”,严重者可能会给电子邮件服务器操作系统带来危险,甚至瘫痪;二是电子邮件欺骗,攻击者佯称自己为系统管理员(邮件地址和系统管理员完全相同),给用户发送邮件要求用户修改口令(口令可能为指定字符串)或在貌似正常的附件中加载病毒或其他木马程序。这类欺骗只要用户提高警惕,一般危害性不是太大。

5．网络监听

网络监听是主机的一种工作模式,在这种模式下,主机可以接收到本网段在同一条物理通道上传输的所有信息,而不管这些信息的发送方和接收方是谁。此时,如果两台主机进行通信的信息没有加密,只要使用某些网络监听工具,如 WireShark、Sniffer Pro 等就可以轻而易举地截取包括口令和账号在内的信息资料。虽然网络监听获得的用户账号和口令具有一定的局限性,但监听者往往能够获得其所在网段的所有用户账号及口令。

6．寻找系统漏洞

许多系统都有这样那样的安全漏洞(Bugs),其中某些是操作系统或应用软件本身具有的,这些漏洞在补丁未被开发出来之前一般很难防御黑客的破坏,除非将网线拔掉;还有一些漏洞是由于系统管理员配置错误引起的,如在网络文件系统中,将目录和文件以可写的方式调出,将未加 Shadow 的用户密码文件以明码方式存放在某一目录下,这都会给黑客带来可乘之机,应及时加以修正。

7．拒绝服务攻击

凡是能导致合法用户不能进行正常的网络服务的行为都算是拒绝服务攻击。拒绝服务攻击的目的非常明确,就是要阻止合法用户对正常网络资源的访问,从而达到攻击者不可告人的目的。简单地讲,拒绝服务就是用超出被攻击目标处理能力的海量数据包消耗可用系统、带宽资源,致使网络服务瘫痪的一种攻击手段。常见攻击方法有死亡之 Ping、SYN Flood、Land 攻击、泪珠攻击等。SYN Flood 的攻击原理为:利用 TCP 缺陷,只进行 TCP 连接建立中的两次握手,即疯狂发送连接请求报文,而不返回确认报文,当服务器未收到客户端的确认包时,规范标准规定它们必须"不见不散",必须重发 SYN/ACK 请求包,一直到超时,才将此条目从未连接队列中删除,该攻击消耗 CPU 和内存资源,导致系统资源占用过多,没有能力响应别的操作,或者不能响应正常的网络请求。

10.2.3 网络安全策略

一个常用的网络安全策略模型是 PDRR 模型。PDRR 是 4 个英文单词的字头:Protection(防护)、Detection(检测)、Response(响应)和 Recovery(恢复)。

1．防护

安全策略的第一关就是防护。防护就是根据系统已知的可能存在的安全问题采取一些预防措施,如打补丁、访问控制、数据加密等,不让攻击者顺利入侵。防护是 PDRR 模型中最重要的部分,可以预防大多数的入侵事件。防护可分为 3 类:系统安全防护、网络安全防护和信息安全防护。系统安全防护指操作系统的安全防护,即各个操作系统的安全配置、使用和打补丁等;网络安全防护指网络管理的安全及网络传输的安全;信息安全防护指数据本身的保密性、完整性和可用性。

防护的安全措施有：风险评估系统，以防火墙为代表的访问控制技术，基于网络的病毒防护体系，数据加密及身份认证技术、安全审计与入侵检测技术、数据恢复技术和应急服务体系，等等。

2. 检测

安全策略的第二关是检测。攻击者如果穿过了防护系统，检测系统就会检测出来。如检测入侵者的身份，包括攻击源、系统损失等。防护系统可以阻止大多数的入侵事件，但不能阻止所有的入侵事件，特别是那些利用新的系统缺陷、新攻击手段的入侵。

检测通过对计算机网络或计算机系统中若干关键点收集信息，并对其进行分析，从中发现网络或系统中是否有违反安全策略的行为和被攻击的迹象。进行入侵检测的软件与硬件的组合便是入侵检测系统（IDS）。

在 PDRR 模型中，P 和 D 有互补关系，检测系统可以弥补防护系统的不足。

3. 响应

检测系统一旦检测出入侵，响应系统则开始响应，进行事件处理。PDRR 中的响应就是在入侵事件发生后，进行紧急响应（事件处理）。

响应的工作主要分为两种：紧急响应和其他事件处理。紧急响应就是当安全事件发生时采取应对措施；其他事件处理主要包括咨询、培训和技术支持。

4. 恢复

安全策略 PDRR 的最后一关就是系统恢复。恢复是指事件发生后，把系统恢复到原来状态或比原来更安全的状态。

恢复也分为系统恢复和信息恢复两方面内容。系统恢复是指修补缺陷和消除后门，修补事件所利用的系统缺陷，不让黑客再利用这些缺陷入侵系统。系统恢复包括系统升级、软件升级和打补丁。消除后门是系统恢复的另一种重要工作，一般来说，黑客第一次入侵是利用系统缺陷，在入侵成功后，黑客就在系统中留下一些后门，如安装木马程序等。因此，尽管缺陷被补丁修复，黑客还可以再通过留下的后门入侵。信息恢复则是指恢复丢失的数据，丢失数据可能是由于黑客入侵所致，也可能是由于系统故障、自然灾害等原因所致。

每次入侵事件发生后，防护系统都要更新，保证同类入侵事件不再发生。所以整个安全策略的这 4 关组成了一个信息安全周期。

10.2.4　数据加密技术

1. 概述

早在 4000 多年前，人类就已经有了使用密码技术的记载，最早的密码技术源自于隐写术。用明矾水在白纸上写字，当水迹干了之后，就什么也看不到了，而在火上烤时就会显现出来。在现代生活中,随着计算机网络的发展,用户之间信息的交流大多都是通过网络进行的。用户在计算机网络上进行通信,一个主要的危险就是所传送的数据被非法窃听,如搭线窃听、电磁窃听等。为了保证数据传输的隐蔽性,通常的做法是先采用一定的算法对要发送的数据进行软加密,这样即使在传输过程中报文被截获,对方一时也难以破译以获得其中的信息,从而保证了信息的安全性。数据加密技术不仅具有对信息进行加密的功能,还具有数字签名、身份验证、秘密分存、系统安全等功能。所以使用数据加密技术不仅可以保证信息的安全,还可以保证信息的完整和正确。

密码学是一门研究密码技术的科学,其基本思想就是伪装信息,使未授权的人无法理解其含义。所谓伪装,就是将计算机中的信息进行一组可逆的数字变换的过程。密码学经历了古典密码学和现代密码学两个阶段。古典密码学主要是针对字符进行加密,加密数据的安全性取决于算法的保密,如果算法被人知道了,密文也就很容易被人破解;现代加密学主要有两种基于密钥的加密算法,分别是对称加密算法和公开密钥算法。

2. 对称加密算法

如果在一个密码体系中,加密密钥和解密密钥相同,就称为对称加密算法。对称加密算法的通信模型如图 10-1 所示。在这种算法中,加密和解密的具体算法是公开的,要求信息的发送者和接收者在安全通信之前商定一个密钥。因此,对称加密算法的安全性完全依赖于密钥的安全性,如果密钥丢失,就意味着任何人都能够对加密信息进行解密了。

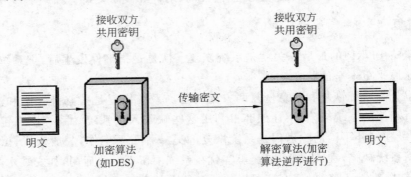

图 10-1   对称加密算法的通信模型

典型的对称加密算法主要有数据加密标准(DES)、高级加密标准(AES)和国际数据加密算法(IDEA)。其中 DES(Data Encryption Standard)算法是美国政府在 1977 年采纳的数据加密标准,是由 IBM 公司为非机密数据加密所设计的方案,后来被国际标准局采纳为国际标准。DES 以算法实现快、密钥简短等特点成为现在使用非常广泛的一种加密标准。

3. 公开密钥算法

在对称加密算法中使用的加密算法简单高效、密钥简短,破解起来比较困难。但是,一方面由于对称加密算法的安全性完全依赖于密钥的保密性,在公开的计算机网络上如何安全传递密钥成为一个严峻的问题;另一方面随着用户数量的增加,密钥的数量也将急剧增加,如何对数量如此庞大的密钥进行管理是另外一个棘手的问题。

公开密钥算法很好地解决了这两个问题。其加密密钥和解密密钥完全不同,而且解密密钥不能根据加密密钥推算出来。之所以称为公开密钥算法,是因为其加密密钥是公开的,任何人都能通过查找相应的公开文档得到,而解密密钥是保密的,只有得到相应的解密密钥才能解密信息。在这个系统中,加密密钥称为公开密钥(Public Key),简称公钥;解密密钥也称为私人密钥(Private Key),简称私钥。公开密钥算法的通信模型如图 10-2 所示。

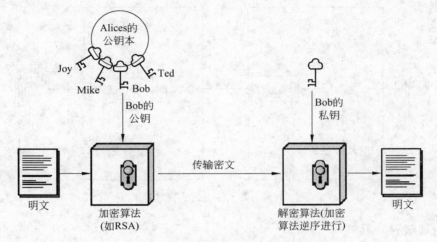

图 10-2　公开密钥算法的通信模型

由于用户只需要保存好自己的私钥,而对应的公钥无须保密,需要使用公钥的用户可以通过公开的途径得到公钥,因此不存在对称加密算法中的密钥传送问题。同时,n 个用户相互之间采用公开密钥算法进行通信,需要的密钥对数量也仅为 n,密钥的管理较对称加密算法简单得多。

典型的公开密钥算法主要有 RSA、DSA、ElGamal 算法等。其中 RSA 算法是由美国的 3 位教授 R. L. Rivest、A. Shamirt 和 M. Adleman 提出的,算法的名称取自 3 位教授的名字。RSA 算法是第一个提出的公开密钥算法,是至今为止较为完善的公开密钥算法之一。

4. 数字签名技术

数字签名技术是实现交易安全的核心技术之一,它的实现基础就是加密技术。以往的书信或文件是根据亲笔签名或印章来证明其真实性的。那么,如何对网络上传送的文件进行身份验证呢? 这就是数字签名所要解决的问题。一个完善的数字签名应该解决好下面的 3 个问题。

(1) 接收者能够核实发送者对报文的签名。

(2) 发送者事后不能否认自己对报文的签名。

(3) 除了发送者外,其他任何人不能伪造签名,也不能对接收或者发送的信息进行篡改和伪造。

数字签名的实现采用了密码技术,其安全性取决于密码体系的安全性。现在,经常采用公开密钥加密算法实现数字签名,特别是采用 RSA 算法。下面简单介绍一下数字签名的实现思想。

假定发送者 A 要发送报文信息给 B,那么 A 采用自己的私钥对报文进行加密运算,实现对报文的签名。然后将结果发送给接收者 B。B 在收到签名报文后,采用已知 A 的公钥对签名报文进行解密运算,就可以得到报文原文,核实签名,如图 10-3 所示。

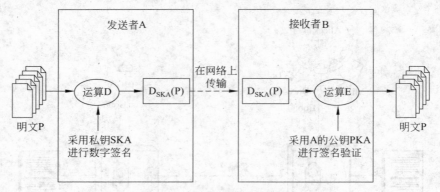

图 10-3 数字签名的实现过程

对上述过程分析如下。

(1) 因为除发送者 A 外没有其他人知道 A 的私钥,所以除 A 外没人能生成这样的密文,因此 B 相信该报文是 A 签名后发送的。

(2) 如果 A 要否认报文由自己发送,那么 B 可以将报文和报文密文提供给第三方,第三方很容易用已知的 A 的公钥证实报文确实是 A 发送的。

(3) 如果 B 对报文进行篡改和伪造,那么 B 就无法给第三方提供相应的报文密文,这就证明 B 篡改或伪造了报文。

10.2.5 防火墙技术

1. 防火墙概述

防火墙(Firewall)是在企业内部网和外部网之间执行访问控制策略的一个或一组安全系统,它在内部网和 Internet 之间设置控制,以阻止外界对内部资源的非法访问,也可以阻止内部对外部的不安全访问。设置防火墙的思想就是在内部、外部网络之间建立一个具有安全控制机制的安全控制点,通过允许、拒绝或重新定向经过防火墙的数据流,实现对内部网服务和访问的安全审计与控制。

防火墙是一种计算机硬件和软件系统的集合,是实现网络安全策略的有效工具之一,被广泛应用到 Internet 与 Intranet 之间。通常,防火墙建立在内部网和 Internet 之间的一个路由器或计算机上,该计算机也叫堡垒主机。它就如同一堵带有安全门的墙,可以阻止外界对内部网资源的非法访问,也可以防止内部对外部网的不安全访问。为使防火墙发挥作用,内部和外部网络之间的所有数据流都必须经过它,企业网中常见防火墙的部署位置如图 10-4 所示。

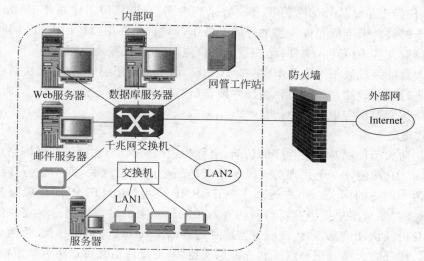

图 10-4　防火墙的位置示意图

因此,可以说防火墙能够限制非法用户从一个被严格保护的设备上进入或离开,从而有效地阻止针对内部网的非法入侵。但是由于防火墙只能对跨越边界的信息进行检测、控制,而对网络内部人员的攻击不具备防范能力,因此单独依靠防火墙来保护网络的安全是不够的,必须与入侵检测系统、安全扫描等其他安全措施综合使用才能对企业网提供全方位的保护。

一般情况下,防火墙有如下主要功能。

(1) 访问控制。

(2) 对网络存取和访问进行监控审计。

(3) 防止内部信息的外泄。

(4) 支持网络地址转换。

但防火墙也有不足之处,它不能防范内部人员的攻击,不能防范绕过它的连接,不能防范全部的威胁,更不能防范恶意程序。

2. 防火墙技术及分类

防火墙技术大体上分为两类:网络层防火墙技术和应用层防火墙技术。这两个层次的防火墙分别叫包过滤防火墙和代理防火墙。

(1) 包过滤防火墙

网络层防火墙一般由具有包过滤功能的路由器来充当,其访问控制列表可对网络层和传输层的信息进行过滤,检查内容一般为:源、目的 IP 地址;源、目的端口号;协议类型;TCP 报头的标志位(如 ACK 标识,指出这个包是否是回应包)。例如,如果在外网端口的包访问控制列表中添加只允许数据包发往目的 TCP 端口为 80(标准的 HTTP 端口)的规则,那么外网的计算机则只能访问内网 Web 服务,其他全部被拒绝。

包过滤判断时不关心包的具体内容和类型,它只能让人们进行类似以下情况的操作,例如,不让任何工作站从外部网用 Telnet 登录到内网;允许任何工作站使用 SMTP 往内网发送电子邮件。但不能允许人们进行如下操作,例如,允许用户使用 FTP,同时还限制用户只可读取文件不可写入文件;允许指定用户使用 Telnet 登录内网。

由于包过滤系统处于网络的 IP 层和 TCP 层,而不是应用层,所以它无法对应用层的具体操作进行任何过滤,如对 FTP 的具体操作(读、写、删除等)进行过滤。同时,包过滤系统也不能识别数据包中的用户信息。

(2) 代理防火墙

应用层防火墙控制对应用程序的访问,也称为代理防火墙,它能够代替网络用户完成特定的 TCP/IP 功能。一个代理防火墙本质上是一个应用层网关,即一个为特定网络应用而连接两个网络的网关。用户就某一项 TCP/IP 应用(如 HTTP)同代理服务器打交道,代理服务器要求用户提供其要访问的外部 Internet 主机名。当用户答复并提供了正确的用户身份及认证信息后,代理服务器建立与外部 Internet 主机的连接,为两个通信点充当中继。代理防火墙分别与内部和外部系统连接,不允许信息越过防火墙传输,整个过程可以对用户完全透明。

代理防火墙还能记录通过它的一些信息,如什么用户在什么时间访问过什么站点,这些审计信息可以帮助网络管理员识别网络间谍。有些代理服务器还可存储 Internet 上那些被频繁访问的页面,这样当用户请求访问这些页面时,服务器本身就能提供这些页面而不必连接到 Internet 上的服务器,从而缩短了访问这些页面的内部响应时间。

3. 防火墙应用系统

由于网络结构多种多样,各站点的安全要求也不尽相同,所以防火墙的体系结构也有很多种,常见的有 3 种:双宿主主机体系结构、被屏蔽主机体系结构和被屏蔽子网体系结构。下面介绍按照这 3 种体系结构构建的防火墙应用系统。

(1) 双宿主主机防火墙

双宿主主机防火墙是围绕具有双宿主结构的主计算机而构建的,如图 10-5 所示。双宿主主机具有两个或两个以上网络接口;这种结构的主机分别与受保护的内部子网及 Internet 连接,起着监视和隔离应用层信息流的作用,彻底隔离了所有内部主机的可能连接。借助于双宿主主机,防火墙内外两网的计算机可实现通信(间接),即内外网的主机不能直接交换信息,信息交换要由该主机"代理"并"服务",因此,内部子网十分安全。内部主机通过双宿主主机防火墙(代理服务器)得到 Internet 服务,并由该主机集中进行安全检查和日志记录。双宿主主机防火墙工作在 OSI 的最高层,它掌握着应用系统中可用作安全决策的全部信息。

(2) 被屏蔽主机防火墙

被屏蔽主机体系结构中提供安全保障的主机(堡垒主机)在内部网中,加上一台单独的过滤路由器,一起构成该结构的防火墙,如图 10-6 所示。

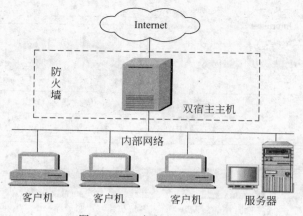

图 10-5　双宿主主机防火墙

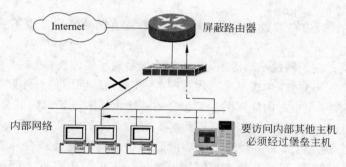

图 10-6　被屏蔽主机防火墙

　　堡垒主机是 Internet 主机连接内部网系统的桥梁。任何外部系统试图访问内部网系统或服务，都必须连接到该主机上。因此该主机需要较高的安全级别。

　　这种结构中，屏蔽路由器与外部网相连，再通过堡垒主机与内部网连接。来自外部网络的数据包先经过屏蔽路由器过滤，不符合过滤规则的数据包被过滤掉；符合规则的包则被传送到堡垒主机上。其代理服务软件将允许通过的信息传输到受保护的内部网。

　　（3）被屏蔽子网防火墙

　　子网过滤体系结构添加了额外的安全层到主机过滤体系结构中，即通过添加参数网络，进一步地把内部网络与 Internet 隔离开，降低堡垒主机被侵袭的影响。

　　子网过滤体系结构的最简单的形式为两个过滤路由器，每一个都连接到参数网络上，一个位于参数网与内部网之间，另一个位于参数网与外部网之间。这是一种比较复杂的结构，它提供了比较完善的网络安全保障和较灵活的应用方式，如图 10-7 所示。

　　① 参数网络。参数网络也叫周边网络、非军事区地带（Demilitarized Zone，DMZ）等，它是在内/外部网之间另加的一个安全保护层，相当于一个应用网关。如果入侵者成功地闯过外层保护网到达防火墙，参数网络就能在入侵者与内部网之间再提供一层保护。如果入侵者仅仅侵入到参数网络的堡垒主机，他只能偷看到参数网络的信息流而看不到内部网的信息。参数网络的信息流仅往来于外部网到堡垒主机，没有内部网主机间的信息

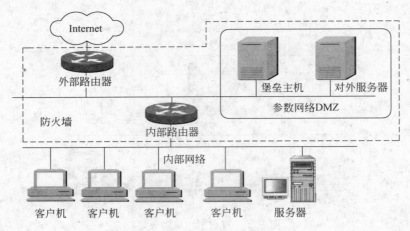

图 10-7　被屏蔽子网防火墙

流(重要和敏感的信息)在参数网络中流动,所以堡垒主机受到损害也不会破坏内部网的信息流。

② 堡垒主机。在子网过滤结构中,堡垒主机与参数网络相连,而该主机是外部网服务于内部网的主结点。通过在主机上建立代理服务,实现内部网用户与外部服务器之间建立间接的连接。该堡垒主机对内部网的主要服务有:接收外来电子邮件并分发给相应站点;接收外来 FTP 并连到内部网的匿名 FTP 服务器;接收外来的有关内部网站点的域名服务。

③ 内部路由器。内部路由器的主要功能是保护内部网免受来自外部网与参数网络的侵扰。内部路由器可以设定,使参数网络上的堡垒主机与内部网之间传递的各种服务和内部网与外部网之间传递的各种服务不完全相同。内部路由器完成防火墙的大部分包过滤工作,它允许某些站点的包过滤系统认为符合安全规则的服务在内/外部网之间互传。根据各站点的需要和安全规则,可允许的服务是如下的外向服务:Telnet、FTP、WAIS、Archie、Gopher 或者其他服务。

④ 外部路由器。外部路由器既可保护参数网络又可保护内部网。实际上,在外部路由器上仅做一小部分包过滤,它几乎让所有参数网络的外向请求通过。它与内部路由器的包过滤规则基本上是相同的。外部路由器的包过滤主要是对参数网络上的主机提供保护,一般情况下,因为参数网络上主机的安全主要通过主机安全机制加以保障,所以由外部路由器提供的很多保护并非必要的。外部路由器真正有效的任务是阻隔来自外部网上伪造源地址进来的任何数据包,这些数据包自称来自内部网,其实它是来自外部网。

10.3　案例分析:典型的中小型网络安全系统

中小型企业网络安全系统的解决方案的设计应主要满足以下需求。

(1) 访问控制需求。防范非法用户非法访问、防范合法用户非授权访问、防范假冒合法用户的非法访问。

（2）入侵检测系统需求。确保网络更加安全必须配备入侵检测系统,对透过防火墙的攻击进行检测并做相应反应(记录、报警、阻断)。

（3）防病毒系统需求。针对网络病毒传播范围广、速度快等特点,必须配备从单机到服务器的整套防病毒软件,实现全网的病毒安全防护。

（4）加密机制需求。为保证数据的保密性、完整性及可靠性,因此,必须配备加密系统对数据进行传输加密。

下面用一个实例说明如何解决中小型网络的安全问题。

案例：某职业技术学院校园网安全解决方案

某职业技术学院校园网作为服务于全校教育、科研和行政管理的计算机信息网络,实现了校园内计算机联网、信息资源共享,并通过 Cernet 与 Internet 互联。校园网现有联网结点 1000 多个。其网络结构是：校园内建筑物之间的连接选用多模光纤,以行政楼为中心,向其他建筑物辐射;楼内水平线缆采用超 5 类非屏蔽双绞线缆,中心交换机采用 Cisco Catalyst 8540 路由交换机、二级交换机 Cisco Catalyst 5505 和 Cisco Catalyst 2904。

1. 安全隐患分析

校园网络存在的安全隐患和漏洞有如下几种。

（1）校园网通过 Cernet 与 Internet 相连,在享受方便快捷的同时,也面临着遭遇攻击的风险。

（2）校园网内部也存在很大的安全隐患。由于内部用户对网络的结构和应用模式都比较了解,因此来自内部的安全威胁会更大一些。

（3）校园网的网络服务器安装的操作系统有 Windows NT/2000、UNIX、Linux 等,这些系统的安全风险级别不同,如 Windows NT/2000 的普遍性和可操作性使它成为最不安全的系统：自身安全漏洞、浏览器的漏洞、IIS 的漏洞、病毒的温床等;UNIX 由于技术的复杂性导致高级黑客对其进行攻击：自身安全漏洞(RIP 路由转移等)、服务安全漏洞、病毒等。

（4）随着校园内计算机应用的大范围普及,接入校园网的结点数日益增多,而这些结点大部分都没有采取安全防护措施,随时有可能造成病毒泛滥、信息丢失、数据损坏、网络被攻击、系统瘫痪等严重后果。

由此可见,构筑具有必要的信息安全防护体系、建立一套有效的网络安全机制显得尤其重要。

2. 解决方案

根据某职业技术学院校园网的结构特点及面临的安全隐患,在广泛征集各方意见、细心比较的基础上,决定采用北京瑞星公司设计的校园网络安全体系方案,如图 10-8 所示。该方案确定了以下几个必须考虑的安全防护要点：网络安全隔离、网络监控措施、网络安全漏洞、网络病毒的防范(由于针对校园网日常业务需求,所以本方案不考虑在网内部署信息加密及身份鉴别系统）。

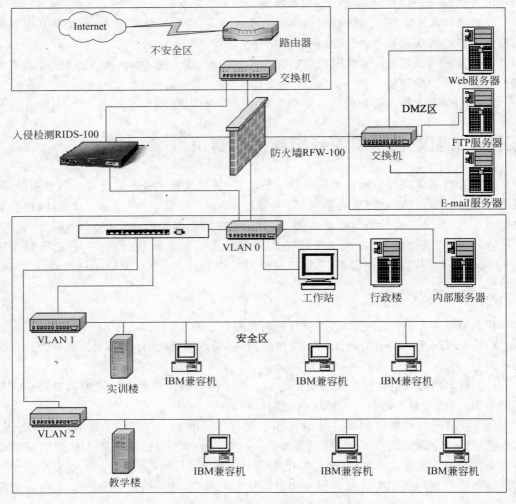

图 10-8　某职业技术学院校园网的网络安全体系

（1）防火墙的部署

在 Internet 与校园网内网之间部署一台瑞星 RFW-100 防火墙，在内外网之间建立一道牢固的安全屏障。其中 WWW、E-mail、FTP、DNS 服务器连接在防火墙的 DMZ 区（即"非军事区"，是为不信任系统提供服务的孤立网段，它阻止内网和外网直接通信，以保证内网安全），与内外网间进行隔离，内网口连接校园网内网交换机，外网口通过路由器与 Internet 连接。这样，通过 Internet 进来的外网用户只能访问到对外公开的一些服务（如 WWW、E-mail、FTP、DNS 等），既保护内网资源不被外部非授权用户非法访问或破坏，也可以阻止内部用户对外部不良资源的使用，并能够对发生在网络中的安全事件进行跟踪和审计。

在防火墙设置上，按照以下原则配置来提高网络的安全性。

① 根据校园网安全策略和安全目标,规划设置正确的安全过滤规则,规则审核 IP 数据包的内容,包括协议、端口、源地址、目的地址、流向等项目,严格禁止来自外网的对校园内网的不必要的、非法的访问。总体上遵从"不被允许的服务就是被禁止"的原则。

② 配置防火墙,过滤掉以内部网络地址进入路由器的 IP 包,这样可以防范源地址假冒和源路由类型的攻击;过滤掉以非法 IP 地址离开内部网络的 IP 包,防止内部网络发起的对外攻击。

③ 在防火墙上建立内网计算机的 IP 地址和 MAC 地址的对应表,防止 IP 地址被盗用。

④ 定期查看防火墙访问日志,及时发现攻击行为和不良的上网记录。

⑤ 允许通过配置网卡对防火墙进行设置,提高防火墙管理的安全性。

（2）入侵检测系统的部署

入侵检测能力是衡量一个防御体系是否完整有效的重要因素之一。强大的、完整的入侵检测体系可以弥补防火墙相对静态防御的不足。根据校园网络的特点,这里采用瑞星入侵检测系统 RIDS-100。将 RIDS-100 入侵检测引擎接入 Cisco Catalyst 8540 中心交换机上,对来自外部网和校园网内部的各种行为进行实时检测。RIDS-100 入侵检测系统集入侵检测、网络管理和网络监视功能于一身,能实时捕获内外网之间传输的所有数据,利用内置的攻击特征库,使用模式匹配和智能分析的方法检测网络上发生的入侵行为和异常现象,并在数据库中记录有关事件,作为网络管理员事后分析的依据。如果情况严重,RIDS-100 可以发出实时报警,使学校管理员能够及时采取应对措施。

（3）漏洞扫描系统

采用先进的漏洞扫描系统定期对工作站、服务器、交换机等进行安全检查,并根据检查结果向系统管理员提供周密、可靠的安全性分析报告。

（4）瑞星网络版杀毒产品的部署

为了实现在整个局域网内杜绝病毒的感染、传播和发作,这里应该在整个网络内可能感染和传播病毒的地方采取相应的防病毒手段。同时为了有效、快捷地实施和管理整个网络的防病毒体系,应能实现远程安装、智能升级、远程报警、集中管理、分布查杀病毒等多种功能。

① 在学校网络中心的 Windows 2000 服务器上安装瑞星杀毒软件网络版的系统中心,负责管理 1000 多个主机网点。

② 在各行政、教学等单位分别安装瑞星杀毒软件网络版的客户端。

③ 安装完瑞星杀毒软件网络版后,在管理员控制台对网络中所有客户端进行定时查杀毒的设置,保证所有客户端即使在没有联网的时候也能够定时对本机进行查杀毒。

④ 网络中心负责整个校园网的升级工作。为了安全和管理方便,由网络中心的系统中心定期地、自动地到瑞星网站上获取最新的升级文件(包括病毒定义码、扫描引擎、程序文件等),然后自动将最新的升级文件分发到其他 1000 多个主机网点的客户端与服务器端,并自动对瑞星杀毒软件网络版进行更新。同时,因为只有网络中心才有 Internet 出口,便于整个网络的统一管理。

（5）安全管理

常言道，"三分技术，七分管理"，安全管理是保证网络安全的基础，安全技术是配合安全管理的辅助措施。这里建立了一套校园网络安全管理模式，制定了详细的安全管理制度，如机房管理制度、病毒防范制度等，并采取切实有效的措施来保证制度的执行。

10.4　项　目　实　践

任务1：网络防病毒系统的设置

教学目标

终极目标：面向网络实施整体病毒防护。

促成教学目标：掌握病毒查杀的原理；能熟练根据实际网络需求部署、安装网络病毒防护平台；掌握瑞星杀毒软件网络版的管理和使用方法。

实训环境

（1）网络实训室。

（2）服务器两台（一台管理局域网，另一台作瑞星杀毒软件网络版的系统中心），工作站若干组成一个局域网。

操作步骤

第一步　在服务器上安装瑞星杀毒软件网络版（中小型企业版）"系统中心"与"管理控制台"。

第二步　在网管服务器上安装服务器端客户版，其他工作站安装客户端客户版。

第三步　启动管理控制台，在"管理员登录"界面中输入账号和口令后（默认用户名称为 admin、密码为空），单击"登录"按钮进入管理控制台界面，如图 10-9 所示。

第四步　设置有效、合理的策略。执行"操作"→"设置防毒策略"命令，为客户端设置防毒策略：实时监控设置、嵌入式杀毒、手动查杀、快捷方式查杀、定制任务、硬盘备份和其他设置等。执行"操作"→"设置客户端选项"命令，设置客户端选项：基本设置、日志上报设置、定时升级设置、下载中心设置、漏洞扫描设置、升级代理设置和其他设置等。执行"操作"→"设置主动防御规则"命令，设置主动防御规则：主动防御设置、系统加固、应用程序控制、木马行为防御、木马入侵拦截（U 盘拦截、网站拦截）、自定义白名单等。

第五步　强制所有客户端立即更新病毒定义。执行"升级"→"通知客户端立即升级"命令，对所有客户端进行升级操作。

第六步　对日志进行管理。执行"工具"→"日志管理工具"命令，启动日志管理工具后制定日志查询及分类统计（如通过图表直观地显示一段时间内的病毒发作趋势，最近发作最多的病毒排行和最近感染病毒最多的客户端排行等状况）方式。在第七步完成后通

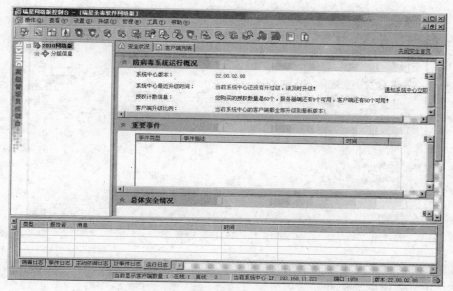

图 10-9　安装瑞星杀毒软件网络版(中小型企业版)控制台

过执行"操作"→"查看日志"→"日志病毒日志"命令查看网络内病毒状况。

第七步　全网统一开始扫描。执行"操作"→"全网查杀"命令开始扫描。

任务 2：数据加密的实现

教学目标

终极目标：掌握加密与数字签名的方法。

促成教学目标：掌握对称加密算法的应用；掌握公开密钥算法实现数字签名的方法；熟悉 PGP 系统的使用(完成对文件的加密及解密、邮件的加密和签名及相应的解密及验证签名)。

实训环境

(1) 网络实训室。

(2) PC(安装 PGP 系统)人手一台,两人为一组互相进行加密、签名及验证。

操作步骤

第一步　密钥对的生成。

(1) 执行 File→New→New Key 命令,开始生成个人密钥对,其操作界面如图 10-10 所示。

(2) 在弹出的对话框里输入全名和邮件地址(邮件地址是代表个人的唯一标识)。

(3) 为本地保管的私钥设定一个口令,要求口令大于 8 位且不能全部为字母。

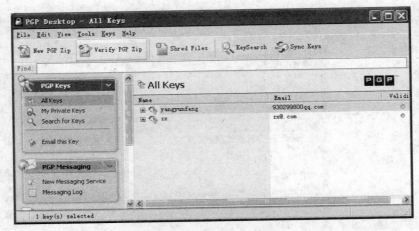

图 10-10　PGP 管理界面

（4）单击"完成"按钮完成密钥对的生成。

第二步　密钥的导出和导入。

（1）选中要导出的密钥，执行 Keys→Export 命令，导出为扩展名为.asc 的文件，将其转发给其他人。

（2）执行 Keys→Import 命令，导入扩展名为.asc 的文件，导入后其他人的公钥显示为"无效"且"不可信任"的。如果确信该公钥是正确的，由第三方使用个人私钥对其进行签名担保，此时其他人的公钥显示为"有效"，再打开该公钥的"属性"对话框，将信任状态设为 Trusted，此时其他人的公钥显示为"可信任的"。

第三步　文件的加密和解密。

（1）选中要加密的文件，右击后在快捷菜单中选择 PGP→Encrypt 选项，在弹出的"密钥"对话框中选择加密使用的公钥（如果由本人解密则选用自己的公钥，如果该文件将来只能由其他人解密，则选用相应其他人的公钥进行加密）。

（2）解密时只要双击该文件，在弹出的对话框中输入私钥的口令即可。

第四步　邮件的加密、签名和解密、验证签名。

（1）将输入点定位到邮件内容框内，右击桌面右下角的 PGP Desktop 图标，在快捷菜单中选择 Current Window→Encrypt & Sign 选项，在弹出的对话框中选择对方的公钥进行加密，用自己的私钥进行签名。

（2）在收到的邮件中，将光标点定位到内容框中，右击桌面右下角的 PGP Desktop 图标，在快捷菜单中选择 Current Window→Decrypt & Verify 选项完成解密及验证签名（如果不能解密或无法验证签名，应检查加密、签名所用的密钥）。

任务3：防火墙的设置

教学目标

终极目标：使用防火墙保护内网免遭黑客入侵。

促成教学目标：掌握包过滤防火墙的工作原理；掌握访问控制策略的制定原则及方法；熟悉瑞星个人防火墙 2010 版的操作和使用方法。

实训环境

（1）网络实训室。

（2）PC（装有瑞星个人防火墙 2010 版）人手一台。

操作步骤

第一步　查看工作状态。启动瑞星个人防火墙 2010 版，在"工作状态"选项卡中显示了防火墙的状态、受攻击信息和网络状态。其中，在防火墙的状态中显示了当前活动程序的图标，如果程序繁忙，对应的图标就会闪烁。

第二步　查看系统状态。在"系统状态"选项卡中，用户可以查看系统进程的相关信息和所有 TCP/UDP 连接的信息。

第三步　编辑应用层访问规则。在"访问控制"选项卡中，通过禁止 IE 浏览器的使用来实现禁止内网访问外网的 Web 服务器这一策略，并进行验证，如图 10-11 所示。

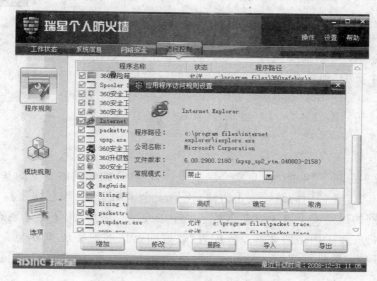

图 10-11　瑞星防火墙访问的规则配置

第四步　编辑 IP 层过滤规则，完成禁止本机使用 Outlook Express 发送邮件，但可以接收邮件（SMTP 服务使用 25 端口，注意 IP 规则与应用层访问规则的优先问题）这一策略的定制，在规则生效前后分别使用 Outlook Express 自发自收邮件进行对比验证。执行"设置"→"详细设置"命令，在弹出的对话框中选择"规则设置"选项下的"IP 规则"选项，然后添加一条规则：名称自定，规则匹配后的动作为禁止；本地地址为本机，对方地址任意；协议类型为 TCP，对方端口为 25，本地端口任意。协议选项的配置如图 10-12所示。

第五步　设置网站访问规则，屏蔽不适合青少年浏览的网站。执行"设置"→"详细设

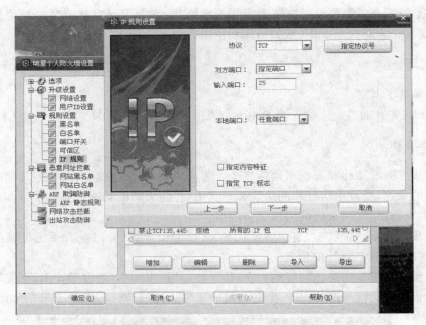

图 10-12　瑞星防火墙 IP 规则中的协议配置

置"命令,在弹出的对话框中选择"网站访问规则"选项,启用地址过滤,并添加一个黑名单,如新浪网主页 IP 地址或域名,在规则生效前后检验是否能访问新浪网主站。

小　　结

　　本项目首先分析了用户对信息安全的需求。其次,介绍了网络安全的基本知识,常见的网络威胁和入侵者常用的系统攻击方法,网络安全策略架构,数据加密技术,防火墙技术;对某校园网的网络安全解决方案进行了简单的介绍。最后,为了更好地熟悉和理解网络安全,本项目安排了网络防病毒系统配置、数据加密技术的实现和防火墙的设置内容,为今后的学习和应用打下基础。

习　　题

　　1. 计算机网络的安全是指什么?(　　)
　　　A. 网络中设备设置环境的安全　　　　　　B. 网络使用者的安全
　　　C. 网络中信息的安全　　　　　　　　　　D. 网络的财产安全
　　2. 当感觉到操作系统运行速度明显减慢,打开任务管理器后发现 CPU 的使用率达到 100% 时,最有可能受到什么攻击?(　　)
　　　A. 特洛伊木马　　　B. 拒绝服务　　　　　C. 欺骗　　　　·D. 中间人攻击

3. 网络病毒与一般病毒相比,有哪些特性?(　　　)

　　A. 隐蔽性强　　　　　B. 潜伏性强　　　　　C. 破坏性大　　　D. 传播性广

4. 为了避免冒名发送数据或发送后不承认的情况出现,可以采取什么办法?(　　　)

　　A. 数字水印　　　　　B. 数字签名　　　　　C. 访问控制　　　D. 发电子邮件确认

5. 数字签名技术是公开密钥算法的一个典型应用,在发送端,采用什么对要发送的信息进行数字签名?在接收端,采用什么进行签名验证?(　　　)

　　A. 发送者的公钥　　　　　　　　　　　B. 发送者的私钥

　　C. 接收者的公钥　　　　　　　　　　　D. 接收者的私钥

6. 网络防火墙的作用有哪些?(　　　)

　　A. 防止内部信息外泄

　　B. 防止系统感染病毒与非法访问

　　C. 防止黑客访问

　　D. 建立内部信息和功能与外部信息及功能之间的屏障

7. 在 ISO OSI/RM 中对网络安全服务所属的协议层次进行分析,要求每个协议层都能提供网络安全服务。其中,用户身份认证在哪一层进行?IP 过滤型防火墙在哪一层通过控制网络边界的信息流动来强化内部网络的安全性?(　　　)

　　A. 网络层　　　　　B. 会话层　　　　　C. 物理层　　　D. 应用层

8. 有一个主机专被用作内部网络和外部网络的分界线。该主机里插有两块网卡,分别连接到两个网络。防火墙里面的系统可以与这台主机进行通信,防火墙外面的系统(Internet 上的系统)也可以与这台主机进行通信,但防火墙两边的系统之间不能直接进行通信,这是什么体系结构的防火墙?(　　　)

　　A. 被屏蔽主机式体系结构　　　　　　　B. 筛选路由式体系结构

　　C. 双宿主主机式体系结构　　　　　　　D. 被屏蔽子网式体系结构

9. 在保证密码安全中,应该采取的正确措施有哪些?(　　　)

　　A. 不用生日作密码

　　B. 不要使用少于 5 位的密码

　　C. 不要使用纯数字

　　D. 将密码设得非常复杂并保证在 20 位以上

学习情境 **7**

排除网络故障

项目 11　网络故障的排除

项目目标

(1) 熟悉计算机网络中常见的故障现象
(2) 会用网络诊断工具诊断一般性网络故障
(3) 能熟练进行网络故障的检测和排除

项目背景

(1) 网络机房
(2) 校园网络
(3) 家庭网络

11.1　用户需求与分析

计算机网络的运用已经进入社会的各个层面,企业网络、校园网络、家庭网络应该是目前最为常见的计算机网络类型。不论是企业网络、校园网络的管理者还是家庭用户都不可避免地会遇到各种各样的网络故障。网络故障多种多样,有的故障现象相同,但处理方法却不同。如何去诊断网络故障、解决网络故障成了网络技术人员的重要工作。

计算机网络是个复杂而庞大的体系,任何一个细小的错误都可能导致整个网络的瘫痪,对于网络管理员来说,要从故障现象出发,以各种手段收集尽可能多的信息,确定故障点,制订各种排错的计划并执行,直至排除故障。随着计算机网络体系的不断壮大、越来越复杂,但是万变不离其宗的就是按照分层次结构去排查,同时将所掌握的知识有条理的系统的应用到诊断和排除网络故障中去,就可以达到事半功倍的效果。

11.2　相关知识

11.2.1　网络故障排除流程

为了保证网络能够稳定、可靠、高效地运行,就必须制定一套有效的维护方法。当故障产生时,要争取做到在最短时间内恢复网络服务,减少由此带来的损失。

1. 网络故障解决的一般流程

大多的网络故障维护都遵循一定的步骤,下面给出了网络故障解决的一般流程。

第 1 阶段,收集故障现象——故障排除的第一步是从网络、终端系统及用户处收集故障现象并加以记录。此外,网络管理员还应确定哪些网络组件受到了影响,以及网络功能与先前相比发生了哪些变化。故障现象可能以许多不同的形式出现,其中包括网络管理系统警报、控制台消息以及用户投诉。

第 2 阶段,隔离故障——直到确定了单个故障或一组相关故障后,才能真正隔离故障。要隔离故障,网络管理员需在网络的逻辑层研究故障的特征,以便找到最有可能的原因。在此阶段,网络管理员可以根据所确定的故障特征收集并记录更多的故障症状。

第 3 阶段,解决故障——隔离故障并查明其原因后,网络管理员通过实施、测试和记录解决方案设法解决故障。如果网络管理员确定纠正措施引发了另一个故障,将把所尝试的解决方案形成文档,取消所做的更改,然后再次执行收集故障症状和隔离故障步骤。

故障排除是指识别、定位以及纠正所发生问题的过程。有经验的人员往往依靠直觉进行故障排除。不过,也可利用一些结构化的技术来确定最有可能的原因以及解决办法。进行故障排除时,必须进行相应的文档记录,记录文档应尽可能多地包含下列内容。

① 遇到的问题。

② 用来确定问题原因的步骤。

③ 用于纠正问题并确保问题不会再次发生的步骤。

④ 用文档记录下在故障排除过程中采取的所有步骤,即使某些步骤未能成功解决问题,也应一并记录在案。在发生同样或类似问题时,该文档将具有相当高的参考价值。

2. 网络故障排除的方法

目前存在多种不同的结构化的故障排除技术。

（1）分层故障排除法

分层故障排除法又分为如下几种。

① 自上而下:从应用层开始向下检查,直到找出问题。

② 自下而上:从物理层开始向上检查,直到找出问题。

③ 分治法:根据问题及经验,从任何层开始向上或向下检查。

第 1 层故障排查——第 1 层故障通常涉及布线和电源问题,比较常见的第 1 层故障包括如下几种。

① 设备电源未打开。

② 设备电源未接通。

③ 网络电缆松脱。

④ 电缆类型错误。

⑤ 网络电缆故障。

第 2 层故障排查——造成第 2 层故障的原因包括设备故障、设备驱动程序错误以及交换机配置错误等。重新安装网卡,或者用正常的网卡替换怀疑有故障的网卡可帮助诊断问题。此方法也适用于任意类型的网络交换机。

第 3 层故障排查——IP 地址属于所分配的网络、子网掩码、默认网关,其他设置符合要求,如 DHCP 或 DNS。在第 3 层,可利用许多实用程序来协助故障排查。3 种最常用的命令行工具如下。

① ipconfig——显示计算机上的 IP 设置。

② Ping——测试基本网络连接。

③ tracert——确定源与目的地之间的路由路径是否可用。

第 4 层故障排查——如果沿途有网络防火墙,则需要检查应用程序的 TCP 或 UDP 端口是否打开,确保没有任何过滤列表在拦截流经该端口的通信量。

应用层故障排查——网络终端的高层协议,以及终端设备软硬件运行良好。可使用数据包嗅探器来查看网络上的通信量。另外,也可使用 Telnet 之类的网络应用程序来查看配置。

(2) 试错法

故障排除人员根据其以往经验以及对网络结构的了解,推断出最合理的解决方案。

(3) 替换法

此方法依赖于替换部件、组件的可用性并且需要经常性地备份配置文件。

11.2.2　常见的网络故障

网络故障按故障性质可以分为两大类:物理故障和逻辑故障。物理故障是指网络中的设备或是通信线缆所发生的物理损坏或接触不良等故障,如网络连接时断时续,可以判断是端子连接的地方接触不良或是电缆有损坏的地方,逻辑故障是指通信协议故障、设置故障。

1. 连通性问题

(1) 分治法

同时包含有线和无线连接的网络进行故障排除时,最好使用分治法来查看问题是发生在有线网络还是无线网络。要确定问题是存在于有线网络还是无线网络中,有如下办法。

① 从无线客户端 Ping 默认网关——检验无线客户端是否能正常连接。

② 从有线客户端 Ping 默认网关——检验有线客户端是否能正常连接。

③ 从无线客户端 Ping 有线客户端——检验集成路由器是否正常工作。

(2) LED 指示灯

故障排除的首要步骤之一便是检查 LED。设备上使用的 LED 通常分为 3 种类型,即电源、状态和活动性。

① 电源 LED:不亮——系统未加电;绿色——系统运行正常。

② 状态 LED:绿色——设备运行正常;琥珀色——出现了可修复的错误;红色——出现了严重的硬件故障。

③ 活动 LED：绿色——有设备接入端口，但没有数据通过；琥珀色——设备正在调整端口的工作方式；不亮——没有设备接入端口或端口有问题、电缆有问题。

（3）物理连接和布线

若有线主机无法连接到集成路由器，则首先要检查的内容之一便是物理连接和布线。

① 确保所使用的电缆类型正确。

② 必须根据标准制作电缆端接。按照 568A 或 568B 标准制作电缆端接；避免在端接时解开过多的电缆；将连接器紧压在电缆表皮上，以避免其松开。

③ 每种电缆都存在最大长度限制，超出长度限制会对网络性能造成严重的负面影响。

④ 若存在连通性问题，检验网络设备之间所使用的端口是否正确。

⑤ 避免电缆上的连接器受到过大的拉力，并且让电缆避开过道等区域。

2. WLAN 中的无线通信故障

若无线主机无法连接到 AP，可能是无线网络的连通性问题导致的。

（1）无线通信依靠射频信号来传送数据。

① 并不是所有无线标准都是兼容的。

② 每个无线会话都必须使用独立的非重叠通道。

③ RF 信号的强度会随距离而衰减。

④ RF 信号容易受到外部干扰源（如以相同频率运作的其他设备）的干扰。

⑤ AP 在各种设备之间共享可用带宽。

（2）无线配置问题：现代的 WLAN 整合了各种技术来保护 WLAN 中的数据，其中任何技术如果配置有误，都会导致通信失败。一些最容易配置错误的设置包括 SSID、身份验证和加密。

① AP 与客户端的 SSID 必须匹配。

② 大多数 AP 均默认配置为开放式身份验证，即允许所有设备连接。

③ 加密表示对数据进行转化，使不具备正确加密密钥的用户无法利用这些数据。

3. DHCP 问题

IP 配置对主机能否连接到网络有着重大影响。集成路由器（如 Linksys 无线路由器）作为本地有线和无线客户端的 DHCP 服务器运行，并为它们提供 IP 配置，如 IP 地址、子网掩码、默认网关，还可能包括 DNS 服务器的 IP 地址。

4. ISR 与 ISP 的连接故障

如果有线和无线本地网络上的主机可以连接到集成路由器和本地网络中的其他主机，但无法接入 Internet，则可能是集成路由器与 ISP 之间的连接故障所造成的。

11.2.3　网络故障排除工具

大部分网络问题都与物理组件或物理层的问题有关。物理问题主要是硬件方面的问题,与计算机和网络设备以及用于互联的电缆有关。有线和无线网络都可能发生物理问题。检测物理问题的最佳方法就是使用人类的感观——视觉、嗅觉、触觉、听觉。

- 视觉:通过目视可以获悉各种网络设备的状态和功能 LED 通过的线索。
- 嗅觉:通过嗅到的气味发现过热的组件。
- 触觉:发现过热的组件以及带风扇的笔记本电脑和交换机设备的机械故障。
- 听觉:所有设备都有独特的声音,如果声音不正常,通常表明出了问题。

当遇到网络故障时,更多的是用一些故障诊断工具来帮助确定故障的位置,分析故障可能产生的原因。目前针对计算机网络的诊断工具主要有两类:第一类工具是硬件测试仪器,如美国 FLUCK 公司推出的各类网络测试工具,如图 11-1 所示。这些测试仪器可以让用户轻松地测试线缆的通断和性能,但其价格较贵,不适合日常的故障诊断。第二类工具是诊断网络连接的实用程序,如 Ping、ipconfig、tracert 等命令,其优点是系统自带、测试方便。下面重点介绍这一类诊断工具。

图 11-1　网络测试工具

1. ipconfig 命令

ipconfig 命令的作用主要是显示本机上的 TCP/IP 配置情况,还可以接收多种动态主机配置协议(DHCP)命令,从而允许系统更新或发布其 TCP/IP 网络配置。在网络故障诊断中,使用 ipconfig 命令可发现网络无法通信的不正确或不完整的地址信息。ipconfig 命令的详细使用方法见项目 2 中项目实践部分的任务 3。

2. Ping 命令

Ping 是 Windows 系列自带的一个可执行命令,利用它可以检查网络是否能够连通,用好它可以很好地帮助用户分析判定网络故障。Ping 命令的详细使用方法见项目 2 中项目实践部分的任务 3。

3. tracert 命令

Ping 实用程序用于检验端到端的连通性。但即使是确定有问题,设备无法 Ping 通目的地址,Ping 实用程序也不能指出连接到底是在何处断开的。为此,必须使用另一实用程序 tracert。

tracert 实用程序提供的连通性信息会指明数据包到达目的主机之前途经的路径,并会指出途中的每个路由器,还会显示数据包从源主机到达每一跳以及返回所花费的时间(往返时间)。tracert 可帮助判断因网络瓶颈或速度下降造成数据包丢失或延迟的位置。tracert 命令的详细使用方法见项目 4 中项目实践部分的任务 5。

4. Nslookup 命令

格式:Nslookup IP 地址/域名。

通过网络访问应用程序或服务时,用户往往依赖于 DNS 域名而不是 IP 地址。当向域名发送请求时,主机必须首先联系 DNS 服务器以将域名解析为对应的 IP,然后主机使用 IP 来打包发送信息。

Nslookup 实用程序允许最终用户在 DNS 服务器中查找与特定 DNS 域名相关的信息。发出 Nslookup 命令后,返回的信息中包括所使用 DNS 服务器的 IP 地址以及与特定 DNS 域名关联的 IP 地址。Nslookup 通常用作确定 DNS 服务器是否按预期执行域名解析的故障排除工具。图 11-2 所示为输入一个域名后,得到了此域名的 DNS 查寻的结果。在园区网内部,不论是 Web 站点还是 FTP 或其他服务器,都可以用 Nslookup 命令去查询 DNS 服务器来获得相应的域名或 IP 地址。

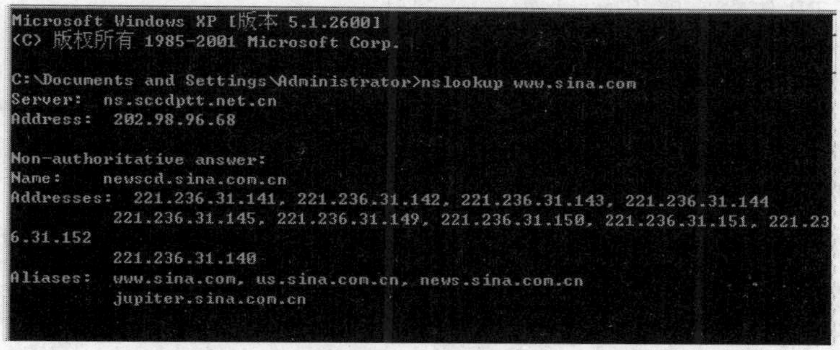

图 11-2　Nslookup 命令的使用

11.3　案例分析:广播流量引起的 FTP 业务问题

某园区连接 3 个局域网,如图 11-3 所示。10.11.56.0 为一个用户网段;10.11.56.118 为一个日志服务器;10.15.0.0 是一个集中了很多应用服务器的网段。用户反映日志服务器与 10.15.0.0/16 网段的备份服务器间的备份发生问题。

1. 故障现象描述

(1) 如何描述故障现象

① 这个问题是连续出现,还是间断出现的?

② 是完全不能备份,还是备份的速度慢(即性能下降)?

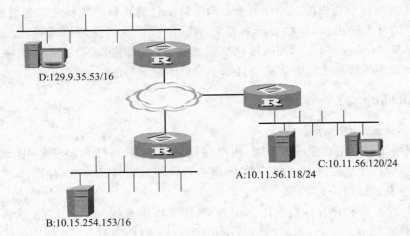

D:129.9.35.53/16

C:10.11.56.120/24

A:10.11.56.118/24

B:10.15.254.153/16

图 11-3 网络拓扑图

③ 哪个或哪些局域网服务器受到影响,地址是什么?

（2）正确描述故障

在网络的高峰期,日志服务器 10.11.56.118 到集中备份服务器 10.15.254.153 之间进行备份时,FTP 传输速度很慢,大约是 0.6Mbps。

2. 故障信息收集

（1）信息收集途径

① 向受影响的用户、网络人员或其他关键人员提出问题。

② 根据故障性质,使用各种工具搜集情况,如网络管理系统、协议分析仪、show 和 debug 命令等。

③ 测试性能与网络基线进行比较。

（2）收集到以下信息

① 最近 10.11.56.0 网段的客户机不断在增加。

② 129.9.0.0 网段的机器与备份服务器间进行 FTP 传输时正常速度为 7Mbps,与日志服务器间进行 FTP 传输时速度慢,只有 0.6Mbps。

③ 在非高峰期日志服务器和备份服务器间 FTP 传输速度正常,大约为 6Mbps。

3. 经验判断和理论分析各种可能原因列表

① 日志服务器 A 的性能问题。

② 10.11.56.0 网络的网关性能问题。

③ 10.11.56.0 网络本身的性能问题。

④ 网间性能问题。

4. 对所有原因实施排错方案

（1）先对某一原因实施排错方案后,观察故障排除结果。

（2）对其他可能原因循环进行故障排除过程。

① 当针对某一可能原因的排错方案没有达到预期目的,进入下一个可能原因排错方案并实施。

② 当所有可能原因列表的排错方案均没有达到排错目的,重新进行故障信息收集以分析新的可能原因。

（3）案例可能故障循环分析。

① 定位故障:最近大量用户加入导致网段 10.11.56.0 上广播包过多。

② 排除故障:把日志服务器移到 10.15.0.0/16 网段。

5. 故障排除过程文档化

① 故障现象描述及收集的相关信息。

② 网络拓扑图绘制。

③ 网络中使用的设备清单和介质清单。

④ 网络中使用的协议清单和应用清单。

⑤ 故障发生的可能原因。

⑥ 对每一可能原因制订的方案和实施结果。

⑦ 本次排错的心得体会。

⑧ 其他:如排错中使用的参考资料列表等。

11.4   项 目 实 践

教师可以设置如下几种场景,让学生进行实践。

任务 1:用实用程序排除连接性故障

场景设置:×××学校计算机办公室的一台计算机不能与其他计算机联网。

故障分析:网络不能连接,大多数原因是物理线路或网络设备的物理故障,如停电、接触不良等;其次是网络协议的设置不对,如 IP 地址改动过,或是网关设置出错。

故障解决过程如下。

第一步   检查与计算机相连的物理线路,发现连接正常。

第二步   用实用程序 Ping 命令先 Ping 环回地址,发现 TCP/IP 协议正常。

第三步   再 Ping 本机,发现网卡也没有问题。

第四步   Ping 网内的其他主机,发现不通。这时分析应该是 IP 地址的设置有问题。

第五步   打开 TCP/IP 配置,果然发现 IP 地址被改动过,与其他主机不在一个网段了,修改 IP 地址后,故障解决了。

任务 2：诊断 FTP/Web 服务器访问故障

场景设置：××学校一学生宿舍不能访问校园网的 Web 站点，上互联网没有问题（排除基础故障）。

故障分析：园区网内部的 Web 站点访问故障首先是与外网没有关系的，最常见的原因是 DNS 设置不对；其次可能是软件故障，如计算机病毒或木马等。

故障解决过程如下。

第一步 如果是软件故障，就先用杀毒软件进行扫描，结果没有发现有何异常。

第二步 判断是 DNS 的问题，先用 Ping 命令 Ping 学校的 DNS 服务器，发现可以连接。

第三步 检查本机上的 DNS 配置，发现本机 DNS 的地址也没有问题。

第四步 这时可以判断是学校的 DNS 服务器或是 Web 网站出了故障。

任务 3：诊断 DHCP 服务器故障

场景设置：××公司的计算机由一台 DHCP 服务器统一管理 IP 地址。一天，公司内所有计算机均不能互联也不能连接外网。

故障分析：DHCP 服务器不能正常工作。

故障解决过程如下。

第一步 检查与计算机相连的物理线路，发现连接正常。

第二步 用实用程序 Ping 命令先 Ping 环回地址，发现 TCP/IP 协议正常。

第三步 用 ipconfig/all 命令显示地址信息，发现 IP 地址、子网掩码、默认网关、DNS 服务器的地址有误。

第四步 用 ipconfig/release 命令释放 IP 地址；再用 ipconfig/renew 命令重新获取 IP 地址。

第五步 用 ipconfig/all 命令显示地址信息，发现 IP 地址、子网掩码、默认网关、DNS 服务器的地址还是有误。说明 DHCP 服务器不能正常工作。

小　　结

网络故障产生的原因是多种多样的，有时同样的现象却是由不同的原因产生的。因此，在对网络故障进行判断和分析时大多需要借助一些工具。像前面提到的应用程序命令工具。如果对一些线路故障不容易判断，最好是用一些仪器，如数字万用表、电缆测试仪等。

网络故障的判断还需要有大量的实践作为辅助，解决的网络故障越多，分析故障的能力就越强。希望通过本项目的内容能够让大家学习到一般网络故障的分析和解决方法。

习　　题

1. 若要测试两个主机之间的连接,可以使用下面哪个命令进行验证?(　　)

　　A. Nslookup　　　　　　B. Ping　　　　　　C. tracert　　　　　　D. ipconfig

2. ipconfig 命令可以识别哪几项信息?(　　)

　　A. 物理地址　　　　　　B. IP 地址　　　　　　C. 默认网关　　　　　　D. 子网掩码

　　E. DNS 服务器

3. Nslookup 是用来验证哪项网络服务的?(　　)

　　A. 域名解析　　　　　　　　　　　　　　　B. 自动分配 IP 地址

　　C. 树状结构　　　　　　　　　　　　　　　D. 环状结构

4. Ping 命令参数中的"t"的功能是什么?(　　)

　　A. 指定发送包的大小　　　　　　　　　　　B. 将地址解析为计算机名

　　C. Ping 指定的计算机直到中断　　　　　　D. Ping 指定的计算机发送 4 个数据包

5. 下面哪项是物理层问题的症状?(　　)

　　A. CPU 占用率高　　　B. 广播流量过多　　C. 路由环路　　　　D. 数据封装出错

6. 网络层问题可能涉及下列哪些协议?(　　)

　　A. DNS　　　　　　　　B. IP　　　　　　　　C. RIP　　　　　　　D. TCP 和 UDP

7. 向用户收集故障信息时,下面哪几项是适合提出的?(　　)

　　A. 问题是什么时候发生的　　　　　　　　　B. 你的密码是多少

　　C. 哪些设备工作正常　　　　　　　　　　　D. 问题发现后你采取了什么措施

8. 哪些网络故障排除工具可用于测试物理介质?(　　)

　　A. 电缆分析仪　　　　　B. 测线器　　　　　C. 数字万用表　　　D. 电笔

参 考 文 献

[1] 余明辉,汪双顶. 中小型网络组建技术[M]. 北京：人民邮电出版社,2009.

[2] 梁广民,王隆杰. 思科网络实验室 CCNA 实验指南[M]. 北京：电子工业出版社,2009.

[3] [美]Allan Reid 等. CCNA Discovery：家庭和小型企业网络[M]. 思科公司译. 北京：人民邮电出版社，2008.

[4] [美]Allan Reid 等. CCNA Discovery：在中小型企业或 ISP 工作[M]. 思科公司译. 北京：人民邮电出版社，2009.

[5] [美]Allan Reid 等. CCNA Discovery：企业中的路由和交换简介[M]. 思科公司译. 北京：人民邮电出版社，2009.

[6] 吴功宜,吴英. 计算机网络技术教程[M]. 北京：机械工业出版社,2009.

[7] 谢希仁. 计算机网络[M]. 五版. 北京：电子工业出版社,2008.

[8] 陶再平,吕侃徽. 局域网组建与管理[M]. 北京：高等教育出版社,2008.

[9] 段宁华. 网络基础与应用实务教程[M]. 北京：清华大学出版社. 2006.

[10] 张蒲生. 局域网应用技术与实训[M]. 北京：科学出版社,2006.

[11] 詹金珍. 局域网组建与维护[M]. 重庆：西南师范大学出版社,2006.

[12] 黄金波,殷诚. 计算机网络基础与应用[M]. 北京：北京交通大学出版社,2007.

[13] IT 同路人. 完全掌握 Windows Server 2008[M]. 北京：人民邮电出版社,2009.

[14] 唐涛,白涛. 网络组建及应用典型实例精粹. 北京：电子工业出版社,2007.

[15] 石淑华,池瑞楠. 计算机网络安全技术. 二版. 北京：人民邮电出版社,2008.

[16] 沈志兴,马金标. 计算机网络应用技术基础[M]. 北京：清华大学出版社,2009.